高等院校应用型本科“十三五”规划教材 · 计算机类

计算机基础及应用

JISUANJI JICHU JI YINGYONG

▶主　编　韩　杰　何友鸣
▶参　编　鲁　星　徐　冬　刘　阳

中国 · 武汉

内 容 简 介

本书以微型计算机为基础，全面系统地介绍了计算机基础知识及其基本操作。全书共分为 6 章，主要内容包括 Windows 7 操作系统、管理办公文件、定制和优化工作环境、文字处理与 Word 2010、Excel 2010、PowerPoint 2010 等知识。

本书参考了计算机等级考试一级 MS Office 的考试大纲要求，训练学生在计算机应用中的操作能力，培养学生的信息素养。

本书适合作为各级各类高等院校学生的计算机基础教材或参考书，也可作为计算机培训班教材或计算机等级考试一级 MS Office 的自学参考书。

图书在版编目(CIP)数据

计算机基础及应用/韩杰，何友鸣主编. —武汉：华中科技大学出版社，2020.4(2023.9 重印)
高等院校应用型本科"十三五"规划教材. 计算机类
ISBN 978-7-5680-4613-8

Ⅰ.①计… Ⅱ.①韩… ②何… Ⅲ.①电子计算机-高等学校-教材 Ⅳ.①TP3

中国版本图书馆 CIP 数据核字(2020)第 054037 号

计算机基础及应用
Jisuanji Jichu ji Yingyong

韩 杰 何友鸣 主编

策划编辑：曾 光
责任编辑：史永霞
封面设计：孢 子
责任监印：朱 玢
出版发行：华中科技大学出版社(中国·武汉) 电话：(027)81321913
武汉市东湖新技术开发区华工科技园 邮编：430223
录 排：武汉正风天下文化发展有限公司
印 刷：武汉邮科印务有限公司
开 本：787mm×1092mm 1/16
印 张：12.75
字 数：334 千字
版 次：2023 年 9 月第 1 版第 2 次印刷
定 价：38.00 元

前言 PREFACE

在科学技术突飞猛进的今天，为国家培养一大批掌握和应用现代信息技术和网络技术的人才，在全球信息化的过程中占据主动地位，这不仅是经济和社会发展的需求，也是计算机和信息技术教育者的历史责任。应该看到，计算机科学与技术是一门发展迅速、更新非常快的学科。作为一本大学“计算机基础”课程的教材，本书紧跟时代发展，从培养学生计算机应用能力的目标出发，使学生掌握计算机的基本概念和操作技能，了解计算机的基本应用，为学习计算机方面的后续课程和利用计算机的有关知识解决本专业及相关领域的问题打下良好的基础。

本书凝聚了众多长期从事计算机基础教学的高校教师的心血。其内容是在不断更新、不断充实、不断完善的基础上形成的，体现了与时俱进的思想，力求做到内容新颖、知识全面、概念准确，通俗易懂，实用性强，适应面广。另外，我们也注意到了高职高专计算机信息技术教材的特点，故在编写中兼顾了这一方面的要求。

全书包括 6 章 4 部分的内容，即 Windows 7、Word 2010、Excel 2010、PowerPoint 2010。前 3 部分后附有习题。

本书的主编是武汉学院的韩杰老师、光谷职业学院的何友鸣老师。参加本书编写工作的还有鲁星、徐冬、刘阳等老师。由于编者水平有限，存在错误、不足和疏漏之处亦在所难免。再次衷心希望采用本书做教材的教师、学生和其他读者们提出宝贵的意见和建议！

编者

2020 年 1 月

目录 CONTENTS

第1章 Windows 7 操作系统

Windows 7 是微软公司推出的一款功能强大的电脑操作系统，可供个人、家庭及商业办公使用。Windows 7 操作系统既可以安装在台式电脑上，也可以安装在笔记本电脑、平板电脑、多媒体中心设备等上。与 Windows XP 操作系统相比较，Windows 7 操作系统不但继承了 Windows XP 操作系统的功能，同时更易用、更快速、更简单、更安全。

1.1 Windows 7 操作系统简介

Windows 7 操作系统包括简易版、家庭普通版、家庭高级版、专业版、企业版及旗舰版等多种版本，本书以 Windows 7 旗舰版为例，介绍 Windows 7 操作系统的使用方法。

1.1.1 认识 Windows 7 桌面

登录 Windows 7 操作系统，首先展现在我们面前的是它的桌面。作为一个视窗化的操作系统，Windows 7 的桌面就像我们平时用的办公桌，所有操作都在它上面进行。

1. 视窗化的桌面

Windows 7 桌面主要包括桌面区、桌面图标和任务栏三个部分，如图 1-1 所示。

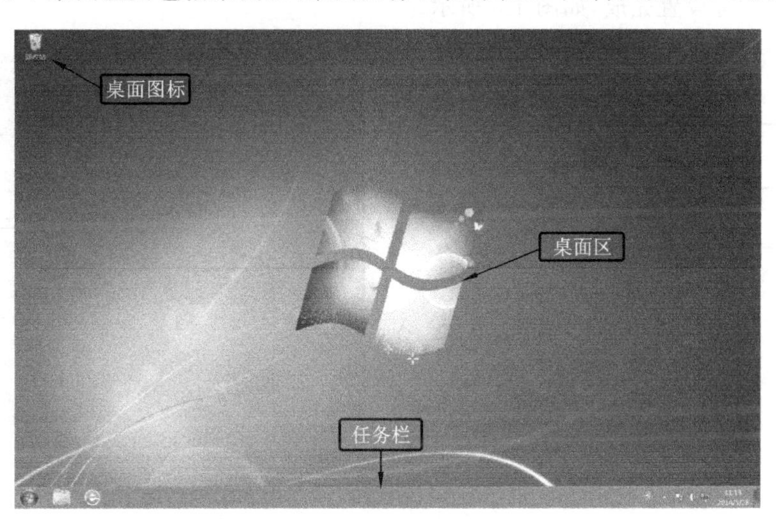

图 1-1

(1) 桌面区：在 Windows 中打开的所有程序和窗口都会呈现在它上面。用户可以将系统自带的或保存在电脑中的图片文件、个人照片等设置为桌面区背景。

(2) 桌面图标：用于打开对应的窗口或运行相应的程序，每个桌面图标的下方都有相应的文字说明。

(3) 任务栏：位于桌面最下方的小长条，用于执行或切换任务。

2. 更改桌面图标

Windows 7 安装完成后，默认的 Windows 7 桌面就只有一个垃圾桶，“我的电脑”

“Internet Explorer 图标”及“我的文档”等都是默认不显示的。

Windows 7 旗舰版显示桌面图标的方法如下。

(1) 在桌面上空白处单击鼠标右键,在弹出的快捷菜单中选择“个性化”选项,如图 1-2 所示。

(2) 弹出“个性化”窗口,单击左侧的“更改桌面图标”,如图 1-3 所示。

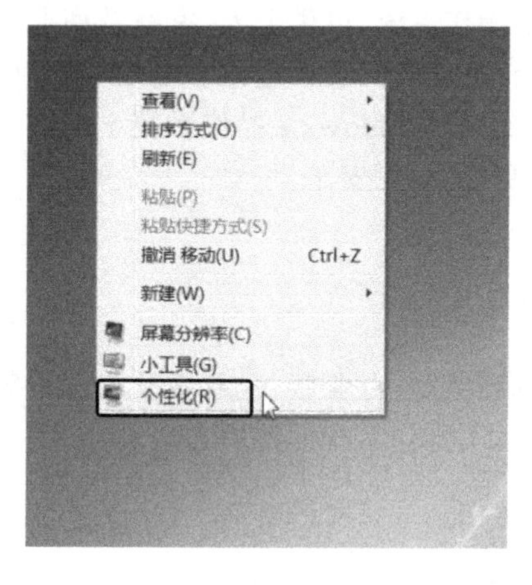

图 1-2

图 1-3

(3) 弹出“桌面图标设置”对话框,❶在“桌面图标”组中勾选要显示的桌面图标;❷单击“应用”按钮;❸单击“确定”按钮,如图 1-4 所示。

(4) 桌面图标设置完成,如图 1-5 所示。

图 1-4

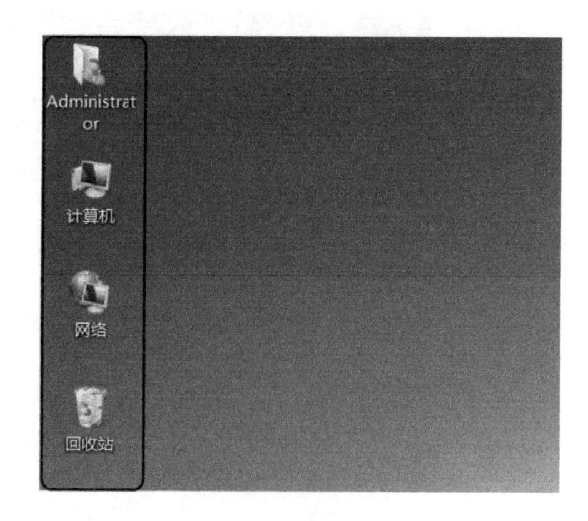

图 1-5

常用的桌面图标及其功能如下:

(1) 计算机:通过它可以查看并管理电脑中的所有资源。

(2) 用户的文件:用来存放用户在 Windows 中创建的文件。用户保存新建文件时如不指定磁盘和文件夹名,系统就会将文件自动存放到“用户的文件”文件夹中。

(3) 网络:在局域网环境中,可通过“网络”访问网络中的可用资源。

(4) 回收站:临时存储从 Windows 中删除的文件或文件夹,需要时可将回收站中的文件或文件夹予以恢复。

(5) 控制面板:包含许多对 Windows 7 进行设置的选项。

1.1.2 个性化主题与外观环境

简单说来，个性化主题与外观环境就是壁纸、颜色外观、声音方案和屏幕保护的结合体。Windows 7 是微软公司发布的新一代视窗化操作系统，其强大的外观及个性化功能吸引了不少的用户，个性化主题与精致、炫目的外观环境也越来越受用户欢迎。

1. 更改主题

更改主题的方法如下：

打开“个性化”窗口，窗口右侧的列表框中包含多种常用的个性化主题，用户可以根据需要选择合适的主题，如图 1-6 和图 1-7 所示。

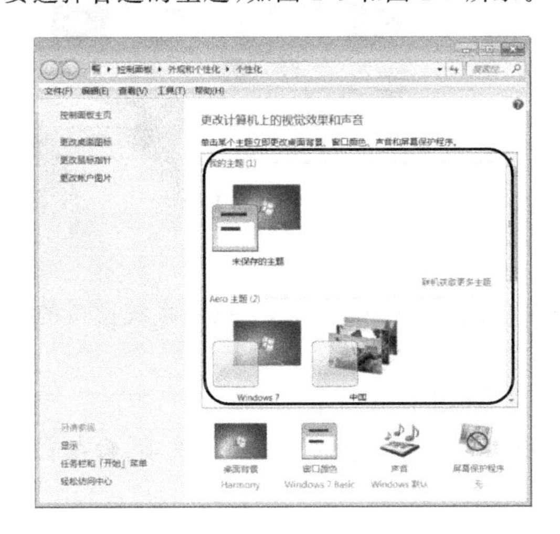

图 1-6

图 1-7

2. 更改桌面背景

更改桌面背景的方法如下：

(1) 在主题列表框的下方单击“桌面背景”按钮，如图 1-8 所示。

(2) 进入“桌面背景”窗口，❶在图片列表中选中一种合适的图片背景；❷单击“保存修改”按钮，如图 1-9 所示。

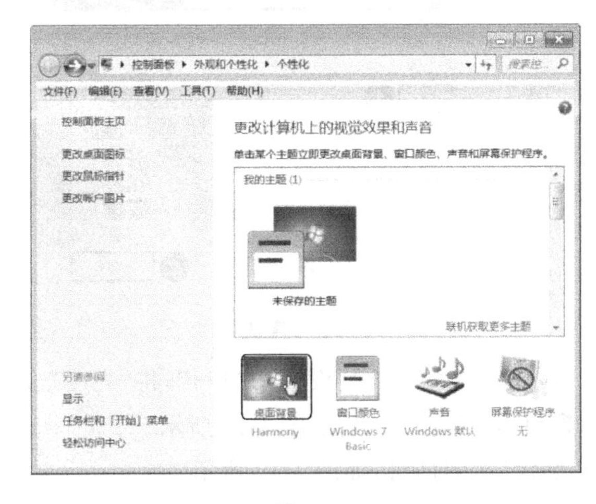

图 1-8

图 1-9

（3）桌面背景更改完成，效果如图 1-10 所示。

（4）如果要设置动态桌面背景，❶在“桌面背景”窗口中，单击“全选”按钮；❷在“更改图片时间间隔”下拉列表中选择“30 分钟”选项；❸单击“保存修改”按钮即可，如图 1-11 所示。

图 1-10

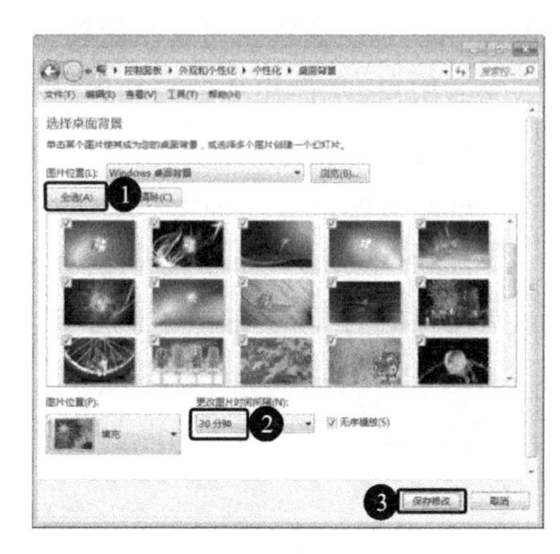

图 1-11

3. 更改窗口颜色

使用绿色调可有效地缓解眼睛疲劳，从而保护眼睛。将 Windows 7 操作系统窗口的颜色设置为绿色调的方法如下。

（1）在主题列表框的下方单击“窗口颜色”按钮，如图 1-12 所示。

（2）进入“窗口颜色和外观”对话框，❶在“项目”下拉列表中选择“窗口”选项；❷在右侧的“颜色”下拉列表中选择“其他”选项，如图 1-13 所示。

图 1-12

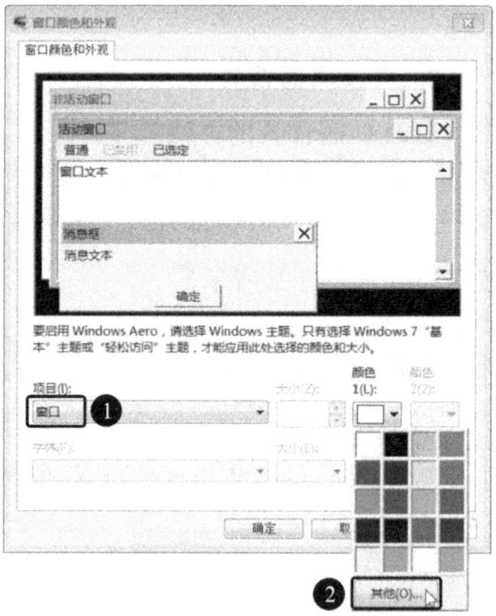

图 1-13

（3）弹出“颜色”对话框，❶将“色调”设置为“85”，将“饱和度”设置为“123”，将“亮度”设置为“205”；❷单击“添加到自定义颜色”按钮；❸单击“确定”按钮，如图 1-14 所示。

（4）返回“窗口颜色和外观”对话框，单击“确定”按钮即可，如图 1-15 所示。

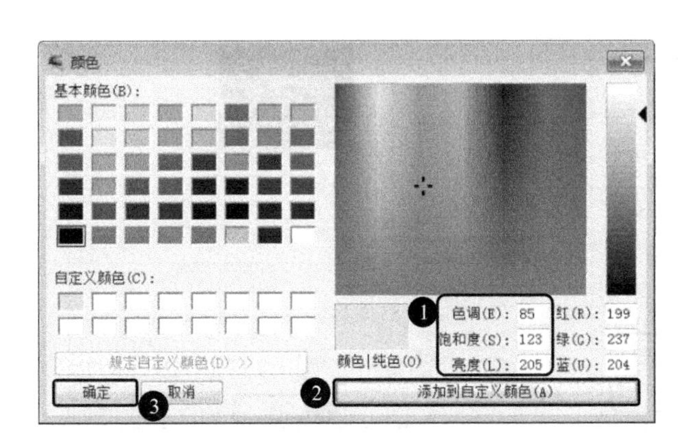

图 1-14

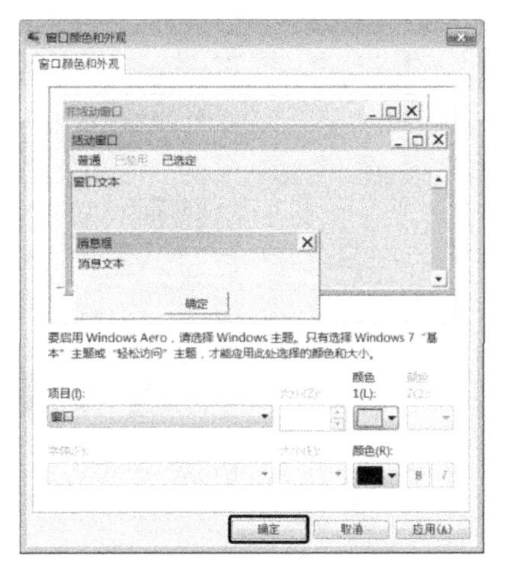

图 1-15

4. 更改系统声音

系统声音也是可以更改的，不过通常都不会去改变这一设置，系统默认即可。如果要更改系统声音，具体操作如下：

(1) 在主题列表框的下方单击“声音”按钮，如图 1-16 所示。

(2) 进入“声音”对话框，❶在“声音方案”下拉列表中选择一种声音方案；❷单击“应用”按钮，如图 1-17 所示。

图 1-16

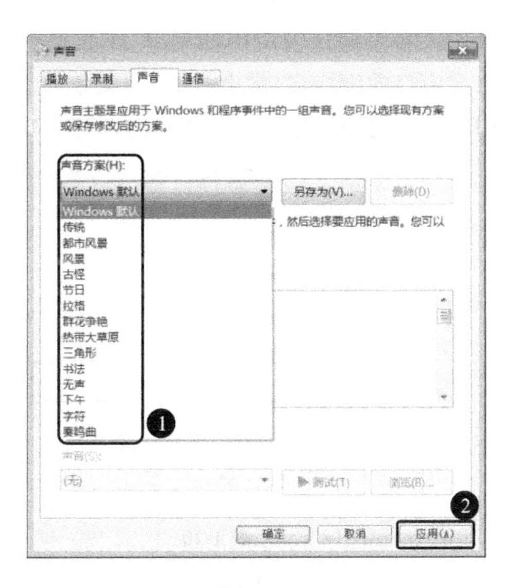

图 1-17

5. 设置屏幕保护程序

屏幕保护程序可以在用户短暂离开的时候，配合系统登录密码来锁定电脑。一般的 Windows 7 的屏幕保护程序中都有“气泡”“变换线”和“彩带”等多种类型的屏幕保护画面。

设置屏幕保护程序的方法如下：

(1) 在主题列表框的下方单击“屏幕保护程序”按钮，如图 1-18 所示。

(2) 进入“屏幕保护程序设置”对话框，❶在“屏幕保护程序”下拉列表中选择“彩带”选项；❷单击“确定”按钮，如图 1-19 所示。

图 1-18

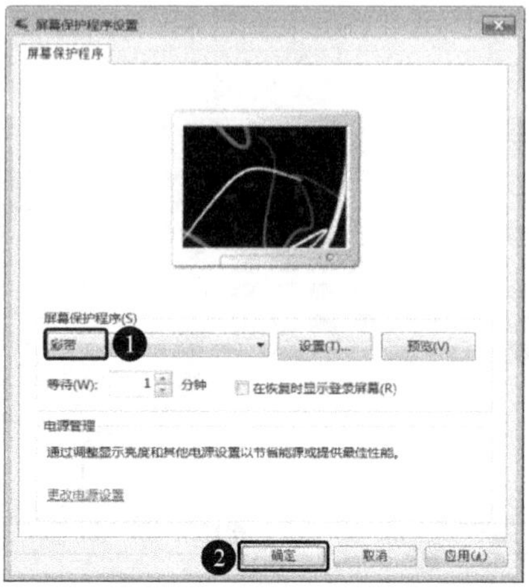

图 1-19

 1.2 了解 Windows 7 管理窗口

Windows 7 是一款视窗化的操作系统，大多数操作都是在 Windows 7 管理窗口中进行的。

1.2.1 窗口组成

启动某个程序时，Windows 7 会在屏幕上弹出一个矩形区域，这就是窗口。应用程序的操作大多是通过窗口中的菜单、工具按钮、工作区或打开的对话框来进行的。

窗口的组成，通常由标题栏、菜单栏、工具栏、功能区、工作区、滚动条、状态栏等多个部分构成。不同的应用程序功能不同，其窗口的组成元素也有些区别，如图 1-20 至图 1-22 所示。

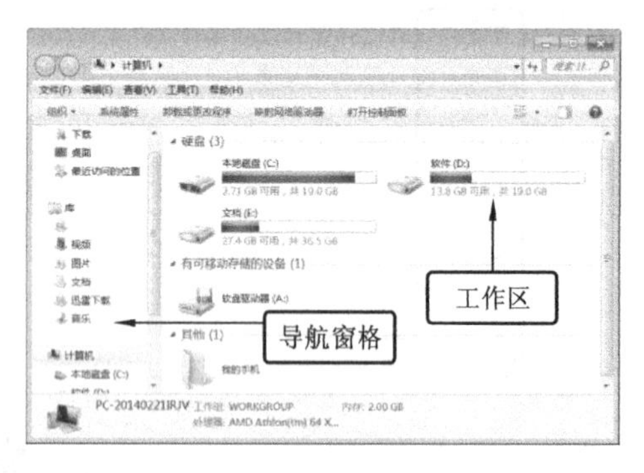

图 1-20

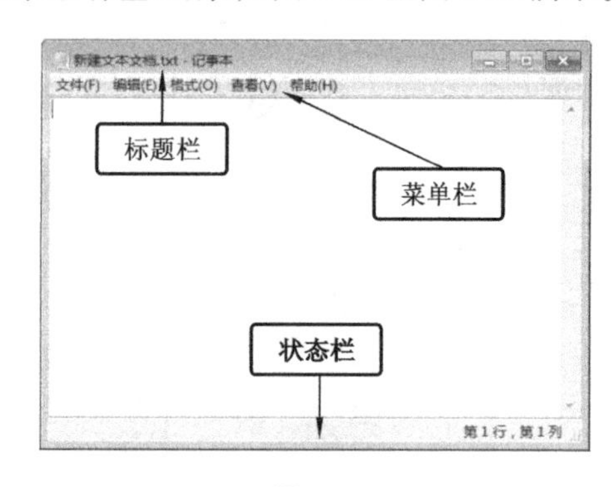

图 1-21

（1）标题栏：位于窗口的最上方，单击其右侧的 3 个窗口控制按钮可以将窗口最大化、最小化、还原或关闭。此外，拖动标题栏可移动窗口位置。

（2）菜单栏：分类存放命令的地方。例如，“记事本”窗口中的“文件”菜单中包含了一组与文件操作有关的命令。目前许多窗口都不再提供菜单栏，而是用功能区代替。

（3）工具栏：提供了一组按钮，单击这些按钮（将光标移至某按钮上方，会自动显示该按钮的作用），可以快速执行一些常用操作。

（4）功能区：一些应用程序将其大部分命令以选项卡的方式分类组织在功能区中，单击选项卡标签可切换到不同的选项卡，单击选项卡中的按钮可执行相应的命令。

（5）工作区：用于显示操作对象及操作结果。例如：在资源管理器窗口中，工作区主要

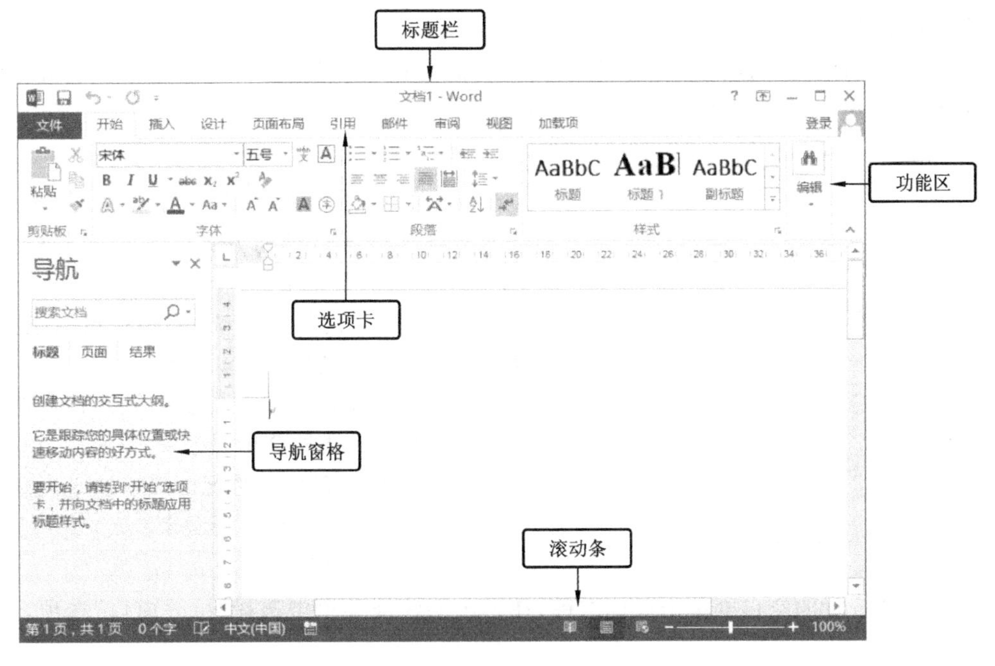

图 1-22

用来显示和操作文件或文件夹;在写字板、记事本程序窗口中,工作区主要用来显示和编辑文档内容;在 Word 程序窗口中,工作区主要用来显示和编辑文本与段落。

(6) 滚动条:拖动滚动条可显示工作区中隐藏的内容。

(7) 状态栏:大多数窗口的底部都有一个状态栏,用来显示当前窗口的有关信息。

1.2.2 窗口的基本操作

窗口的基本操作比较简单,通常包括窗口的切换、移动、排列,以及控制按钮的应用等内容。

1. 切换窗口

打开多个窗口后单击任务栏中的任务图标,或单击桌面上程序窗口的任意位置(此操作需要窗口在桌面上为可见状态),即可切换到该窗口,如图 1-23 所示。

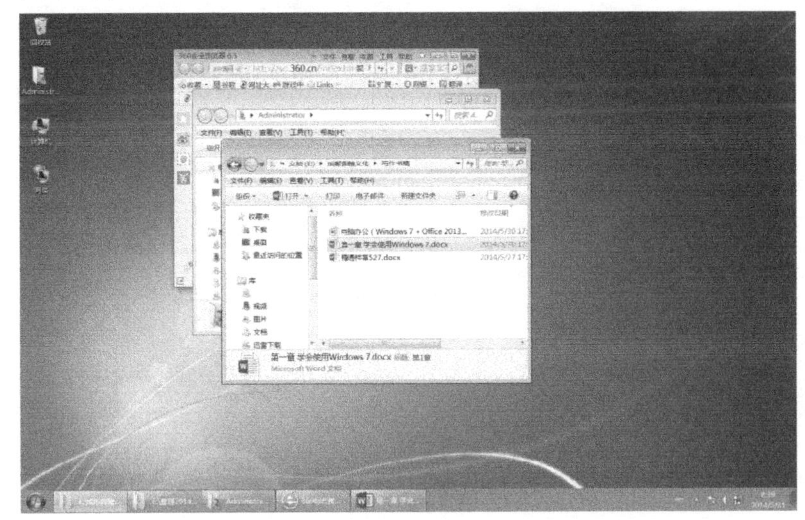

图 1-23

2. 移动窗口

要移动窗口位置，可将鼠标指针移到窗口标题栏的空白处，然后按住鼠标左键并拖动，到合适位置后释放鼠标左键即可，如图 1-24 所示。

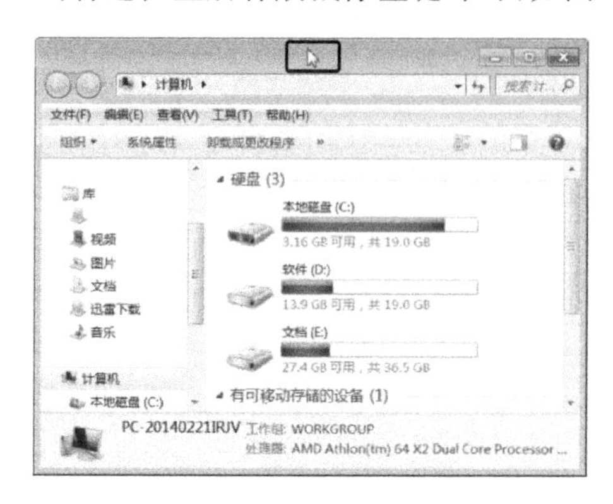

图 1-24

3. 排列窗口

在 Windows 7 中，系统提供了层叠、堆叠和并排显示窗口 3 种窗口排列方式。右击任务栏空白处，在弹出的快捷菜单中选择相应选项。

(1) 层叠窗口的显示方式，就是把窗口按照一个叠一个的方式，一层一层地叠起来。

(2) 堆叠显示窗口，就是把窗口按照横向两个，纵向平均分布的方式堆叠排列起来。

(3) 并排显示窗口，就是把窗口按照纵向两个，横向平均分布的方式并排排列起来。

排列窗口的具体操作如下：

(1) 在任务栏的空白处单击鼠标右键，在弹出的快捷菜单中选择“层叠窗口”选项，如图 1-25 所示。

(2) 层叠效果如图 1-26 所示。

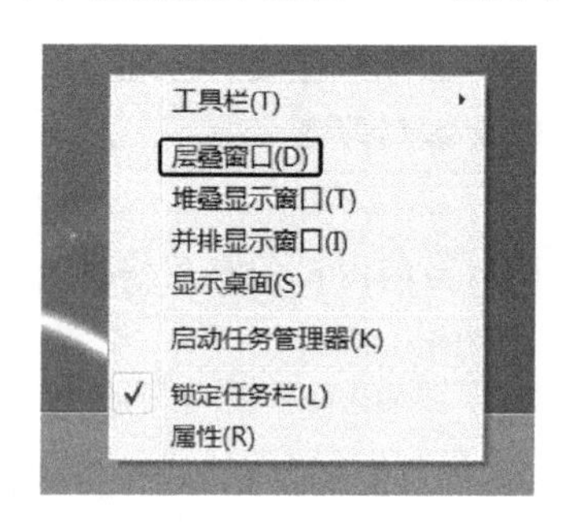

图 1-25

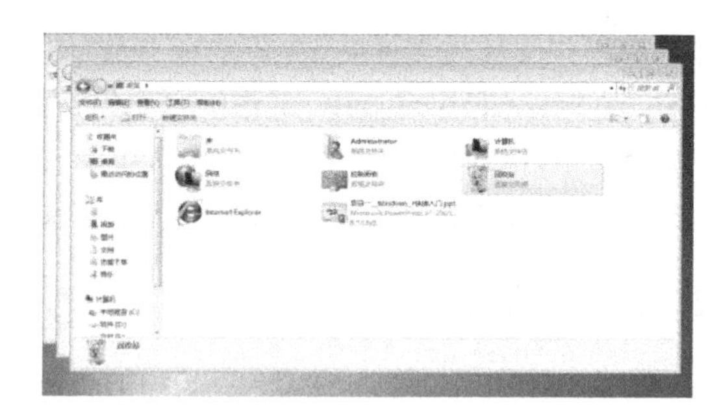

图 1-26

(3) 在任务栏的空白处单击鼠标右键，在弹出的快捷菜单中选择“堆叠显示窗口”选项，堆叠效果如图 1-27 所示。

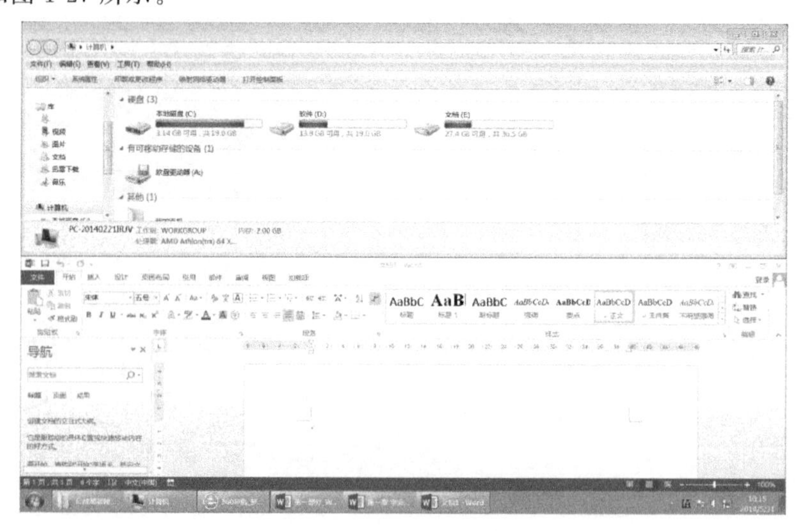

图 1-27

（4）在任务栏的空白处单击鼠标右键，在弹出的快捷菜单中选择“并排显示窗口”选项，并排显示效果如图1-28所示。

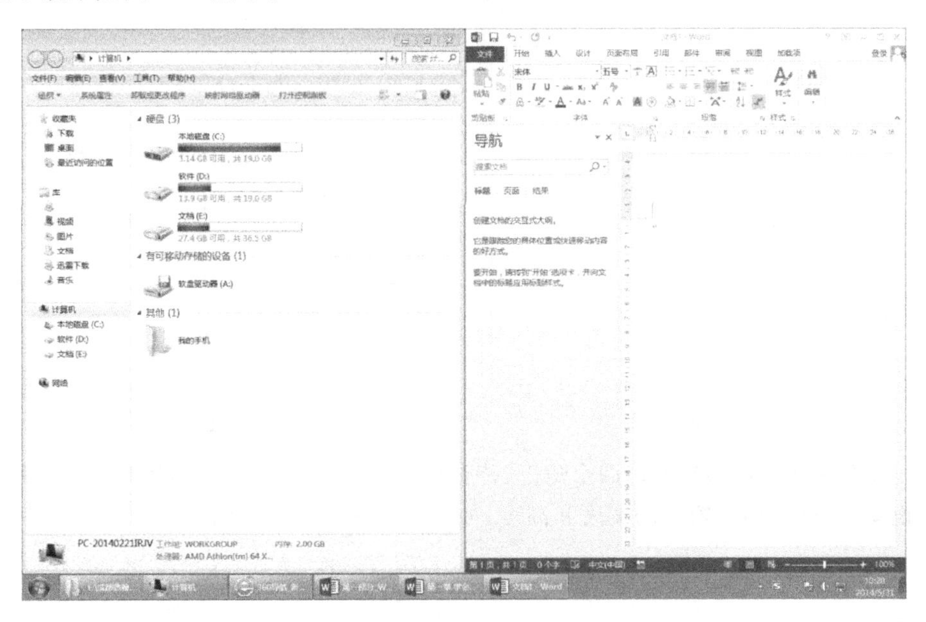

图 1-28

4. 调整窗口大小

在窗口的标题栏的右侧，集中了几个窗口控制按钮，包括最大化、最小化、恢复、关闭等按钮，如图1-29所示。使用这些控制按钮，可以快速调整窗口大小。

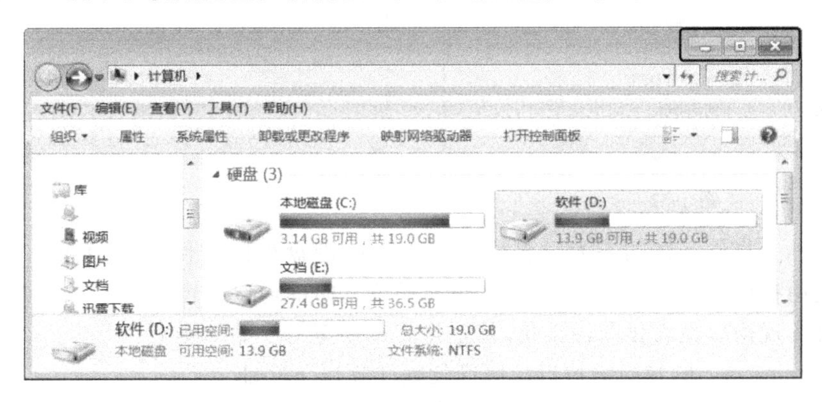

图 1-29

（1）最大化：当单击窗口控制按钮中的三个按钮中间的四方框按钮时，窗口就会占据整个屏幕。

（2）最小化：当单击窗口控制按钮中的三个按钮最左边的“一”字形按钮时，窗口会被缩小到任务栏中的窗口显示区。

（3）恢复：当窗口被最大化后，中间的四方框按钮变为叠放的两个四方框形按钮，当单击后窗口会恢复为原来大小。

（4）关闭：当单击窗口控制按钮中最右边的叉按钮时，窗口就会被关闭。

当窗口处于还原状态时，可以调整其大小，具体方法如下：

（1）将鼠标指针移到窗口的左、右侧边框或上、下侧边框处，待鼠标指针变成左右双向箭头或上下双向箭头形状时，按下鼠标左键不放左右或上下拖动，可调整窗口的宽度或高度，如图 1-30 和图 1-31 所示。

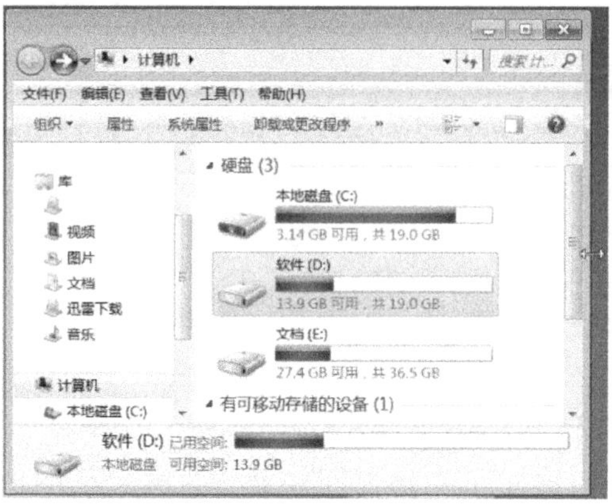

图 1-30

图 1-31

(2) 若将鼠标指针移到窗口四个角上，待鼠标指针变成双向箭头形状时，按下鼠标左键不放并拖动，可同时调整窗口的宽度和高度，如图 1-32 和图 1-33 所示。

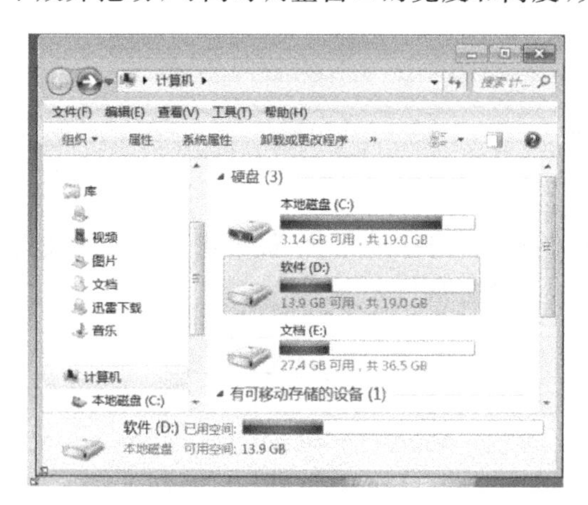

图 1-32

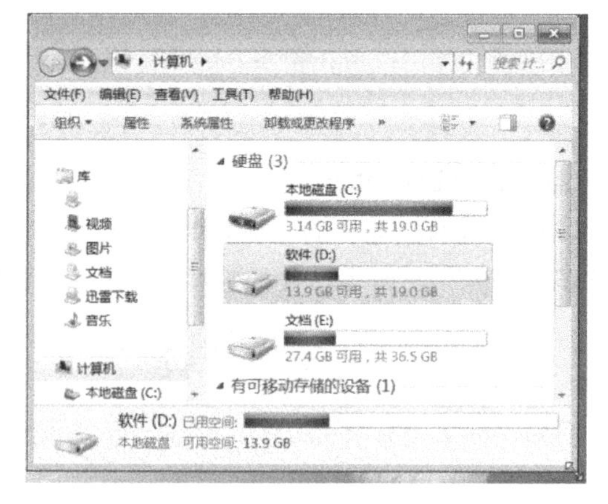

图 1-33

Windows 7 操作系统的一大显著优势在于它的键盘可以方便地移动和操控 Windows 下的各个应用程序。比如按下 Windows 键和任意方向键可以将窗口锁定在桌面不同位置，利用键盘可实现窗口最大化和最小化，甚至将其移动至另一显示器上。

使用 Windows 7 的快捷键可以超级简便地实现以下功能：

(1) Windows+←：将窗口移至屏幕左半边。

(2) Windows+→：将窗口移至屏幕右半边。

(3) Windows+↑：将窗口最大化。

(4) Windows+↓：将最大化窗口还原，或将还原的窗口最小化。

如果电脑不止一个显示器，还能进行如下操作：

(1) Windows+Shift+←：将窗口移至左边显示器。

(2) Windows+Shift+→：将窗口移至右边显示器。

1.2.3 窗口菜单的操作

许多应用程序都将其命令集中到了窗口菜单中。窗口菜单由菜单栏、菜单名和菜单项组成。单击某个菜单名可打开一个菜单列表，从中可选择需要的菜单项(命令)，如图 1-34 所示。

窗口菜单通常包括单选钮、复选框、三角标记、省略号、快捷键等菜单元素，如图 1-35 所示。

（1）单选钮：表示在某个组（以灰色的细线隔开）中只能选择其中一个菜单项，并且该菜单命令此时处于有效状态。

（2）复选框：表示该命令处于有效状态，此时单击该菜单项可取消命令。

（3）三角标记：表示单击此类菜单项将展开一个子菜单列表。

（4）省略号：表示单击此类菜单项将打开一个对话框，用来设置相关参数。

（5）快捷键：按下显示的快捷键，可快速执行相应命令，而无须选择菜单项。

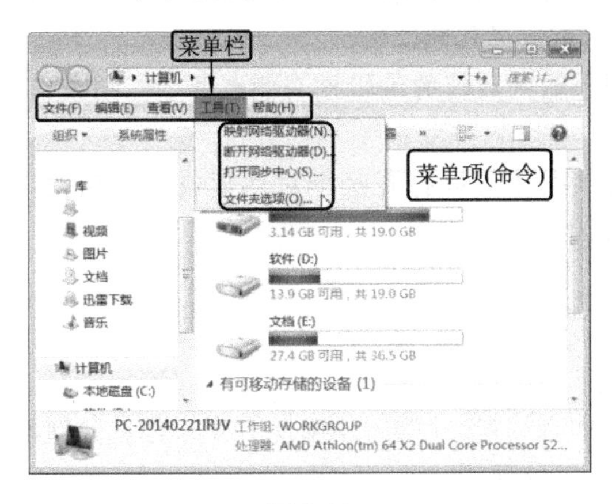

图 1-34

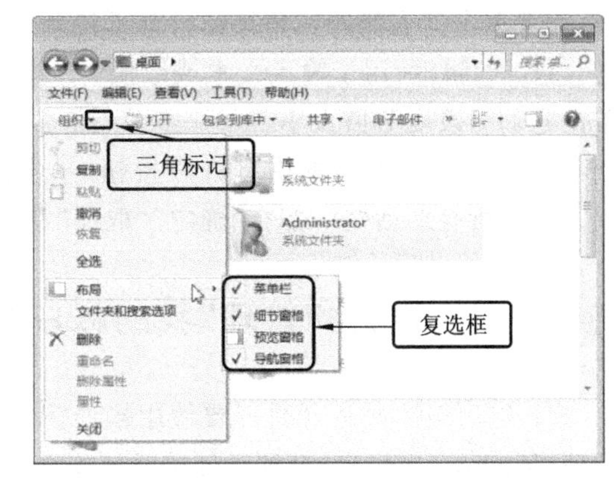

图 1-35

1.2.4 对话框的操作

对话框是一种特殊的窗口，用于为达到某一目的而进行参数设置。选择某个对话框菜单项或单击某个工具按钮时，通常会打开一个对话框进行相关的设置。

虽然对话框的形态各异，功能各不相同，但大都包含了一些相同的元素，如标题栏、选项卡、编辑框、列表框、复选框、单选钮、预览框、按钮等，如图 1-36 和图 1-37 所示。

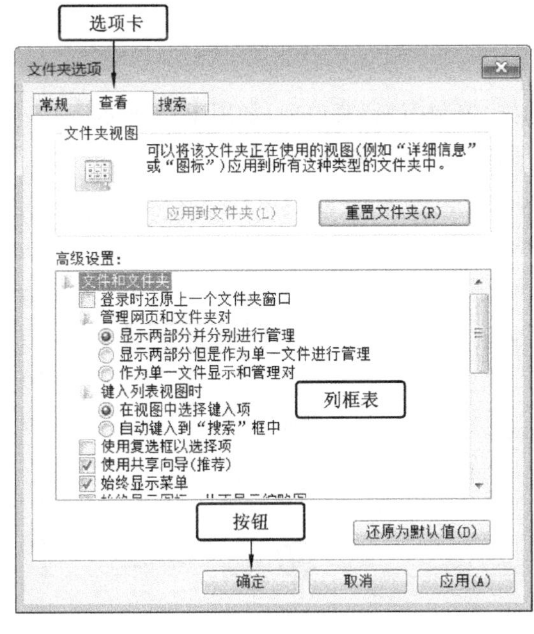

图 1-36

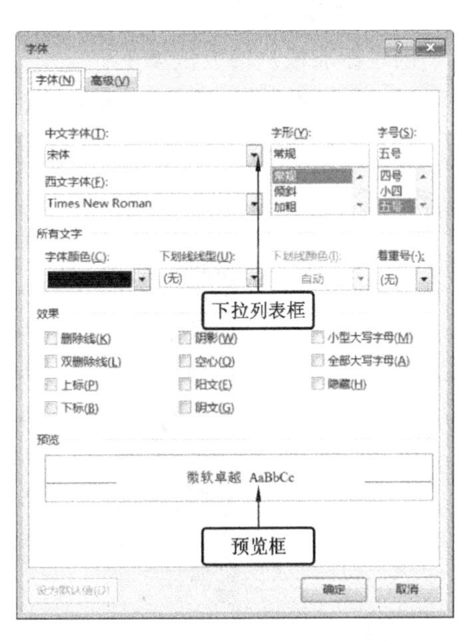

图 1-37

(1) 选项卡：当对话框的内容很多时，通常采用选项卡的方式来分页，从而将内容归类到不同的选项卡中，单击选项卡标签可在不同的选项卡之间切换。

(2) 复选框：用于设定或取消某些项目，选择复选框时，单击勾选即可。

(3) 单选钮：通常多个单选钮组成一组，我们只能选择其中之一，从而完成某种设置。选择单选钮时，单击选中即可。

(4) 列表框：以列表的形式显示某些设置的可选择项。

(5) 下拉列表框：其作用与列表框的相似。不同的是，下拉列表框只显示一个当前选项，需要单击其右侧的三角按钮打开下拉列表，然后选择其他选项。

(6) 编辑框：用于输入文本或数值。一般用来输入数值的编辑框右侧有两个三角按钮，单击它们可改变数值大小。

(7) 按钮：在对话框中有许多按钮，单击这些按钮可以打开某个对话框或应用相关设置。几乎所有对话框中都有“确定”“取消”和“关闭”按钮。

1.3 设置和管理“我的帐户”

日常工作中，每天开机都要使用帐户登录桌面，然后才开始使用电脑工作。科学合理地管理 Windows 7 帐户，有利于保障系统安全，提高办公效率。

1.3.1 创建新帐户

Windows 7 操作系统的帐户包括标准帐户、管理员帐户和来宾帐户三种类型。每种类型为用户提供不同的计算机控制级别：

(1) 标准帐户，适用于日常管理操作。

(2) 管理员帐户，可以对计算机进行最高级别的控制，但应该只在必要时才使用。

(3) 来宾帐户，主要针对需要临时使用计算机的用户。

1. 创建标准帐户

创建标准帐户的方法如下：

(1) 在任务栏中，❶单击“开始”按钮，❷选择“控制面板”菜单项，如图 1-38 所示。

(2) 进入“控制面板”窗口，单击“用户帐户和家庭安全”命令，如图 1-39 所示。

图 1-38

图 1-39

(3) 进入“用户帐户和家庭安全”窗口,单击“用户帐户”命令,如图 1-40 所示。

(4) 进入“用户帐户”窗口,此时,即可看到默认的管理员帐户“Administrator”,单击“管理其他帐户”命令,如图 1-41 所示。

图 1-40

图 1-41

(5) 进入“管理帐户”窗口,单击“创建一个新帐户”命令,如图 1-42 所示。

(6) 进入“创建新帐户”窗口,❶在名称框中输入帐户名称“小王”,❷选中“标准帐户”单选钮,❸单击“创建帐户”按钮,如图 1-43 所示。

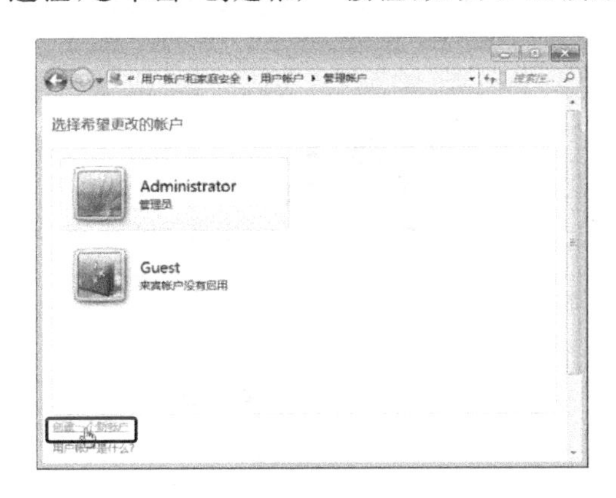

图 1-42

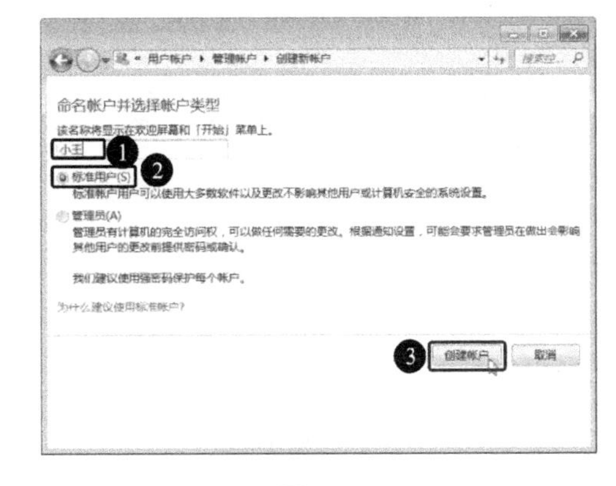

图 1-43

(7) 返回“管理帐户”窗口,此时即可创建一个名为“小王”的新帐户,然后单击新创建的帐户,如图 1-44 所示。

(8) 进入“更改帐户”窗口,单击“创建密码”命令,如图 1-45 所示。

图 1-44

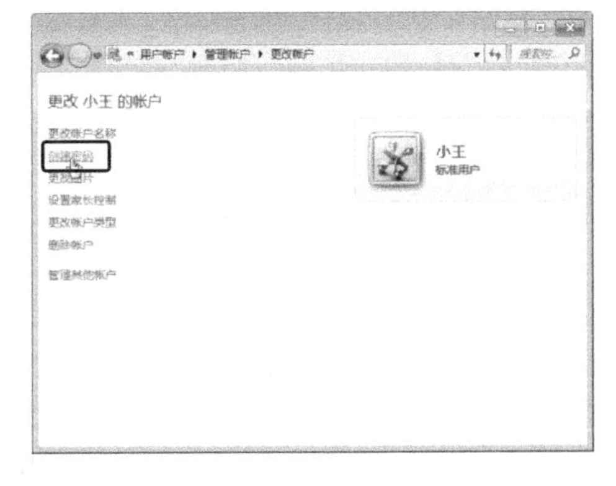

图 1-45

(9) 进入“创建密码”窗口，❶输入并确定密码，❷单击“创建密码”按钮，如图 1-46 所示。

(10) 返回“更改帐户”窗口，此时的帐户“小王”就受密码保护了，如图 1-47 所示。

图 1-46

图 1-47

(11) 在“更改帐户”窗口，单击“更改图片”命令，如图 1-48 所示。

(12) 进入“选择图片”窗口，❶选中喜欢的图片，❷单击“更改图片”按钮，如图 1-49 所示。

图 1-48

图 1-49

(13) 返回“更改帐户”窗口，此时的帐户“小王”的图片就更换成功了，如图 1-50 所示。

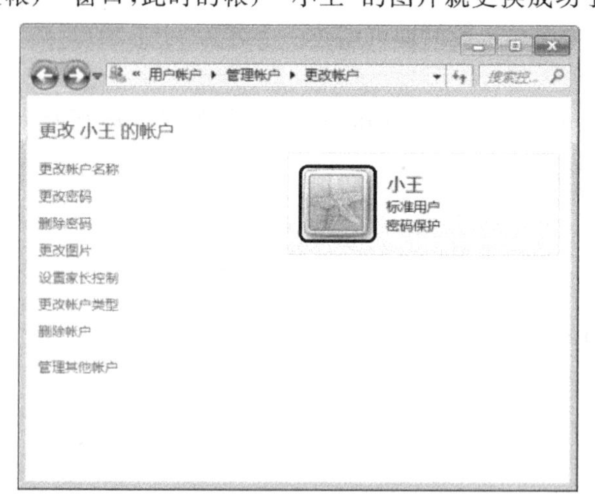

图 1-50

2. 创建来宾帐户

创建来宾帐户的方法如下：

(1) 在"管理帐户"窗口，单击"Guest"命令，如图 1-51 所示。

(2) 进入"启用来宾帐户"窗口，单击"启用"按钮，如图 1-52 所示。

图 1-51

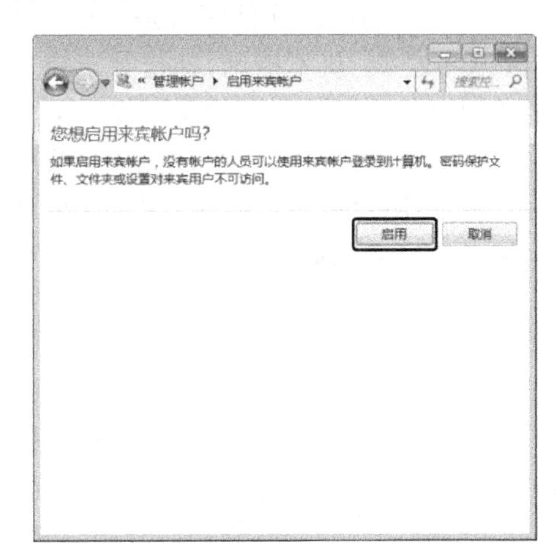

图 1-52

(3) 返回"管理帐户"窗口，此时来宾帐户就启用了，然后单击"Guest"命令，如图 1-53 所示。

(4) 进入"更改来宾选项"窗口，此时即可开启来宾帐户，如图 1-54 所示。单击"更改图片"命令即可更改图片，此处不再赘述。

图 1-53

图 1-54

1.3.2 管理用户帐户

用户帐户创建完成后，可以通过更改用户帐户控制设置、更改帐户类型、切换用户帐户等方式，对用户帐户进行管理。

1. 更改用户帐户控制设置

用户帐户控制级别及其说明如下：

(1) 始终通知：对每个系统变化进行通知。这也就是 Vista 的模式，任何系统级别的变化(Windows 设置、软件安装等)都会出现 UAC 提示窗口。

(2) 默认设置：仅当程序试图改变计算机时发出提示。当用户更改 Windows 设置(如控制面板和管理员任务)时,将不会出现提示信息。

(3) 不降低桌面亮度:仅当程序试图改变计算机时发出提示,不使用安全桌面(即降低桌面亮度)。这与默认设置相类似,但是 UAC 提示窗口仅出现在一般桌面,而不会出现在安全桌面。这对于某些视频驱动程序是有用的,因为这些程序让桌面转换很慢,请注意安全桌面对于试图安装响应的软件而言是一种阻碍。

(4) 从不通知:从不提示,这也等于完全关闭 UAC 功能。

更改用户帐户控制设置的方法如下:

(1) 在“用户帐户”对话框,单击“更改用户帐户控制设置”命令,如图 1-55 所示。

(2) 进入“用户帐户控制设置”对话框,默认的控制级别是“仅在程序尝试对我的计算机进行更改时通知我”,❶拖动鼠标调整控制级别;❷单击“确定”按钮,如图 1-56 所示。

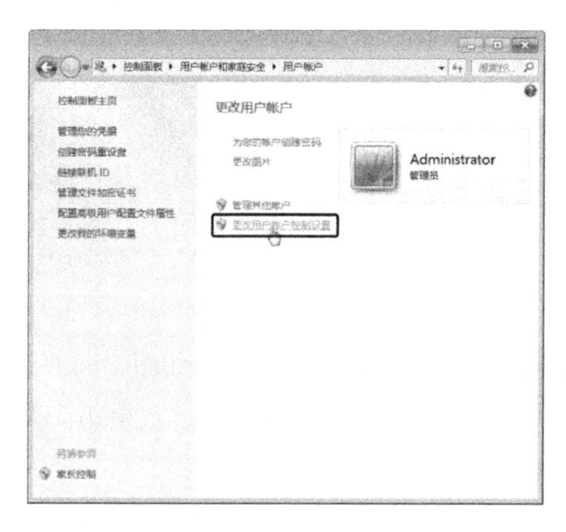

图 1-55

图 1-56

2. 更改帐户类型

在 Windows 7 操作系统中,帐户权限分为两种:标准用户和管理员。可以通过更改帐户类型来更改帐户权限。

更改帐户类型的方法如下:

(1) 进入“管理帐户”窗口,单击标准帐户“小王”,如图 1-57 所示。

(2) 进入“更改帐户”窗口,单击“更改帐户类型”命令,如图 1-58 所示。

图 1-57

图 1-58

(3) 进入“更改帐户类型”窗口,❶选中“管理员”单选钮;❷单击“更改帐户类型”按钮,如图 1-59 所示。

(4) 返回“更改帐户”窗口，此时帐户“小王”的帐户权限由“标准帐户”改为“管理员”，如图 1-60 所示。

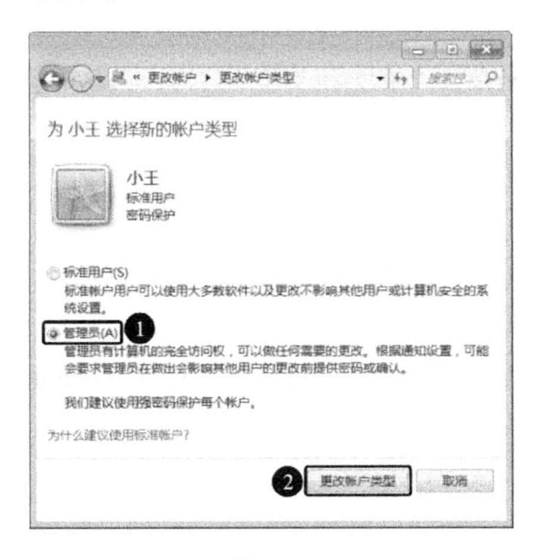

图 1-59

图 1-60

3. 切换用户帐户

切换用户帐户的方法主要有以下三种：

(1) 使用“开始”按钮。

① 在任务栏中，❶单击“开始”按钮，❷单击“关机”按钮右侧的三角按钮，在弹出的菜单项中选择“切换用户”命令，如图 1-61 所示。

② 进入用户登录界面，单击任意一个用户按钮即可，如图 1-62 所示。

图 1-61

图 1-62

(2) 使用“Ctrl+Alt+Delete”组合键。按下“Ctrl+Alt+Delete”组合键，打开任务管理器，单击“切换用户”按钮即可。

(3) 按下“Windows+L”组合键，也可以进入当前用户界面，然后单击“切换用户”按钮即可。

1.4 使用 Windows

Windows 7 操作系统提供了帮助和支持功能及强大的“开始”菜单，熟练运用这些功能和菜单，可以帮助用户更好地使用 Windows 。

1.4.1 使用帮助和支持中心

在遇到电脑方面的问题时，使用 Windows 7 自带的“帮助和支持”工具，可以快速找到解决方案。

1. 选择帮助主题

选择帮助主题的方法如下：

（1）在任务栏中，❶单击“开始”按钮，❷在弹出的菜单中选择“帮助和支持”命令，如图 1-63 所示。

（2）进入“Windows 帮助和支持”窗口，单击“浏览帮助主题”命令，如图 1-64 所示。

图 1-63

图 1-64

（3）此时即可进入浏览帮助主题界面，然后单击“打印机和打印”命令，如图 1-65 所示。

（4）此时即可搜索出所有关于“打印机和打印”的帮助“主题”，如图 1-66 所示。

图 1-65

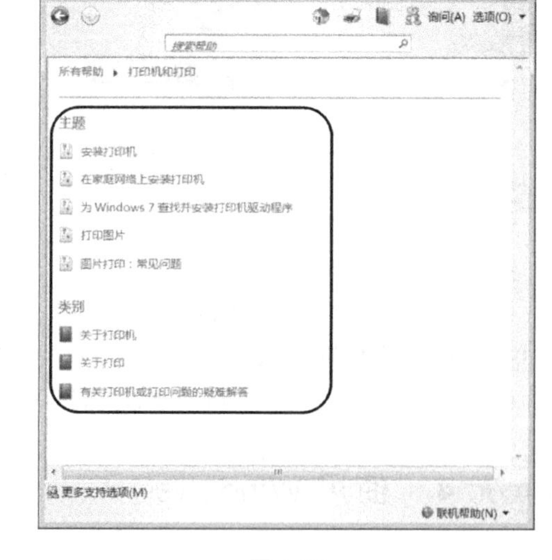

图 1-66

2. 快速搜索帮助信息

如果不能确定自己的问题属于哪一类主题，也可以通过搜索关键词来查找相关帮助。使用“帮助和支持”工具中的搜索功能，可以快速帮助用户找到所有关于 Windows 7 操作的解决方案，具体方法如下：

(1) 进入“Windows 帮助和支持”窗口，❶在搜索框中输入文字“共享文件”，❷单击搜索框右侧的“搜索帮助”按钮，如图 1-67 所示。

(2) 此时即可搜索出关于“文件共享”的所有帮助选项，如图 1-68 所示。

图 1-67

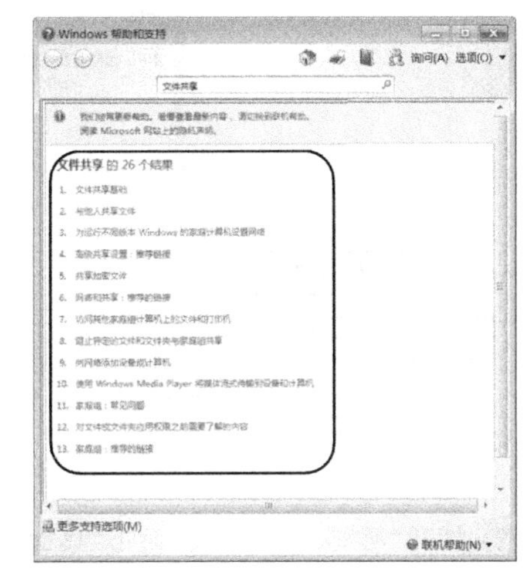

图 1-68

1.4.2 使用“开始”菜单

“开始”菜单是操作系统的中央控制区域，主要用于存放操作系统、设置系统命令，以及启动安装的所有程序。

1. 认识“开始”菜单

“开始”菜单主要由系统控制区、“常用程序”列表、“所有程序”按钮、“搜索程序和文件”编辑框、“关机”按钮组成，如图 1-69 所示。

(1)系统控制区：包括“计算机”“文档”“图片”“音乐”和“控制面板”等项目，通过单击这些项目可以实现对电脑的操作与管理。

(2)“常用程序”列表：包含应用程序的快捷启动方式，分为两组。分组线上方是应用程序的常驻快捷启动项；分组线下方是系统自动添加的较常用的应用程序的快捷启动项，它会随着应用程序的使用频率而自动改变。

(3)“所有程序”按钮：单击“所有程序”按钮将展开“所有程序”列表，用户可从该列表中找到并打开电脑中已安装的全部应用程序。

(4)“搜索程序和文件”编辑框：通过在编辑框中输入关键字，可以在计算机中查找程序和文件。

(5) “关机”按钮：单击右侧的三角按钮，会弹出“切换用户”“注销”“锁定”“重新启动”“睡眠”等选项。

2. 使用“所有程序”列表

使用“所有程序”列表，既可以启动安装的应用程序，还可以为应用程序创建桌面快捷方式。

使用“所有程序”列表启动应用程序的方法如下：

(1) 在任务栏中，❶单击“开始”按钮，❷选择“所有程序”命令，如图 1-70 所示。

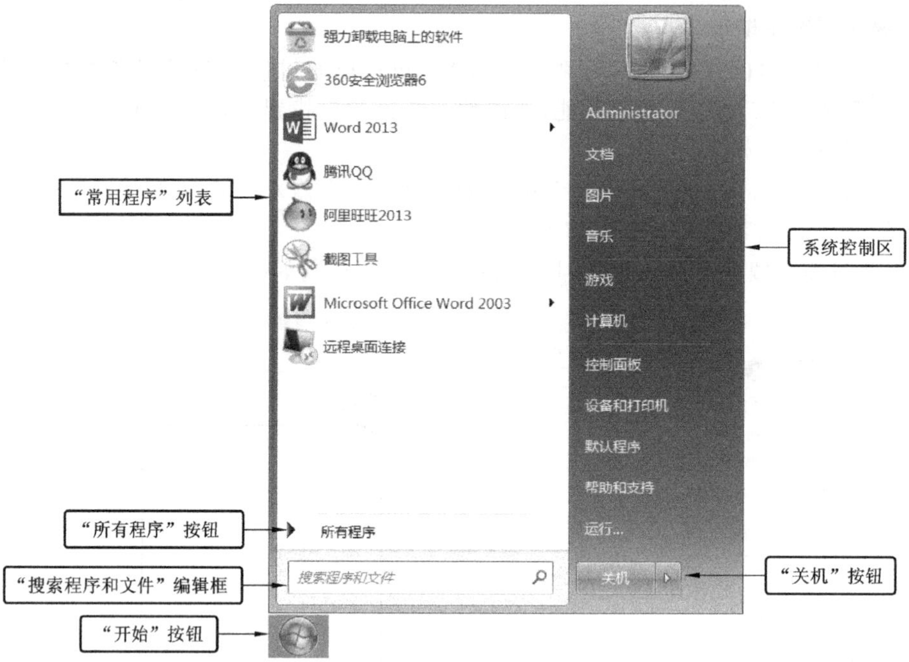

“常用程序”列表
系统控制区
“所有程序”按钮
“搜索程序和文件”编辑框
“关机”按钮
“开始”按钮

图 1-69

(2) 打开“所有程序”列表,单击“桌面小工具库”命令,如图 1-71 所示。

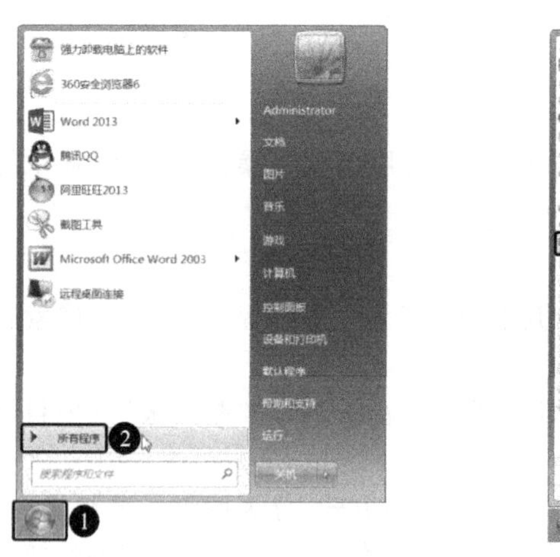

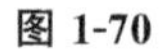

图 1-70

图 1-71

(3) 此时即可启动“桌面小工具库”程序,在弹出的窗口中选择桌面小工具即可,如图 1-72所示。

图 1-72

1.5 管理桌面

了解 Windows 7 的基本使用方法后,就可以管理自己的桌面窗口了。本节将从设置桌面图标、切换文件窗口、使用“开始”菜单查看当前用户帐户等方面详细介绍。

1.5.1 添加“控制面板”桌面图标

在日常工作中经常用到“控制面板”图标,接下来将“控制面板”图标添加到 Windows 7 桌面上,具体操作如下。

(1) 在桌面上空白处单击鼠标右键,在弹出的快捷菜单中选择“个性化”选项,如图 1-73 所示。

(2) 弹出“个性化”窗口,单击左侧的“更改桌面图标”,如图 1-74 所示。

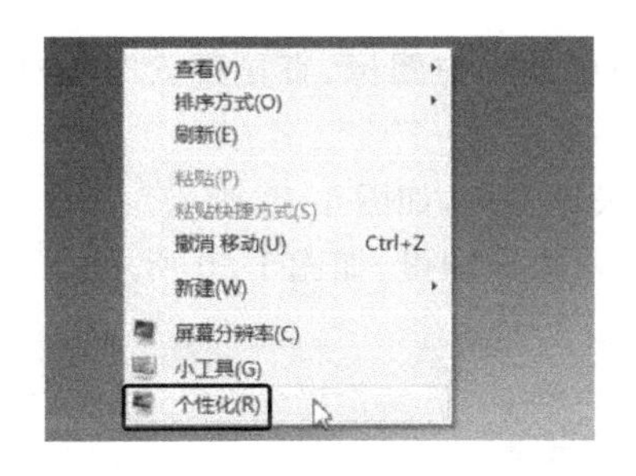

图 1-73

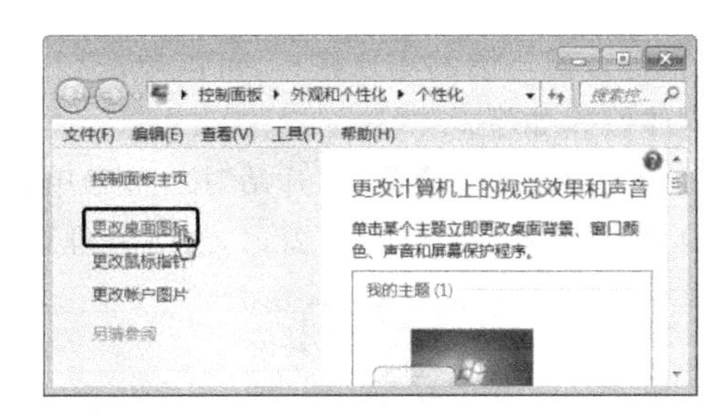

图 1-74

(3) 弹出“桌面图标设置”对话框,❶在“桌面图标”组中勾选“控制面板”复选框;❷单击“确定”按钮,如图 1-75 所示。

(4) 即可将“控制面板”图标添加到桌面上,如图 1-76 所示。

图 1-75

图 1-76

1.5.2 切换文件窗口

在日常工作中经常在桌面上打开多个文件或网页窗口,可以通过一些方法来切换文件窗口。具体操作如下。

(1) 在当前窗口中单击“最小化”按钮,缩小暂时不需要的文件窗口,找到需要使用和编辑的文件窗口即可,如图 1-77 所示。

(2) 直接在任务栏中单击要使用的文件图标,切换到该文件窗口,如图 1-78 所示。

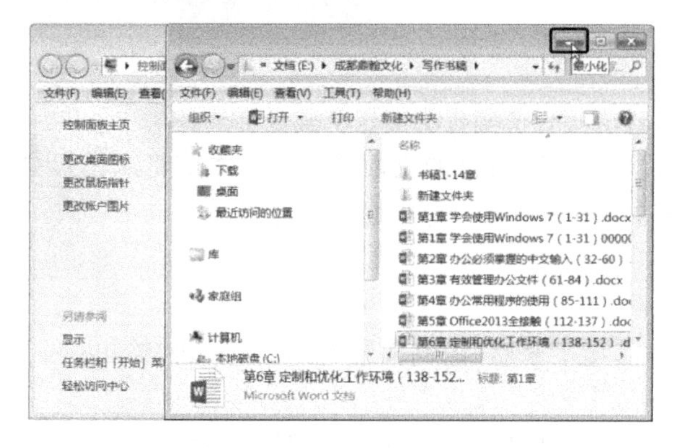

图 1-77

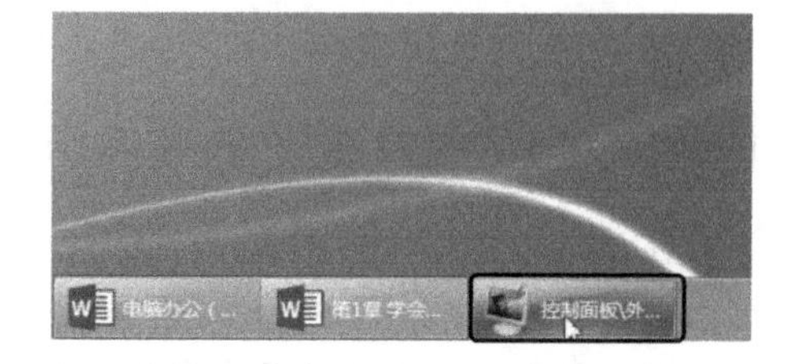

图 1-78

1.5.3 查看当前用户帐户

如果要查看当前的用户帐户，可以单击“开始”菜单中的帐户图标，直接进入“用户帐户”窗口，具体操作如下。

(1) 在任务栏中，❶单击“开始”按钮，❷单击用户帐户图标，如图 1-79 所示。

(2) 即可进入“用户帐户”窗口，然后管理或更改用户帐户即可，如图 1-80 所示。

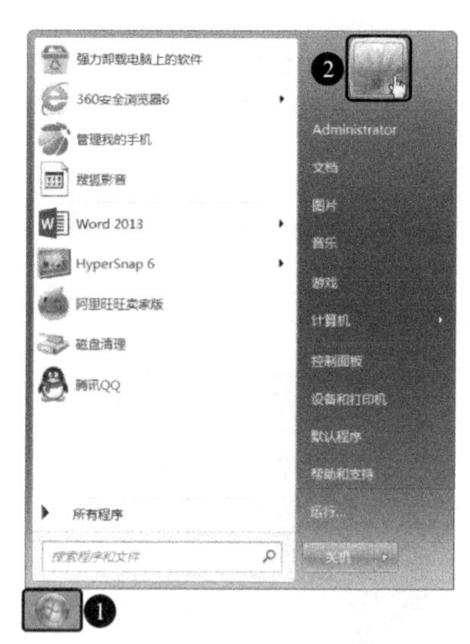

图 1-79

图 1-80

第2章 管理办公文件

电脑中的数据大部分是以文件的形式保存的，而文件夹是保存文件的载体。因此，有效管理电脑中的文件和文件夹是办公人员的重要工作之一。本章主要介绍文件和文件夹的基本操作、认识资源管理器、用文件夹管理客户资料、文件和文件夹的高级应用等内容。

2.1 认识文件和文件夹

在管理文件之前，首先要了解文件和文件夹的基本知识，下面便进行详细讲解。

2.1.1 文件

在电脑中，大多数的数据和各种信息都是以文件的形式存储的。文件可以是文档、图片、声音、视频，还可以是应用程序等。一个文件一般由文件图标、文件名和扩展名三部分组成，文件名和扩展名中间由“.”分隔，如图2-1所示。

图 2-1

几种常见文件的图标和扩展名如表2-1所示。

表 2-1 常见文件的图标和扩展名

图标	扩展名	文件类型	图标	扩展名	文件类型
	.txt	文本文件		.wav、.mp3 等	音乐文件
	.doc、.docx	Word 文档		.avi、.womb 等	视频文件
	.xls、.xlsx	电子表格		.rar、.zip 等	压缩文件
	.ppt、.pptx	演示文稿		.htm、.html	网页文件
	.jpg、.png 等	图片文件		.exe	可执行程序

文件名：最多可以由255个英文字符或127个汉字组成，或者混合使用字符、汉字、数字甚至空格。但是，文件名中不能含有“\”“/”“:”“<”“>”“?”“*”“"”和“|”字符。

扩展名：通常为3或4个英文字符。扩展名决定了文件的类型，也决定了可以使用什么程序来打开文件。常说的文件格式指的就是文件的扩展名。

从打开方式看，文件分为可执行文件和不可执行文件两种类型。

(1) 可执行文件:可以自己运行的文件,其扩展名主要有.exe、.com 等。用鼠标双击可执行文件,它便会自己运行。应用程序的启动文件都属于可执行文件。

(2) 不可执行文件:不能自己运行的文件。当双击这类文件后,系统会调用特定的应用程序去打开它。例如,双击.txt 文件,系统将调用 Windows 操作系统自带的"记事本"程序来打开它。

2.1.2 文件夹

在日常工作中,为了便于管理各种文件,可以对它们进行分类,并放在不同的文件夹中。Windows 7 是用文件夹来分类管理电脑中的文件的。文件夹由图标和文件夹名两部分组成,如图 2-2 所示。

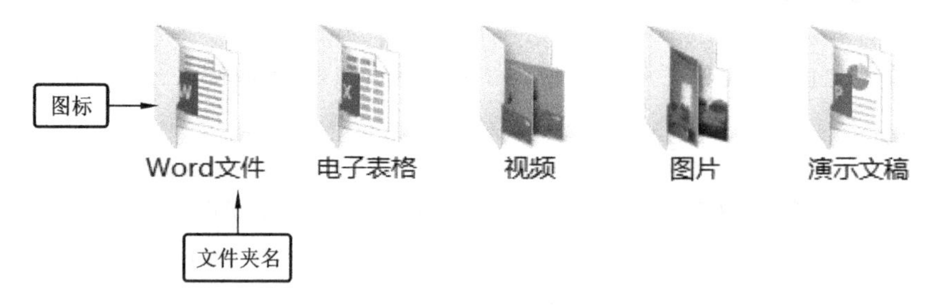

图 2-2

文件夹主要用来保存和管理电脑中的文件。文件夹中不仅可以包含许多文件,还可以保存一个或者多个子文件夹,在子文件夹中可以再包含文件和子文件夹,如图 2-3 和图 2-4 所示。

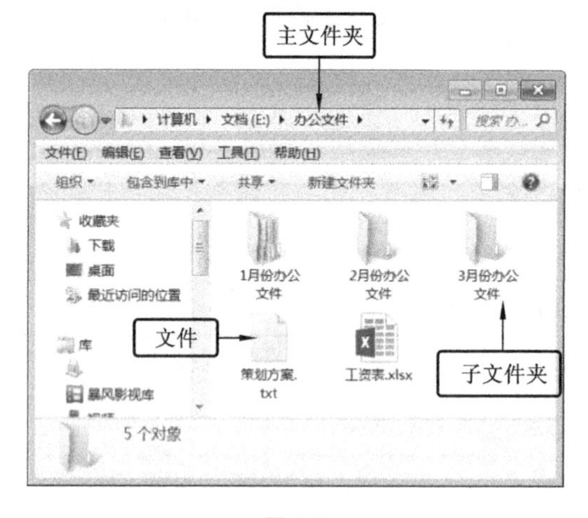

图 2-3

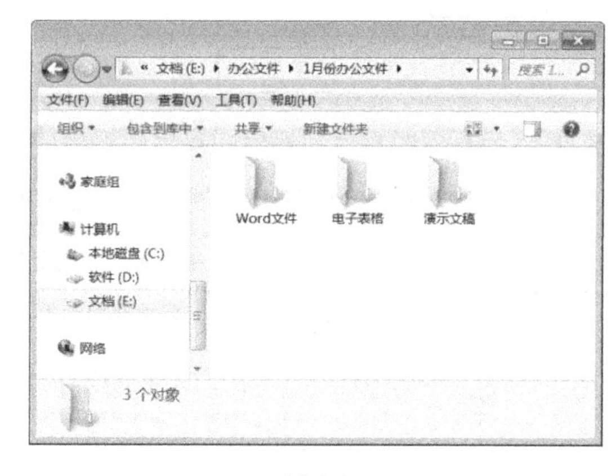

图 2-4

 2.2 认识资源管理器

Windows 7 资源管理器的功能十分强大。计算机中的资源(如文件、文件夹、磁盘驱动器、打印机等)通常都是使用资源管理器来管理的。本节主要介绍资源管理器的基础知识及其应用。

2.2.1 打开资源管理器窗口

在资源管理器窗口中可以打开文件夹或库。资源管理器窗口的各个不同部分围绕

Windows 进行导航，可以更轻松地使用文件、文件夹和库。

单击任务栏左侧的“Windows 资源管理器”图标，或双击桌面上的“计算机”图标、“网络”图标等，都可打开资源管理器窗口，如图 2-5 所示。

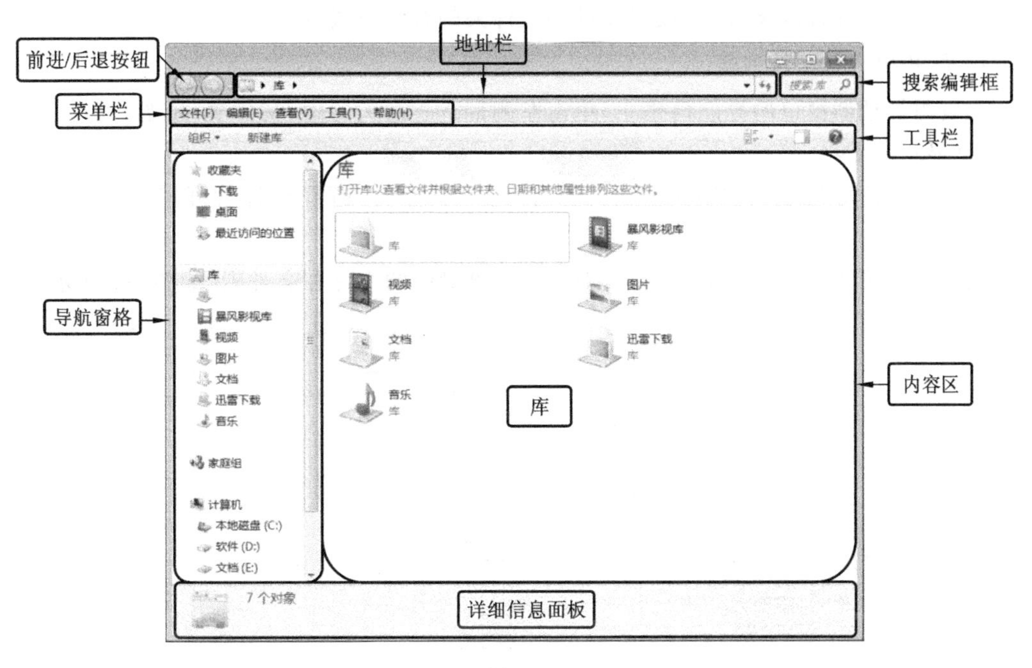

图 2-5

(1) 导航窗格：使用导航窗格可以访问库、文件夹，以及整个硬盘。使用“收藏夹”部分可以打开较常用文件夹和搜索；使用“库”部分可以访问库。还可以展开“计算机”文件夹，浏览文件夹和子文件夹。

在 Windows 7 中，我们主要通过“计算机”对电脑中的文件或文件夹进行管理，其组织形式为：计算机＞硬盘和光盘等存储介质＞文件或文件夹＞文件或子文件夹＞…＞…。“计算机”位于层次结构的顶层，可以说是一个最大的文件夹。

(2) 库：用于管理文档、音乐、图片和其他文件的位置。可以使用与在文件夹中浏览文件相同的方式浏览文件，也可以查看按属性(如日期、类型和作者)排列的文件。默认库包括文档、音乐、图片和视频等。

在某些方面，库类似于文件夹。例如，打开库时将看到一个或多个文件。但与文件夹不同的是，库可以收集存储在多个位置中的文件。这是一个细微但重要的差异。

(3) 菜单栏：资源管理器的菜单栏可以显示或隐藏。选中工具栏上“组织—布局—菜单栏”可以显示菜单栏，不选中则不显示菜单栏。

(4) 工具栏：工具栏上的按钮会随所选对象的不同而不同，用于执行一些常见任务，如更改文件和文件夹的外观、将文件刻录到 CD 或启动数字图片的幻灯片放映。

(5) 地址栏：显示当前文件夹的路径，也可通过输入路径的方式来打开文件夹，还可通过单击文件夹名或三角按钮来切换到相应的文件夹中。

(6) “前进”和“后退”按钮：单击这两个按钮可在打开过的文件夹之间切换。使用“后退”按钮可以返回到刚才访问的文件夹；使用“前进”按钮，恢复正访问的文件夹。

(7) 搜索编辑框：在其中输入关键字，可查找当前文件夹中存储的文件或文件夹。

(8) 详细信息面板：显示当前文件夹或所选文件、文件夹的有关信息。

2.2.2 使用资源管理器窗口

使用资源管理器窗口可以方便地管理文件和文件夹，如展开和折叠文件列表，使用地址栏导航功能搜索文件或文件夹，设置文件和文件夹的查看方式等。

1. 展开和折叠文件列表

在资源管理器窗口的导航窗格中，单击左侧带空心箭头的库、文件夹、磁盘，就可以将其展开，并显示其子项。

（1）单击任务栏上的“Windows 资源管理器”图标，打开资源管理器窗口，如图 2-6 所示。

（2）单击磁盘 E 左侧的空心箭头，即可展开磁盘中的文件和文件夹，如图 2-7 所示。

图 2-6

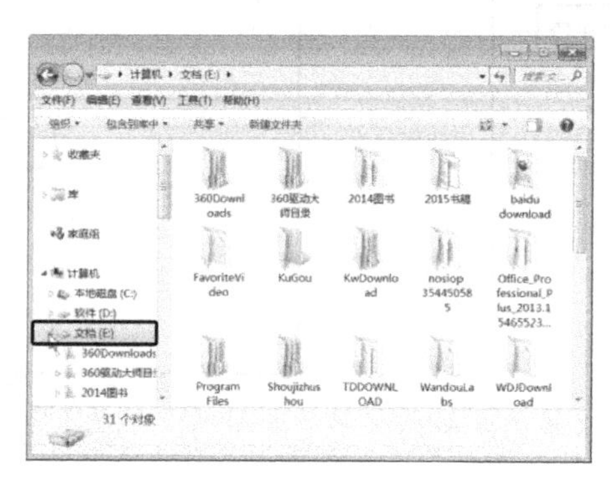

图 2-7

2. 使用地址栏导航功能

使用地址栏导航功能搜索库，可以快速查找文件或文件夹。

打开资源管理器窗口，在地址栏中单击库、文件、文件夹、磁盘等项目右侧的下拉按钮，然后在弹出的下拉列表中选择要查找的文件或文件夹即可，如图 2-8 所示。

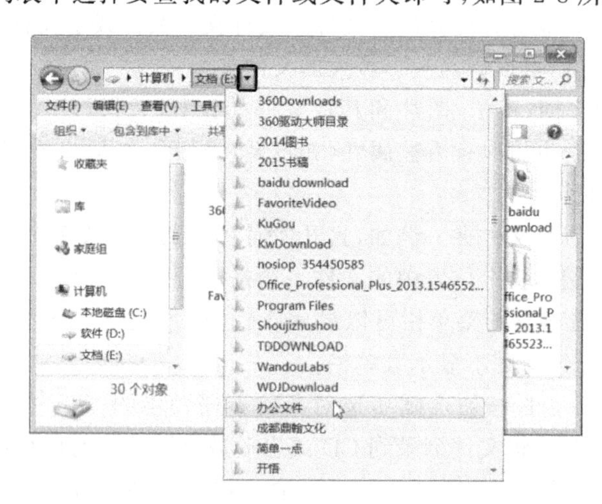

图 2-8

3. 设置文件和文件夹的查看方式

在资源管理器窗口，通过菜单栏中的“查看”按钮，可以设置库、文件、文件夹、磁盘等项目的查看方式。

(1) 在资源管理器窗口,❶单击菜单栏中的“查看”按钮;❷在弹出的列表中选择“详细信息”命令,如图 2-9 所示。

(2) 此时,选中的库或磁盘中的文件或文件夹都会显示详细信息,如图 2-10 所示。

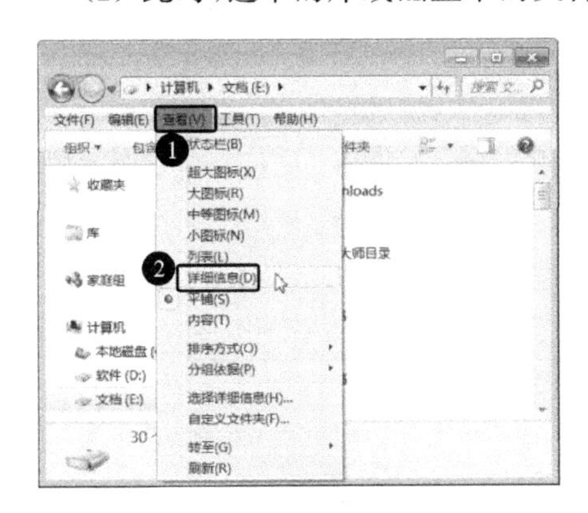

图 2-9

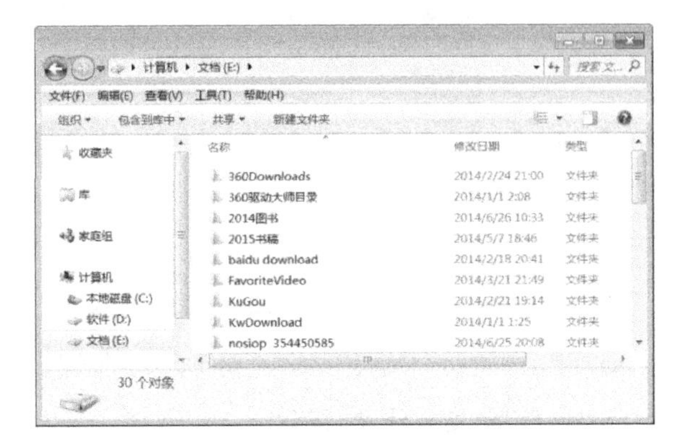

图 2-10

2.3 用文件夹管理客户资料

有效地管理客户资料是职场人员的一项重要工作。了解了文件和文件夹的功能以后,可以通过文件夹对客户资料进行分类管理。本节使用文件夹将客户分为成交客户、意向客户和潜在客户三类,对不同类型的客户资料进行分类管理。

2.3.1 新建文件或文件夹

新建文件或文件夹的操作比较简单,本小节以创建“客户”文件夹和报价单、客户资料表、业务往来表、单据等客户资料为例,进行简单介绍。

1. 新建文件夹

新建文件夹的方法包括如下几种:

1) 使用右键菜单

使用右键菜单创建文件夹是一种常用的方法,具体操作如下:

(1) 在桌面或磁盘中单击鼠标右键,❶在弹出的快捷菜单中选择“新建”命令,❷在其下级菜单中选择“文件夹”命令,如图 2-11 所示。

(2) 此时即可新建一个名为“新建文件夹”的空文件夹,如图 2-12 所示。

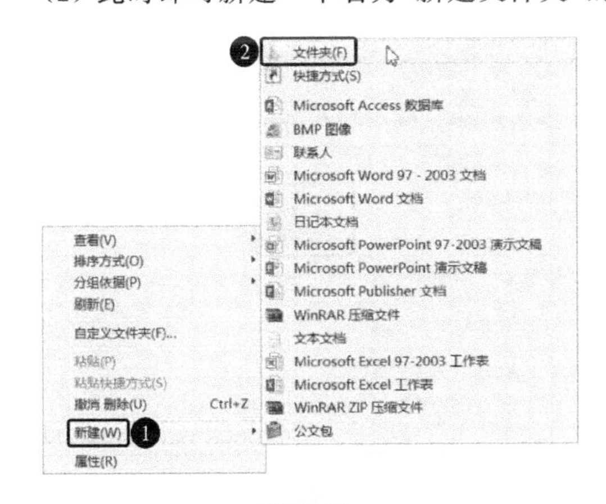

图 2-11

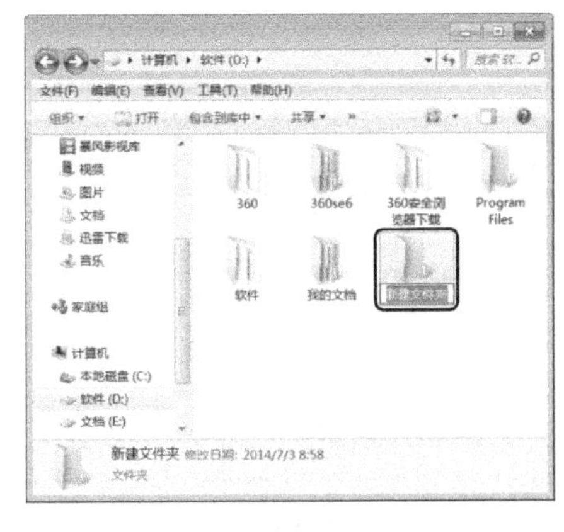

图 2-12

(3) 新创建的文件夹名称处于可编辑状态,将其命名为"客户",如图 2-13 所示。

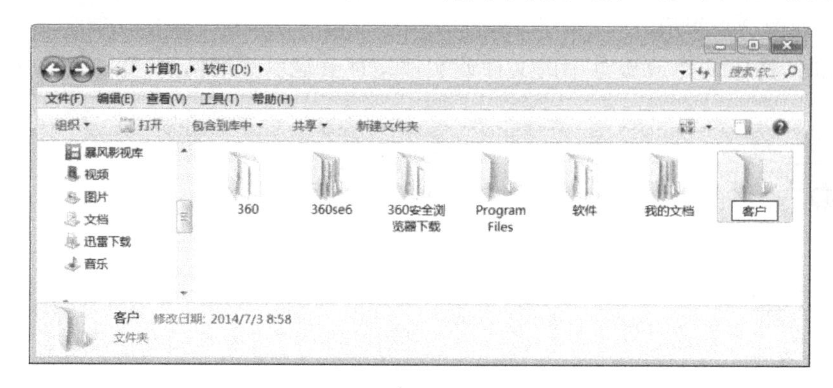

图 2-13

2) 使用"新建文件夹"按钮

在磁盘中,使用工具栏中的"新建文件夹"按钮,同样可以创建文件夹,具体操作如下:

(1) 双击新建的"客户"文件夹,进入该文件夹后,在弹出的工具栏上单击"新建文件夹"按钮,如图 2-14 所示。

(2) 此时即可新建一个名为"新建文件夹"的子文件夹,如图 2-15 所示。

图 2-14

图 2-15

(3) 将新建的子文件夹命名为"成交客户",如图 2-16 所示。

(4) 使用同样的方法,在"客户"文件夹中创建"潜在客户"和"意向客户"子文件夹,如图 2-17 所示。

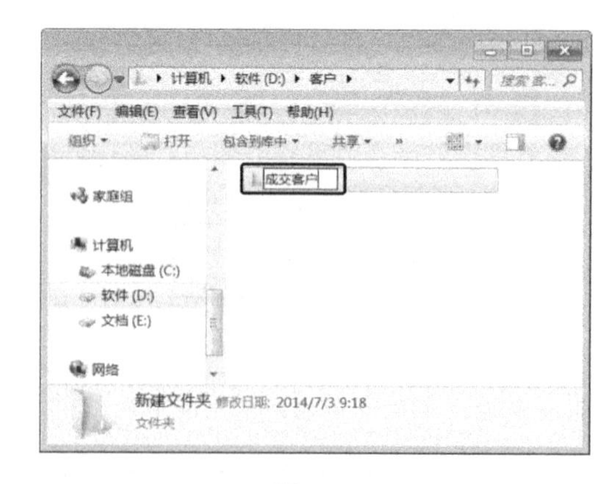

图 2-16

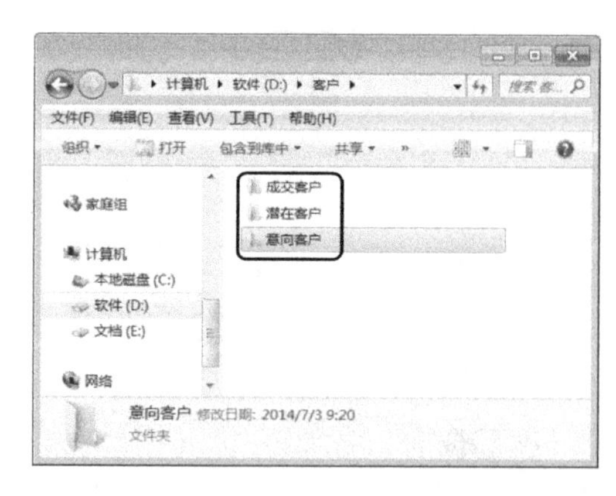

图 2-17

2. 新建文件

通常情况下，用户可通过打开应用程序创建文件。此外，还可以通过右键菜单创建各种文件，如.txt 文档、Office 文件等。

(1) 进入"成交客户"文件夹，单击鼠标右键，❶在弹出的快捷菜单中选择"新建"命令，❷在其下级菜单中选择"Microsoft Word 文档"命令，如图 2-18 所示。

(2) 此时即可新建一个名为"新建 Microsoft Word 文档.docx"的文件，如图 2-19 所示。

图 2-18

图 2-19

(3) 新创建的 Word 文件的名称处于可编辑状态，将其命名为"报价单"，如图 2-20 所示。

(4) 使用同样的方法，在"成交客户"文件夹中创建"单据.docx""客户资料表.xlsx"和"业务往来表.xlsx"，如图 2-21 所示。

图 2-20

图 2-21

2.3.2 选择文件和文件夹

对文件或文件夹进行操作之前，需要先对其进行选择，使其成为操作的对象。选择文件或文件夹的方法主要有以下几种。

1. 选择单个文件或文件夹

用户可以使用鼠标直接单击文件或文件夹的图标将其选择，被选择后的文件或文件夹呈高亮显示状态，如图 2-22 和图 2-23 所示。

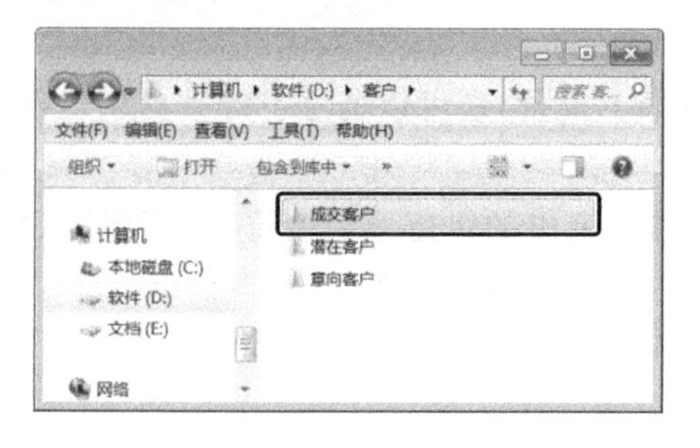

图 2-22

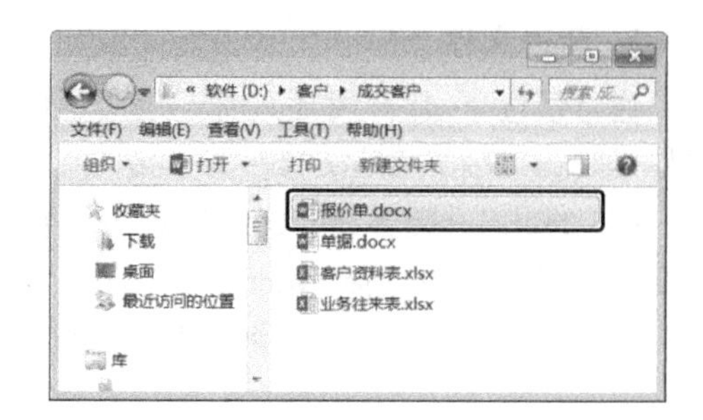

图 2-23

2. 选择多个文件或文件夹

要同时选择多个文件或文件夹，可在按住“Ctrl”键的同时，依次单击要选中的文件或文件夹。选择完毕释放“Ctrl”键即可，如图 2-24 和图 2-25 所示。

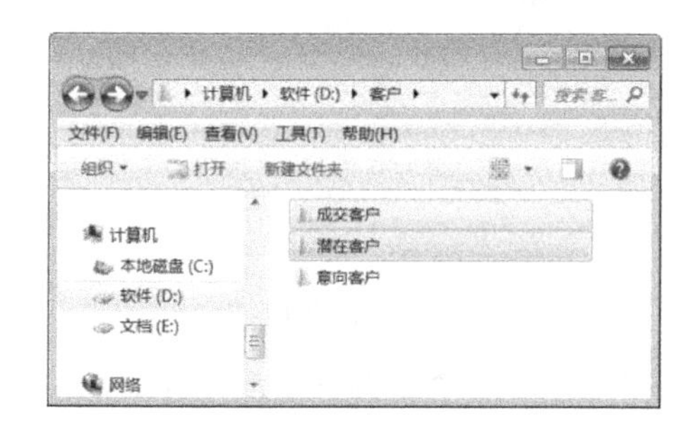

图 2-24

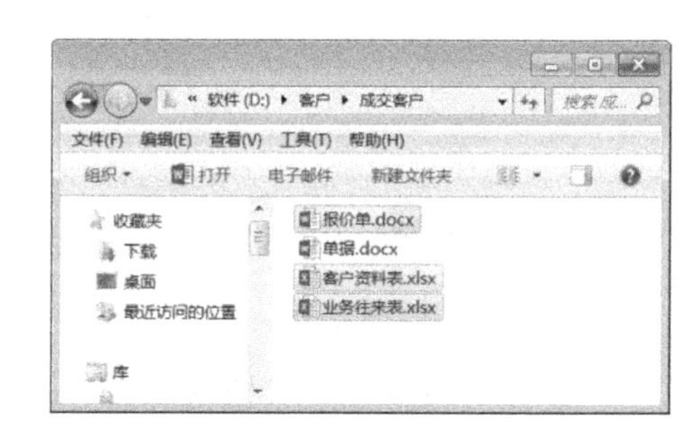

图 2-25

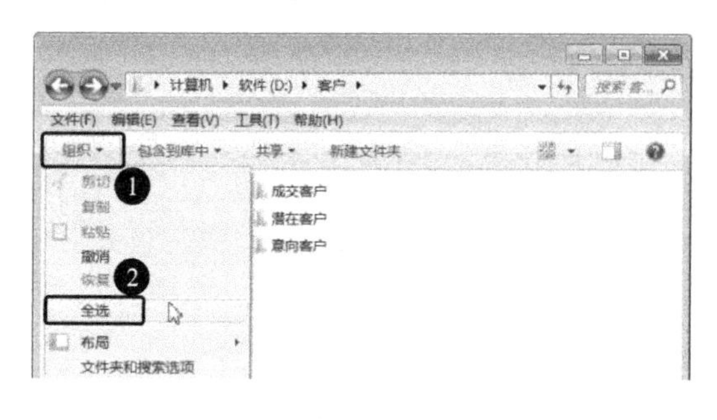

图 2-26

3. 选择所有文件或文件夹

要选择窗口中的所有文件或文件夹，❶单击窗口工具栏中的“组织”按钮，❷在弹出的列表中选择“全选”选项，如图 2-26 所示；或直接按“Ctrl＋A”组合键。

2.3.3 重命名文件和文件夹

当用户在电脑中创建了大量文件或文件夹时，为了方便管理，可以根据需要对文件或文件夹重命名。重命名文件和文件夹的方法主要包括如下几种：

1. 使用右键菜单

使用右键菜单，将文件“客户资料表. xlsx”重命名为“客户信息表. xlsx”，具体操作如下：

(1) 选中文件“客户资料表. xlsx”，❶单击鼠标右键；❷在弹出的快捷菜单中选择“重命名”命令，如图 2-27 所示。

(2) 此时文件“客户资料表. xlsx”的名称处于可编辑状态，将其重命名为“客户信息表. xlsx”即可，如图 2-28 所示。

2. 使用“组织”按钮

使用“组织”按钮，将“客户”文件夹重命名为“客户管理”文件夹，具体操作如下：

图 2-27

图 2-28

(1) 选中“客户”文件夹,❶单击工具栏上的“组织”按钮;❷在弹出的列表中选择“重命名”命令,如图 2-29 所示。

(2) 此时“客户”文件夹的名称处于可编辑状态,将其重命名为“客户管理”,然后按“Enter”键确认即可,如图 2-30 所示。

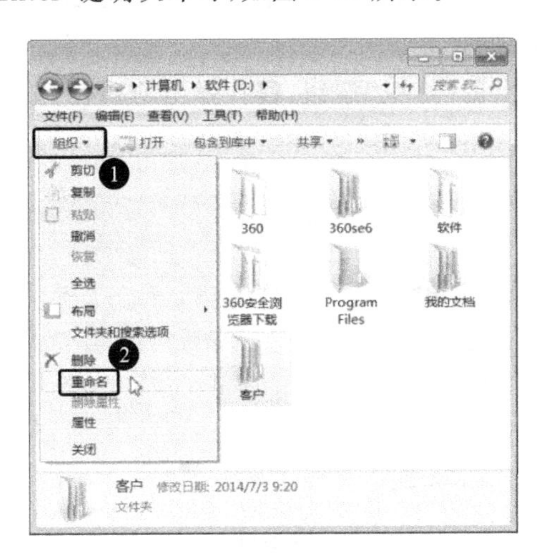

图 2-29

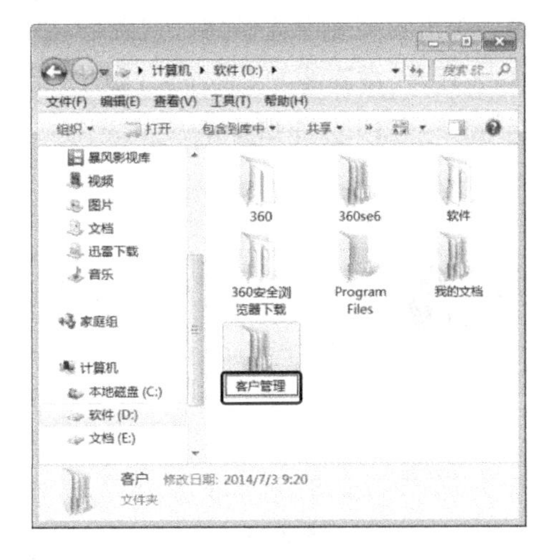

图 2-30

2.3.4 复制与移动文件和文件夹

在日常办公的过程中,经常要将文件或文件夹从一个文件夹移动到另一个文件夹,或对重要的文件或文件夹进行备份操作,此时就用到了文件和文件夹的复制和移动操作。

1. 复制文件或文件夹

复制是指为文件或文件夹在另一个位置创建副本,原位置的文件或文件夹依然存在。

将“成交客户”文件夹中的“报价单.docx”文件复制到“意向客户”文件夹,具体操作如下:

(1) 在“成交客户”文件夹中,选中文件“报价单.docx”,❶单击工具栏上的“组织”按钮;❷在弹出的列表中选择“复制”命令,如图 2-31 所示。

(2) 打开“意向客户”文件夹,❸单击工具栏上的“组织”按钮;❹在弹出的列表中选择

“粘贴”命令，如图 2-32 所示。

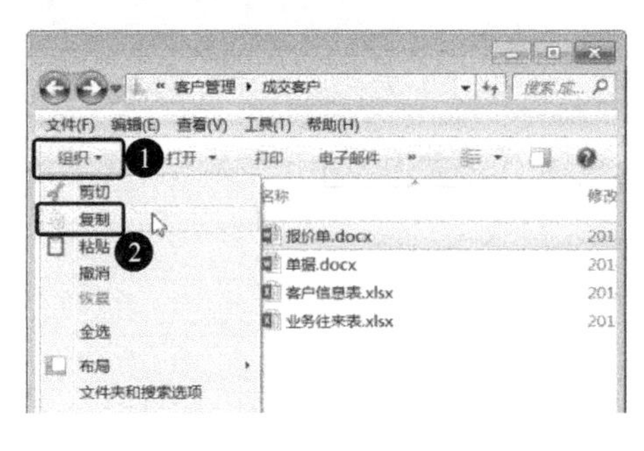

图 2-31

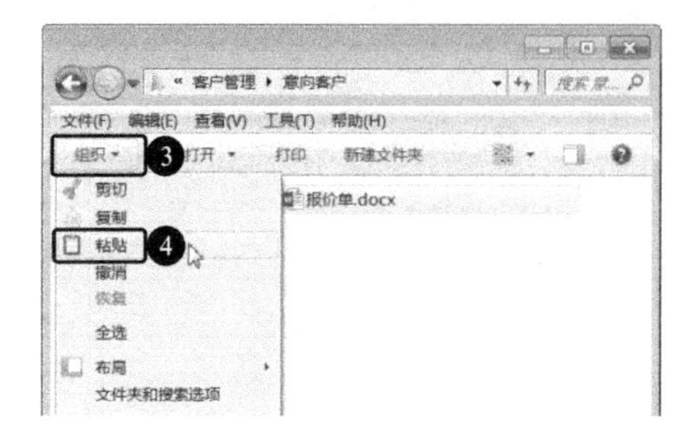

图 2-32

2. 移动文件或文件夹

移动文件或文件夹是指调整文件或文件夹的存放位置。与复制文件或文件夹相似，既可以使用“组织”按钮进行移动操作，也可以使用“Ctrl＋X”和“Ctrl＋V”进行快捷操作。

使用“组织”按钮将“成交客户”文件夹中的“客户信息表. xlsx”文件移动到“潜在客户”文件夹，具体操作如下：

(1) 在“成交客户”文件夹中，选中文件“客户信息表. xlsx”，❶单击工具栏上的“组织”按钮；❷在弹出的列表中选择“剪切”命令，如图 2-33 所示。

(2) 打开“潜在客户”文件夹，❸单击工具栏上的“组织”按钮；❹在弹出的列表中选择“粘贴”命令，如图 2-34 所示。

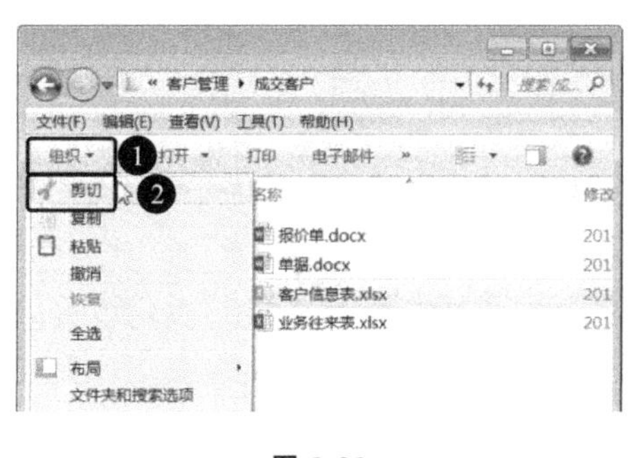

图 2-33

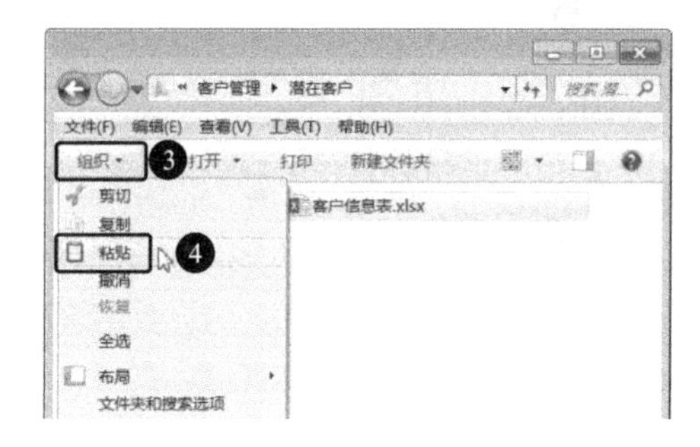

图 2-34

2.3.5 删除与恢复文件和文件夹

在使用电脑的过程中应及时删除电脑中已经没有用的文件或文件夹，以节省磁盘空间。文件删除后，自动保存在回收站中，用户可以根据需要进行恢复或彻底删除。

1. 删除文件或文件夹

删除文件或文件夹的方法主要有以下 3 种。

1) 使用右键快捷菜单

选中要删除的文件或文件夹，单击鼠标右键，在弹出的快捷菜单中选择“删除”命令即可。

2) 使用“Delete”快捷键

选择要删除的文件或文件夹，按下“Delete”键即可将其删除，具体的操作如下：

(1) 选中要删除的“意向客户”文件夹，❶按下“Delete”键，弹出“删除文件夹”对话框，提示用户“您确实要把此文件夹放入回收站吗?”；❷直接单击“是”按钮即可删除选中的文件夹，如图 2-35 所示。

(2) 选中要删除的文件“报价单. docx”，❸按下“Delete”键，弹出“删除文件”对话框，提示用户“确实要把此文件放入回收站吗?”；❹直接单击“是”按钮即可删除选中的文件，如图 2-36 所示。

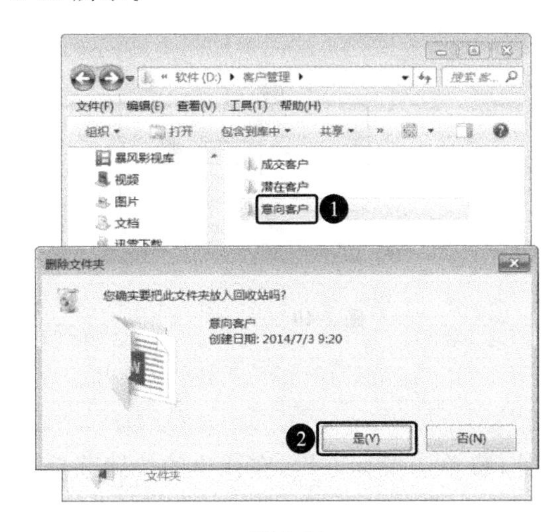

图 2-35

图 2-36

3) 使用“组织”按钮

使用“组织”按钮删除文件夹的具体操作如下：

(1) 选择要删除的文件夹“成交客户”，❶在工具栏中单击“组织”按钮；❷在弹出的列表中选择“删除”命令，如图 2-37 所示。

(2) 弹出“删除文件夹”对话框，提示用户“您确实要把此文件夹放入回收站吗?”，❸直接单击“是”按钮即可，如图 2-38 所示。

图 2-37

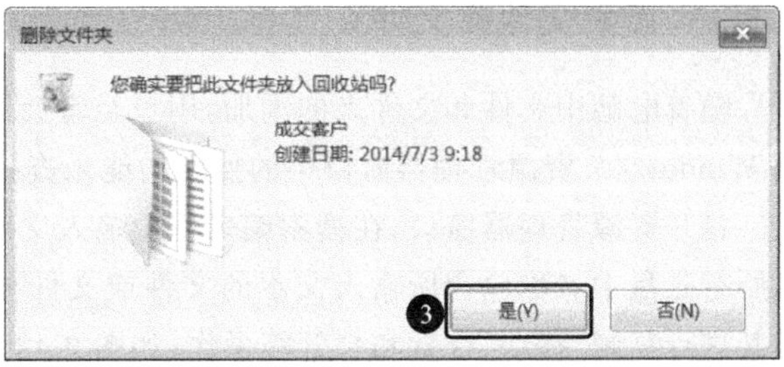

图 2-38

2. 恢复删除的文件或文件夹

回收站用于临时保存从磁盘中删除的文件或文件夹，当用户对文件或文件夹进行删除操作后，默认情况下，它们并没有从电脑中直接删除，而是保存在回收站中，对于误删除的文件，可以随时将其从回收站恢复。对于确认没有价值的文件或文件夹，再从回收站中删除。

1) 恢复文件

在回收站中恢复文件或文件夹的具体操作如下：

(1) ❶在桌面上双击“回收站”图标,如图 2-39 所示。

(2) 打开“回收站”窗口,❷按下“Ctrl”键,选中要恢复的文件和文件夹;❸单击鼠标右键,在弹出的快捷菜单中选择“还原”命令即可,如图 2-40 所示。

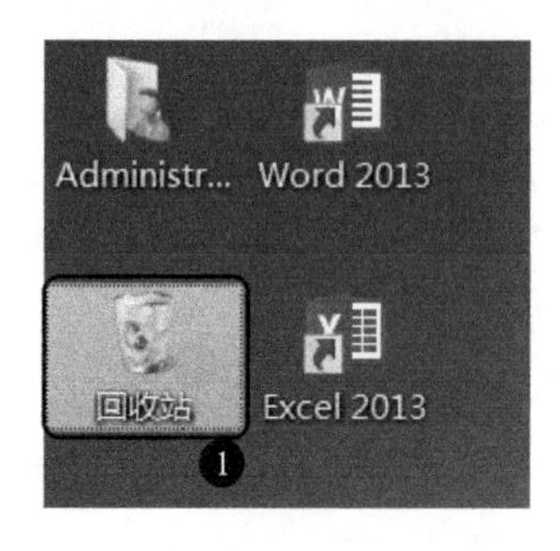

图 2-39

图 2-40

2) 永久性删除文件

永久性删除文件的具体操作如下:

(1) 在“回收站”窗口中,❶选择要删除的文件;❷单击鼠标右键,在弹出的快捷菜单中选择“删除”命令,如图 2-41 所示。

(2) 弹出“删除文件”对话框,提示用户“确实要永久性地删除此文件吗?”,❸直接单击“是”按钮即可,如图 2-42 所示。

图 2-41

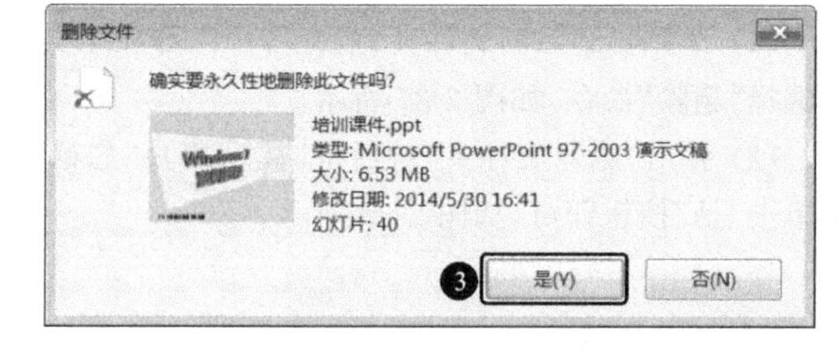

图 2-42

2.3.6 搜索文件或文件夹

随着电脑中文件和文件夹的增加,用户经常会遇到找不到某些文件的情况,这时可以利用 Windows 7 资源管理器窗口中的搜索功能来查找电脑中的文件或文件夹。

打开资源管理器窗口,在搜索编辑框中输入文件名或者关键词,等待一段时间即可搜索出所有磁盘中名称包含所输入文本的文件或文件夹。对于搜索到的文件或文件夹,用户可对其进行复制、移动、查看和打开等操作,如图 2-43 所示。

2.3.7 隐藏或显示文件或文件夹

在使用文件和文件夹过程中,如果用户不想让其他人看到某个文件或文件夹,就可以将其隐藏起来,当需要查看时再将其显示出来。

1. 隐藏文件或文件夹

隐藏文件和隐藏文件夹的操作基本相同,接下来以隐藏“潜在客户”文件夹为例,介绍文件或文件夹的隐藏方法,具体操作如下:

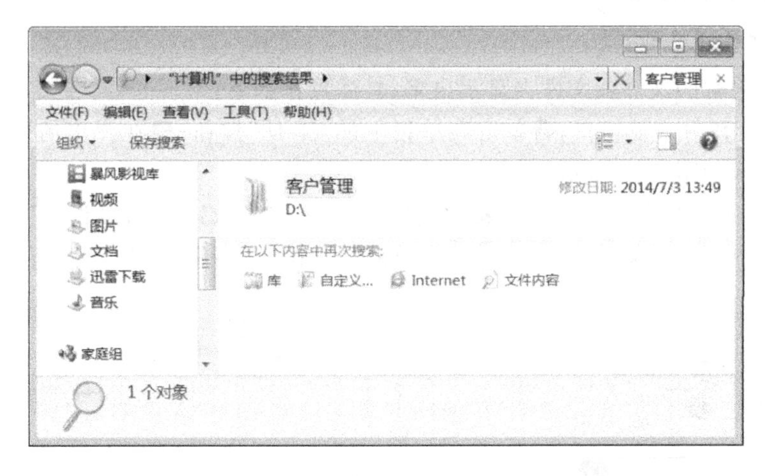

图 2-43

(1) 选中"潜在客户"文件夹，❶单击工具栏上的"组织"按钮；❷在弹出的列表中选择"属性"命令，如图 2-44 所示。

(2) 弹出"潜在客户 属性"对话框，❸选中"隐藏"复选框；❹单击"确定"按钮，如图 2-45 所示。

图 2-44

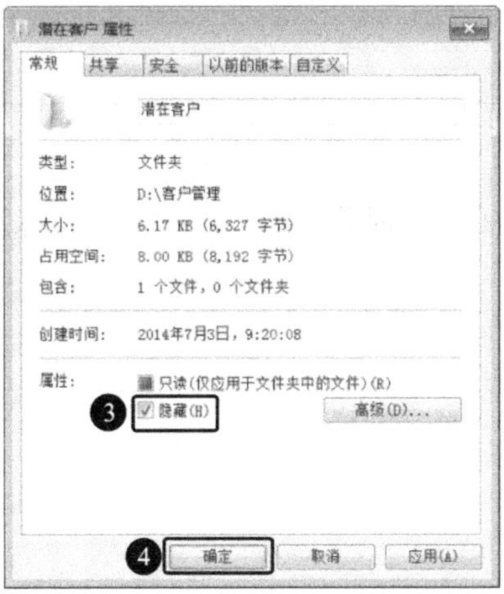

图 2-45

(3) 弹出"确认属性更改"对话框，❶选中"将更改应用于此文件夹、子文件夹和文件"单选钮；❷单击"确定"按钮，如图 2-46 所示。

(4) 此时选中的"潜在客户"文件夹就隐藏起来了，如图 2-47 所示。

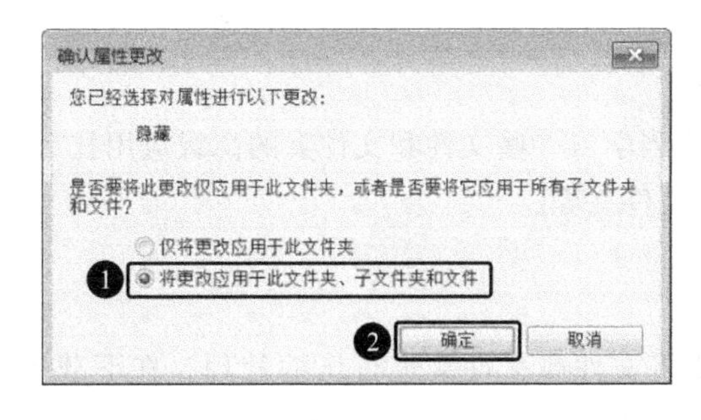

图 2-46

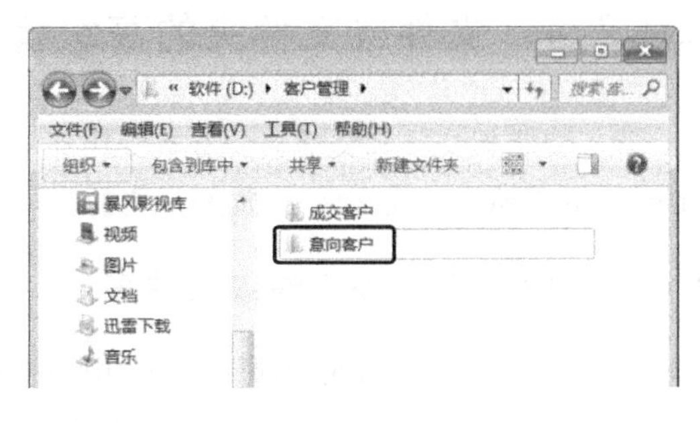

图 2-47

2. 显示文件或文件夹

如果要将隐藏的文件或文件夹显示出来，具体操作如下：

(1) 打开资源管理器窗口，❶单击菜单栏上的“工具”按钮；❷在弹出的列表中选择“文件夹选项”命令，如图 2-48 所示。

(2) 弹出“文件夹选项”对话框，❸单击“查看”选项卡；❹在“高级设置”列表框中选中“显示隐藏的文件、文件夹和驱动器”单选钮；❺单击“确定”按钮，如图 2-49 所示。

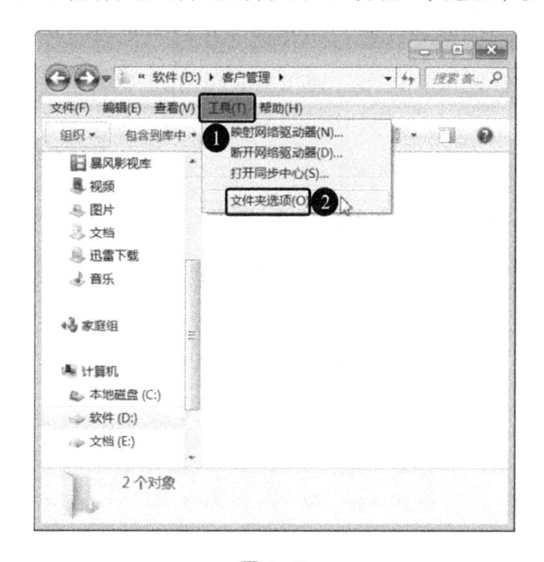

图 2-48

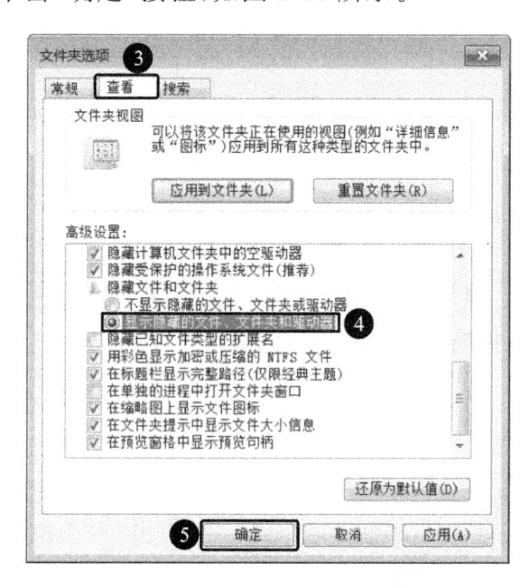

图 2-49

(3) 此时隐藏的“潜在客户”文件夹就显示出来了，如图 2-50 所示。

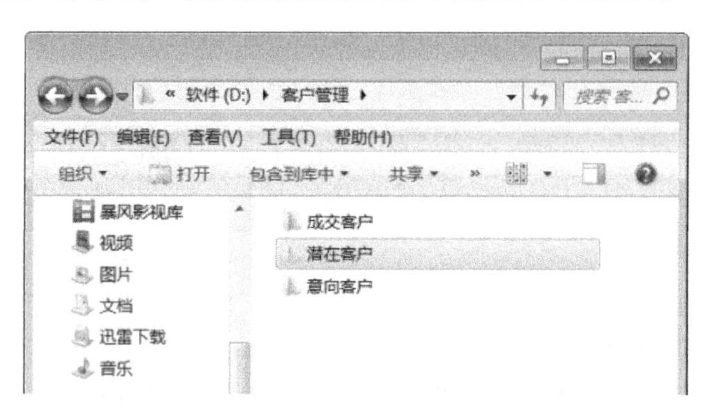

图 2-50

2.4 文件或文件夹的高级管理

除了要掌握文件和文件夹的基本操作外，还应当学习一些文件和文件夹的高级应用技巧，如压缩/解压缩文件或文件夹、加密重要的文件或文件夹等。

2.4.1 压缩/解压缩文件或文件夹

为了节省磁盘空间或者便于传送，用户需要将文件或文件夹进行压缩处理。在下载了一些压缩文件或文件夹后，需要先将其解压，才能进行后续操作。

1. 压缩文件或文件夹

下面以压缩“客户管理”文件夹为例，介绍压缩文件或文件夹的方法，具体操作如下：

(1) 在磁盘 D 中，❶选中“客户管理”文件夹；❷单击鼠标右键，在弹出的快捷菜单中选择“添加到压缩文件”命令，如图 2-51 所示。

(2) 弹出“压缩文件名和参数”对话框，❸选中“RAR”单选钮；❹单击“浏览”按钮，如图 2-52 所示。

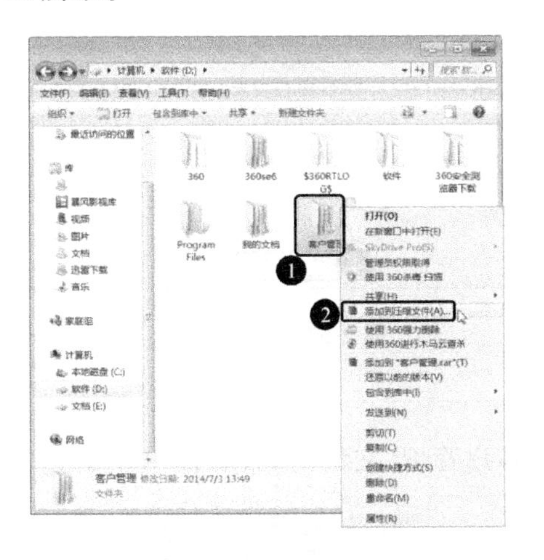

图 2-51

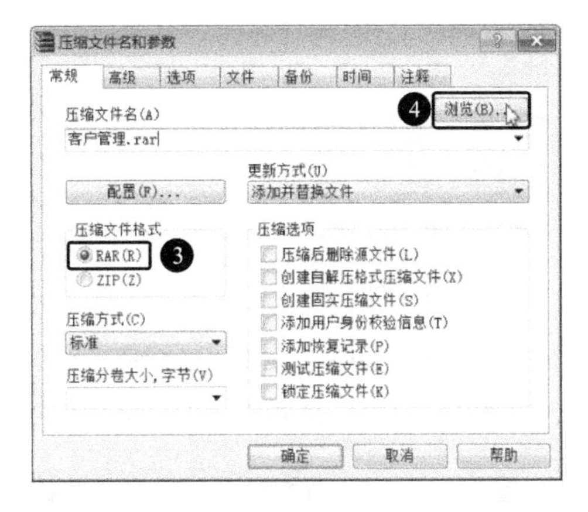

图 2-52

(3) 弹出“查找压缩文件”对话框，❺选中“桌面”选项；❻单击“确定”按钮，如图 2-53 所示。

(4) 进入压缩状态，如图 2-54 所示。

图 2-53

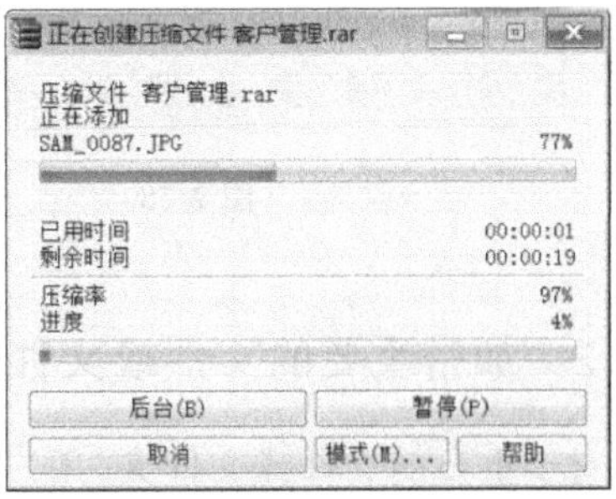

图 2-55

图 2-54

(5) 压缩完成后，就可以在保存位置看到压缩文件了，如图 2-55 所示。

2. 解压缩文件或文件夹

下面对之前压缩的文件“客户管理.rar”进行解压缩，具体操作如下：

(1) 在桌面上，❶选中“客户管理.rar”文件；❷单击鼠标右键，在弹出的快捷菜单中选择“解压文件”命令，如图 2-56 所示。

(2) 弹出“解压路径和选项”对话框，❸选中“桌面”选项；❹单击“确定”按钮，如图 2-57 所示。

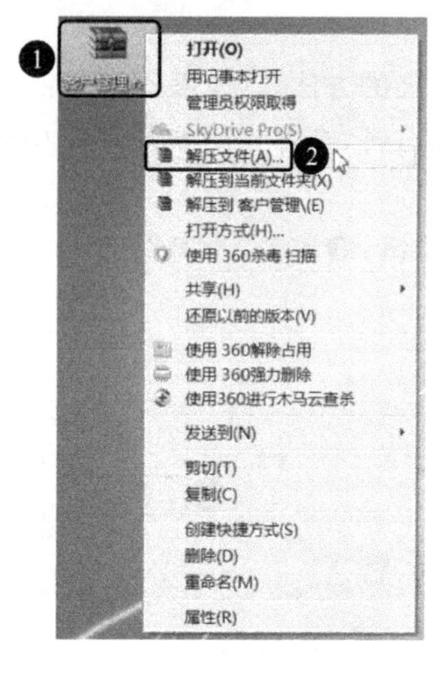

图 2-56

图 2-57

(3) 进入解压状态,如图 2-58 所示。

(4) 解压完成后,即可在桌面上看到解压缩的“客户管理”文件夹,如图 2-59 所示。

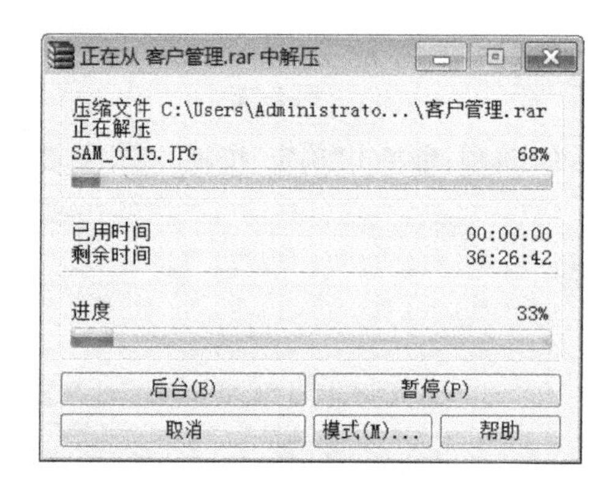

图 2-58

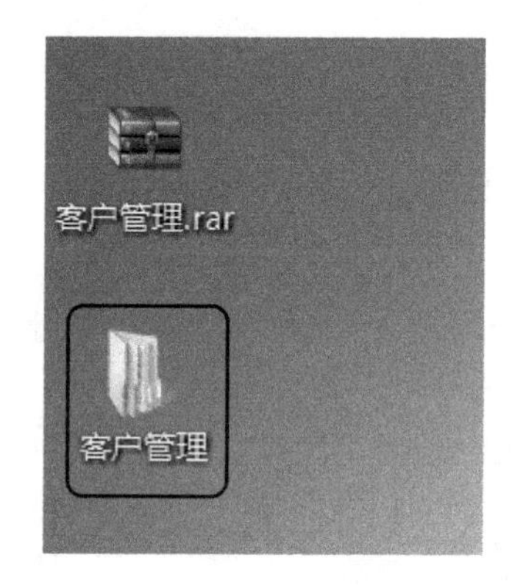

图 2-59

2.4.2 加密重要的文件或文件夹

对于重要的文件或文件夹,用户可以通过加密的方法来保护其安全。与隐藏的文件和文件夹相比,加密过的文件和文件夹只能被当前用户正常使用,对于其他用户来说,则是无法被使用的。

下面以加密“成交客户”文件夹为例进行介绍,具体的操作步骤如下。

(1) ❶选中“成交客户”文件夹,❷单击鼠标右键,在弹出的快捷菜单中选择“属性”命令,如图 2-60 所示。

(2) 弹出“成交客户 属性”对话框,❸单击“高级”按钮,如图 2-61 所示。

(3) 弹出“高级属性”对话框,❹在“压缩或加密属性”组合框中选中“加密内容以便保护数据”复选框;❺单击“确定”按钮,如图 2-62 所示。

(4) 返回“成交客户 属性”对话框,单击“确定”按钮,随即弹出“确认属性更改”对话框,此处保持默认设置,❻单击“确定”按钮即可,如图 2-63 所示。

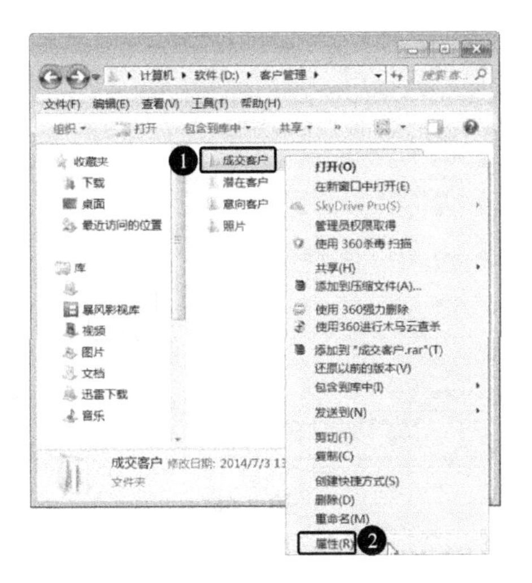

图 2-60

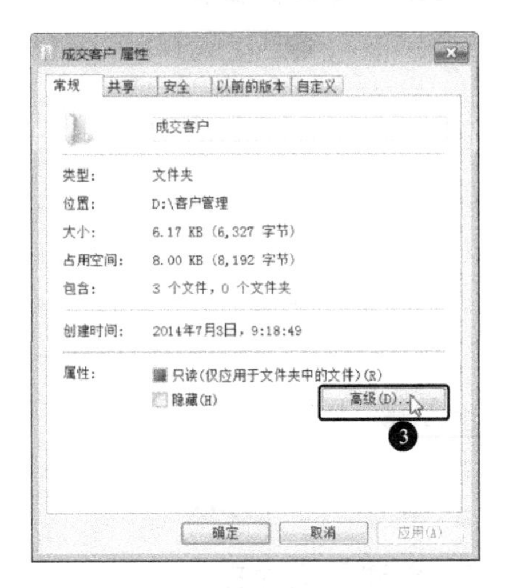

图 2-61

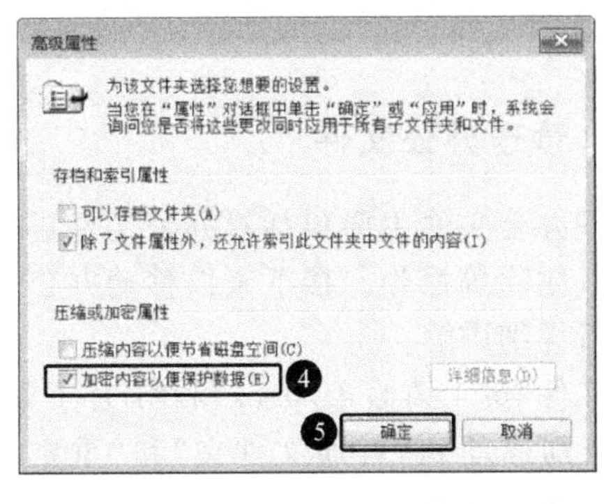

图 2-62

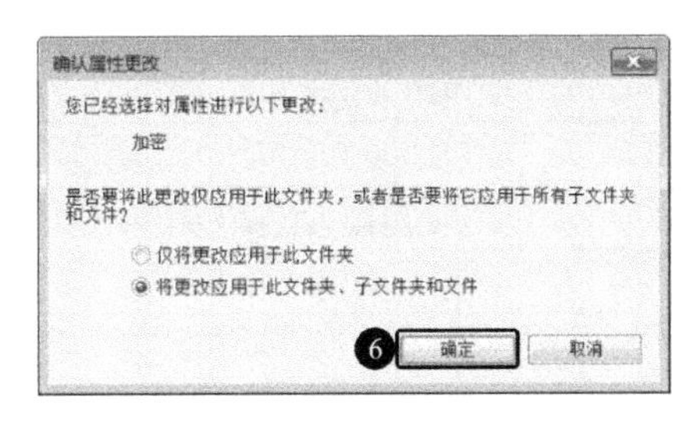

图 2-63

(5) 设置完毕，此时可以看到加密后的文件夹名称呈绿色显示，如图 2-64 所示。

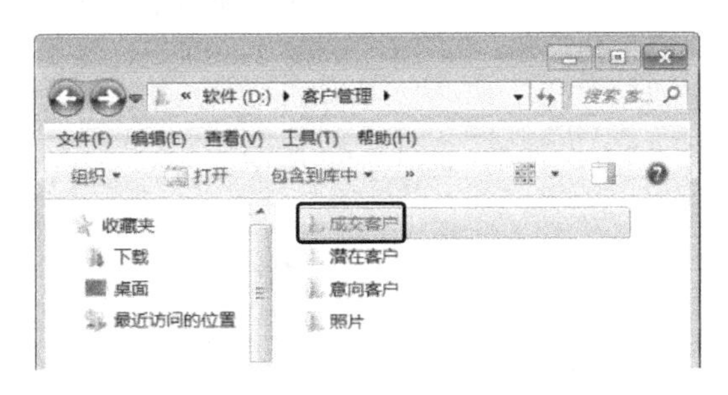

图 2-64

2.5 管理办公文件夹和办公文件

2.5.1 创建主文件夹

在磁盘中创建主文件夹“办公文件”，具体操作如下：

(1) 在磁盘 D 中单击鼠标右键，❶在弹出的快捷菜单中选择“新建”命令，❷在其下级菜单中选择“文件夹”命令，如图 2-65 所示。

(2) 此时即可新建一个名为“新建文件夹”的空文件夹，然后将其重命名为“办公文件”，如图 2-66 所示。

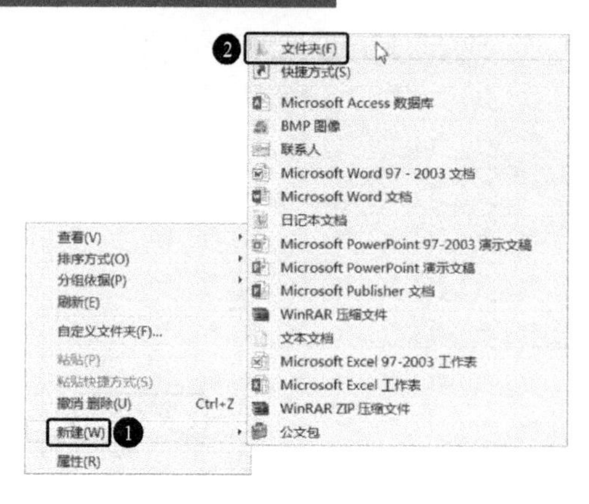

图 2-65

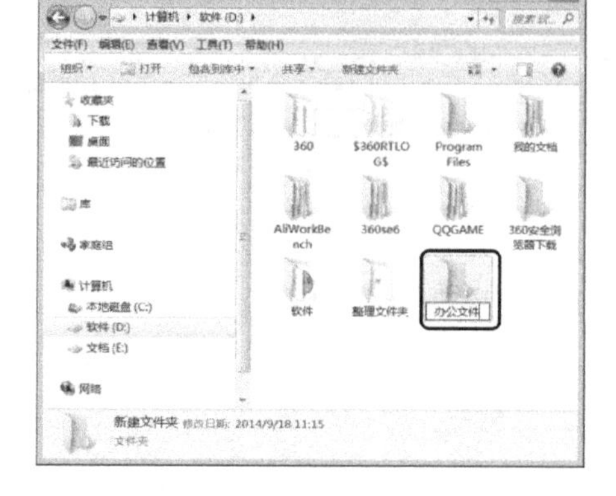

图 2-66

2.5.2 创建子文件夹

使用同样的方法，在主文件夹“办公文件”中创建 2 个子文件夹，分别将其命名为“普通文件夹”和“重要文件夹”，如图 2-67 所示。

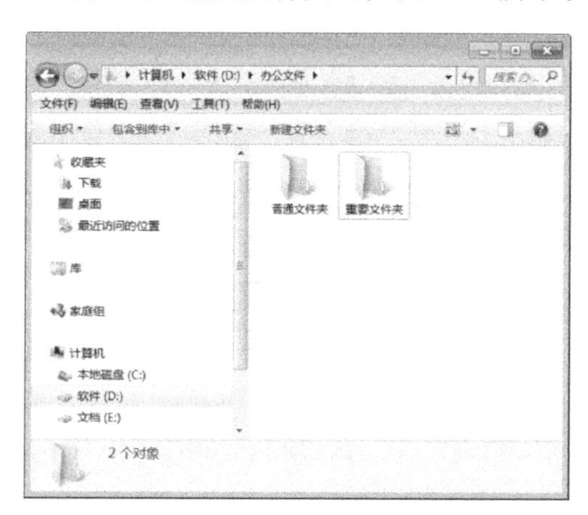

图 2-67

2.5.3 管理办公文件

管理办公文件主要包括对办公文件进行移动、复制、删除等操作。接下来以移动办公文件为例进行详细讲解。

将文件“员工请假条.docx”和“1 月工资表.xlsx”，分别移动到“普通文件夹”和“重要文件夹”中，具体操作如下。

(1) 磁盘 D 中主文件夹“办公文件”下包含的“员工请假条.docx”和“1 月工资表.xlsx”文件，如图 2-68 所示。

(2) 选中“员工请假条.docx”文件，按住鼠标左键不放，向“普通文件夹”方向拖动，如图 2-69 所示。

图 2-68

图 2-69

(3) 拖动到“普通文件夹”的上方，释放鼠标，此时即可将文件“员工请假条.docx”移动到“普通文件夹”中，如图 2-70 所示。

(4) 使用同样的方法将文件“1 月工资表.xlsx”移动到“重要文件夹”中，如图 2-71 所示。

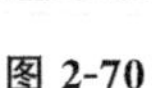
图 2-70

图 2-71

1. 显示文件的扩展名

默认情况下，系统不显示文件的扩展名。如果要显示文件的扩展名，可以通过“文件夹选项”进行设置，具体方法如下：

(1) 打开资源管理器窗口，❶在菜单栏中单击“工具”按钮；❷在弹出的列表中选择“文件夹选项”命令，如图 2-72 所示。

(2) 弹出“文件夹选项”对话框，❸单击“查看”选项卡；❹在“高级设置”列表框中撤选“隐藏已知文件类型的扩展名”复选框；❺然后单击“确定”按钮即可，如图 2-73 所示。

图 2-72

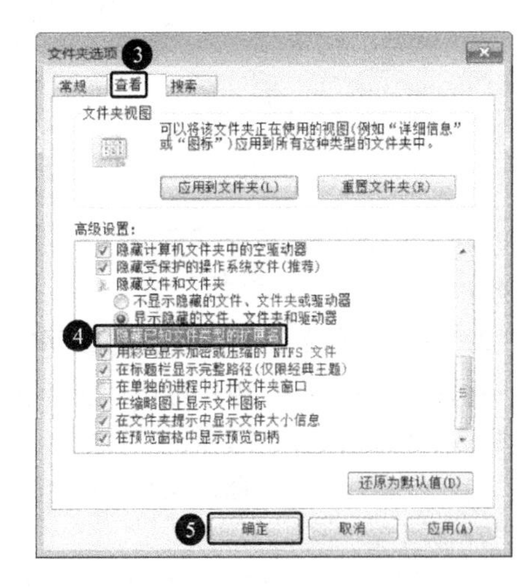

图 2-73

2. 高效管理文件的利器——库

使用 Windows 7 的库可以对电脑中的文件和文件夹进行集中管理。可以新建多个库，并将常用的文件夹添加到相应的库中，以方便快速找到和管理这些文件夹中的文件。

(1) 打开资源管理器窗口，❶选中导航窗格中的“库”选项；❷在工具栏中单击“新建库”按钮，如图 2-74 所示。

(2) 此时即可创建一个名为“新建库”的文件，将其重命名为“业务管理”，如图 2-75 所示。

(3) 在磁盘 D 中，❸选中要放置到库的“客户管理”文件夹；❹单击工具栏中的“包含到库中”按钮；❺在弹出的下拉列表中选择“业务管理”选项，如图 2-76 所示。

(4) 打开“业务管理库”，此时即可看到添加的“客户管理”文件夹及其子文件夹，如图 2-77所示。

图 2-74

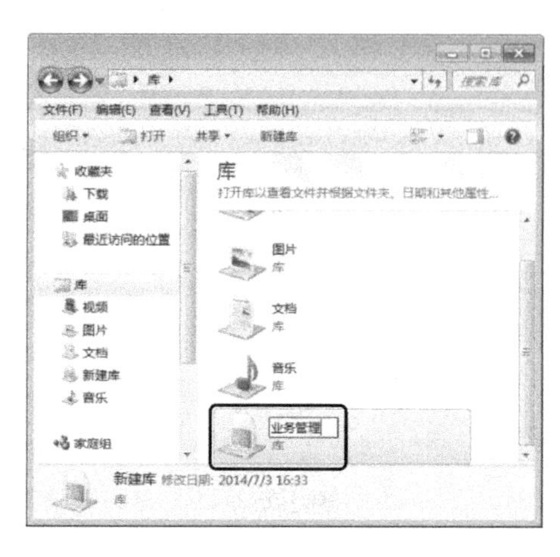

图 2-75

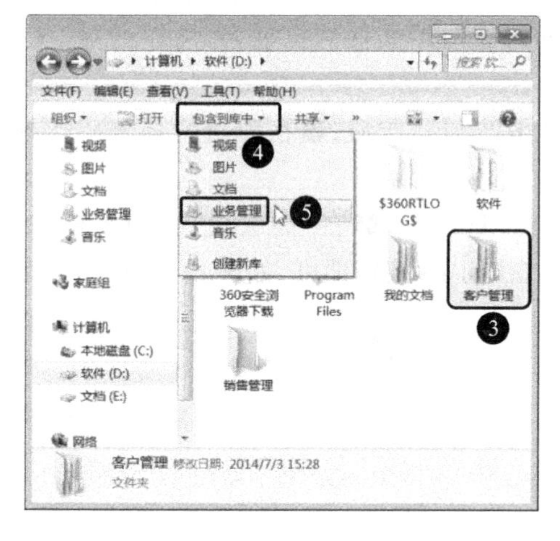

图 2-76

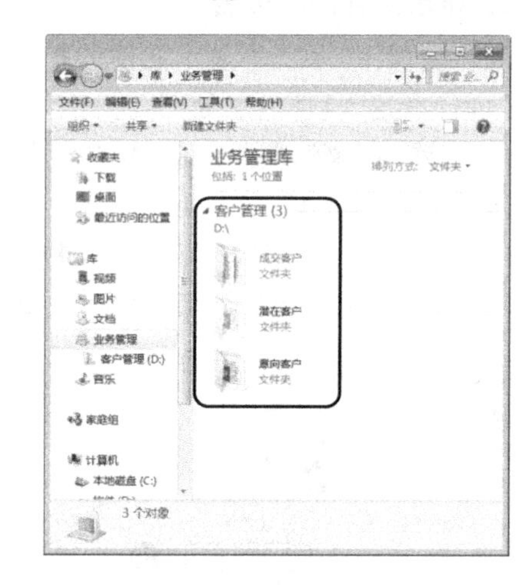

图 2-77

3. 快速设置文件或文件夹的显示方式

在资源管理器中，用户可以根据个人喜好设置库、磁盘、文件或文件夹的显示方式，如平铺、列表、详细信息、小图标、中等图标、大图标等。具体方法如下：

（1）在磁盘 D 中，❶单击“查看”按钮；❷在弹出的下拉列表中选择“详细信息”命令，如图 2-78 所示。

（2）此时磁盘 D 中的文件夹和文件都会显示详细信息，如图 2-79 所示。

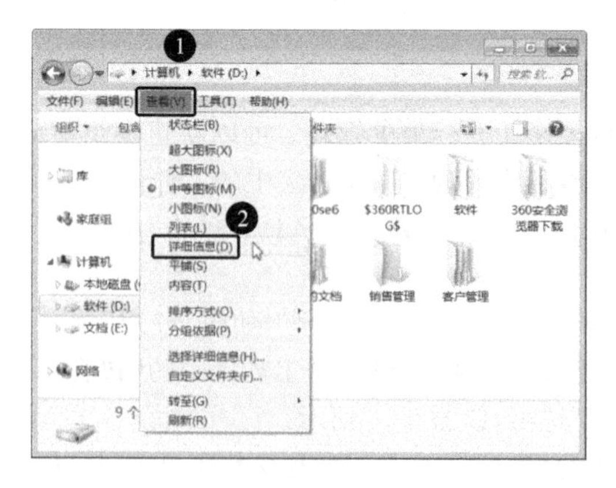

图 2-78

图 2-79

2.6 应用程序的修复与卸载

通过使用 Windows 7 自带的应用程序管理器，不仅可以看到系统中已经安装的所有程序的详细信息，还可以管理、修复、修改或者卸载这些程序。

2.6.1 修复程序

应用程序管理器修复程序的具体操作如下：

(1) 在任务栏中单击“开始”按钮，选择“控制面板”菜单项，如图 2-80 所示。

(2) 进入“控制面板”窗口，单击“程序”选项，如图 2-81 所示。

图 2-80

图 2-81

(3) 进入“程序”窗口，❶单击“程序和功能”选项，如图 2-82 所示。

(4) 进入“程序和功能”窗口，❷在程序列表中选中要修复的程序；❸单击“修复”按钮进行修复即可，如图 2-83 所示。

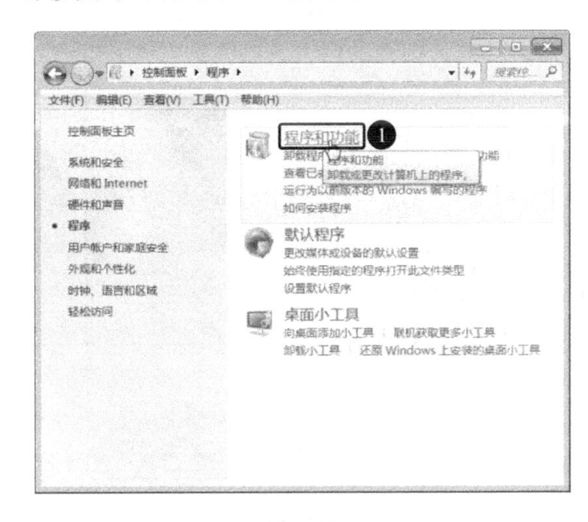

图 2-82

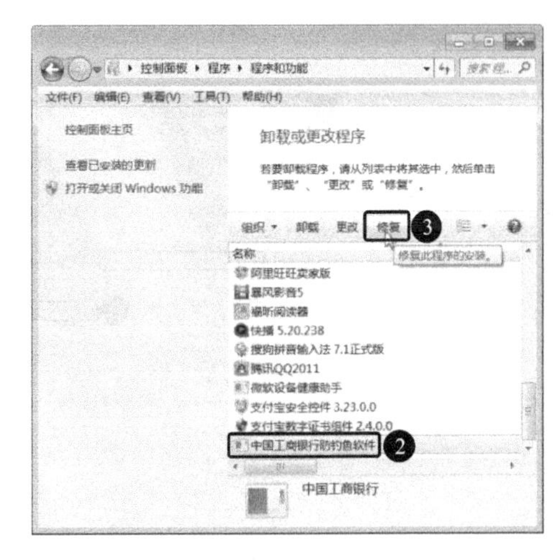

图 2-83

2.6.2 卸载程序

应用程序管理器卸载程序的具体操作如下：

(1) 在“程序和功能”窗口，❶在程序列表中选中要卸载的程序；❷单击“卸载/更改”按钮，如图 2-84 所示。

(2) 弹出“卸载”界面，按照提示进行卸载即可，如图 2-85 所示。

图 2-84

图 2-85

 2.7 使用 Windows 照片查看器和画图工具编辑图片

2.7.1 使用 Windows 照片查看器浏览多张图片

使用 Windows 照片查看器浏览多张图片的具体操作如下：

(1) 在图片文件夹中，❶选中要打开的图片；❷单击鼠标右键，在弹出的快捷菜单中选择“打开方式”—“Windows 照片查看器”菜单项，如图 2-86 所示。

(2) 此时选中的图片就用 Windows 照片查看器打开了，如图 2-87 所示。

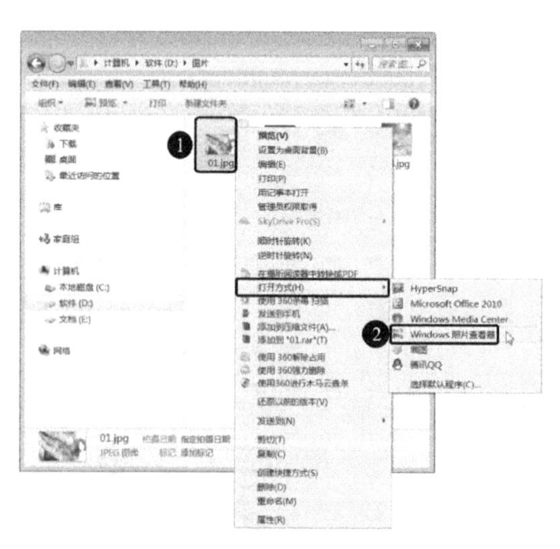

图 2-86

图 2-87

(3) 单击“上一个”按钮或“下一个”按钮，如图 2-88 所示。

(4) 即可在同一路径中浏览多张图片，如图 2-89 所示。

图 2-88

图 2-89

2.7.2 使用画图工具编辑图片

使用画图工具编辑图片的具体操作如下：

(1) 在图片文件夹中，❶选中要编辑的图片；❷单击鼠标右键，在弹出的快捷菜单中选择“打开方式”—“画图”菜单项，如图 2-90 所示。

(2) 此时选中的图片就用画图工具打开了，然后在画图工具的任务栏中单击“缩小”按钮，如图 2-91 所示。

图 2-90

图 2-91

(3) 此时图片就缩小为“50%”，如图 2-92 所示。

(4) 在“图像”组中单击“重新调整大小”按钮，如图 2-93 所示。

(5) 弹出“调整大小和扭曲”对话框，❶选中“百分比”单选钮；❷选中“保持纵横比”复选框；❸设置“水平”和“垂直”百分比，如图 2-94 所示。

图 2-92

图 2-93

(6) 或者,❹选中“像素”单选钮;❺选中“保持纵横比”复选框;❻设置“水平”和“垂直”分辨率;❼单击“确定”按钮,如图 2-95 所示。

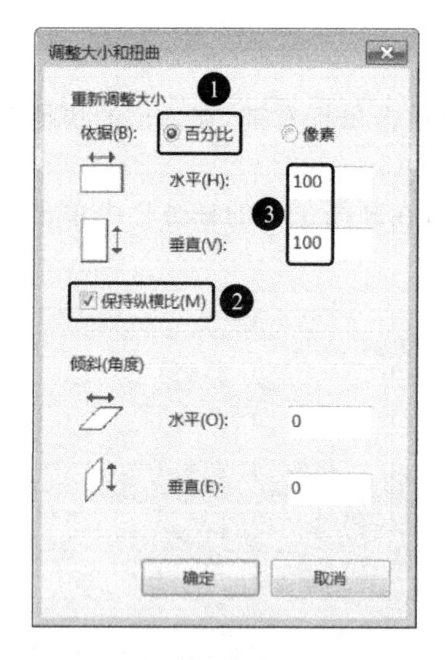

图 2-94

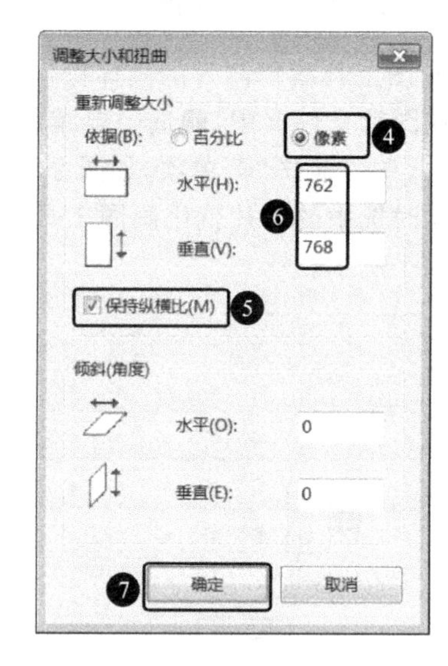

图 2-95

(7) 调整大小后的图片效果如图 2-96 所示。

(8) 在“工具”组中单击“文本”按钮A,如图 2-97 所示。

(9) 在“画布”中拖动鼠标即可绘制一个虚线文本框,如图 2-98 所示。

(10) 在文本框中输入文字“朝阳”,如图 2-99 所示。

(11) 选中文本框中的文字,在“文本”工具栏中的“颜色”组中选择一种字体颜色,例如选择“玫瑰色”,如图 2-100 所示。

(12) 设置完成,在画图程序窗口单击“保存”按钮,如图 2-101 所示。

通过前面知识的学习,大家已经学会办公常用程序的使用方法了。下面结合本章内容,给大家介绍一些办公常用程序使用中的技巧。

图 2-96

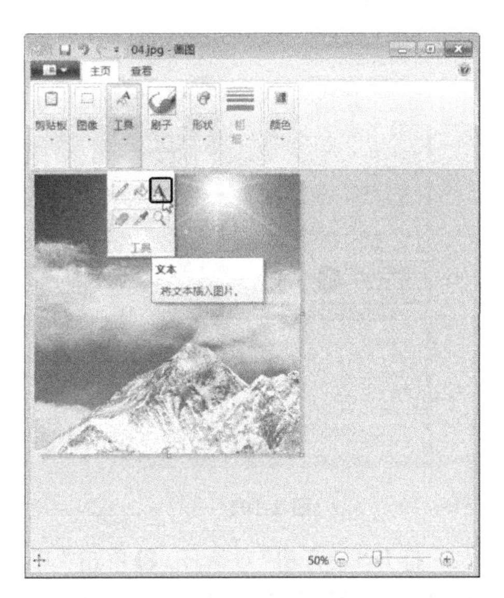

图 2-97

图 2-98

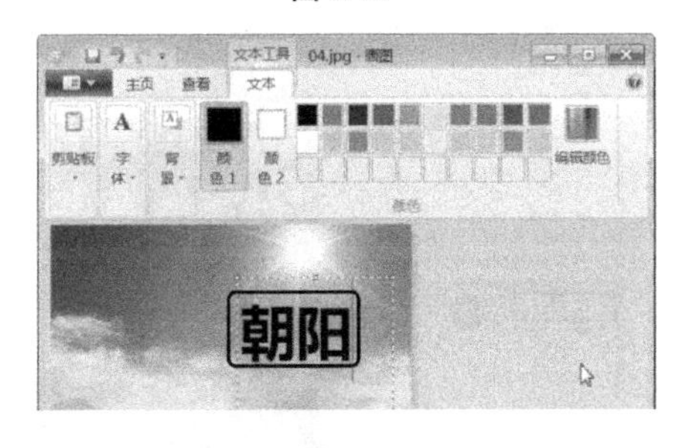

图 2-99

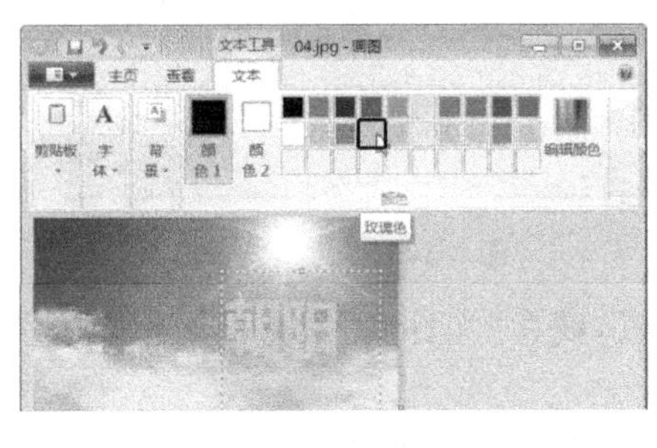

图 2-100

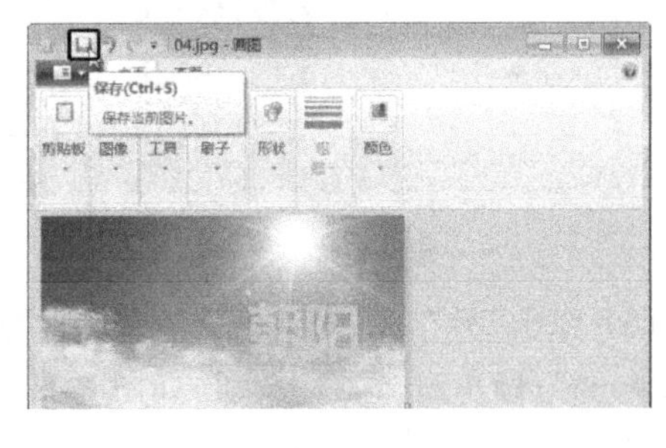

图 2-101

1. 使用“所有程序”列表卸载多余的程序

使用“所有程序”列表卸载多余程序的具体操作如下：

(1) 在任务栏中单击“开始”按钮，❶在“所有程序”列表中选择要卸载的软件包；❷在弹出的列表中选择卸载命令，如图 2-102 所示。

(2) 弹出卸载向导对话框，直接单击“是”按钮即可进入卸载状态，按照提示进行卸载操作即可，如图 2-103 所示。

2. 使用 Windows 自带录音机

使用 Windows 7 附件中的“录音机”程序可以录制声音，并可将录制的声音作为音频文件保存在电脑中。使用 Windows 自带录音机录制音频文件的具体操作如下。

(1) 在任务栏中单击“开始”按钮，❶在“附件”列表中选择“录音机”选项，如图 2-104 所示。

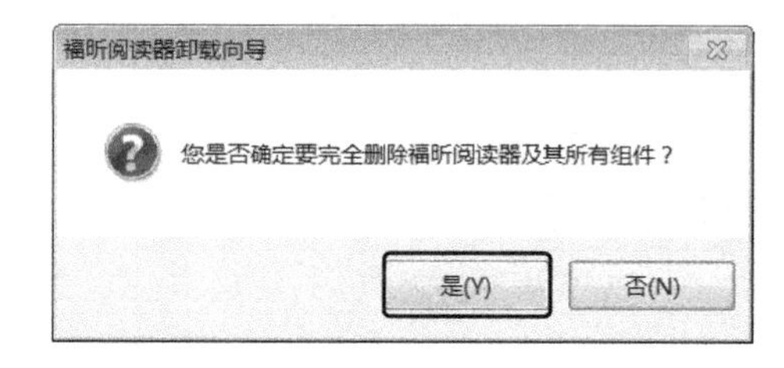

图 2-102　　　　图 2-103

（2）打开“录音机”对话框，❷单击“开始录制”按钮，即可进入音频录制状态；❸录制完成，单击“停止录制”按钮，如图 2-105 所示。

图 2-104　　　　图 2-105

（3）弹出“另存为”对话框，选择合适的保存位置，❹在“文件名”文本框中输入文字“声音 1. wma”；❺单击“保存”按钮，如图 2-106 所示。

（4）此时即可在保存位置看到录制的音频文件，如图 2-107 所示。

图 2-106　　　　图 2-107

第3章 定制和优化工作环境

Windows 7 操作系统为用户提供了高效的使用环境。在使用过程中，用户可以根据爱好和需要个性化地设置桌面外观、屏幕保护程序和任务栏等，还可以定时进行磁盘清理，定制和优化工作环境。

3.1 打造个性的 Windows 7 外观

用户根据自己的喜好打造 Windows 7 的个性外观，能够在视觉上带来不一样的感觉。

3.1.1 设置精美的桌面主题

桌面主题是桌面总体风格的统一，通过改变桌面主题，可以同时改变桌面图标、背景图像和窗口等项目的外观。

设置精美的桌面主题的具体操作如下：

(1) 在桌面上单击鼠标右键，在弹出的快捷菜单中单击“个性化”命令，打开“个性化”窗口，在“Aero 主题”列表框中选择“中国”选项，如图 3-1 所示。

(2) 设置完毕，此时即可看到桌面主题发生了变化，如图 3-2 所示。

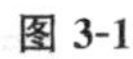

图 3-1

图 3-2

3.1.2 设置个性化的桌面图标

要在 Windows 7 中设置个性化的桌面图标，可在“个性化”窗口中单击“更改桌面图标”命令，然后在打开的对话框中进行更改操作。具体操作如下：

(1) 打开“个性化”窗口，❶单击“更改桌面图标”命令，如图 3-3 所示。

(2) 弹出“桌面图标设置”对话框，❷选择“计算机”图标；❸单击“更改图标”按钮，如图 3-4所示。

(3) 弹出“更改图标”对话框，❹选择一种喜爱的图标；❺单击“确定”按钮，如图 3-5 所示。

(4) 返回桌面，此时即可看到“计算机”的图标发生了变化，如图 3-6 所示。

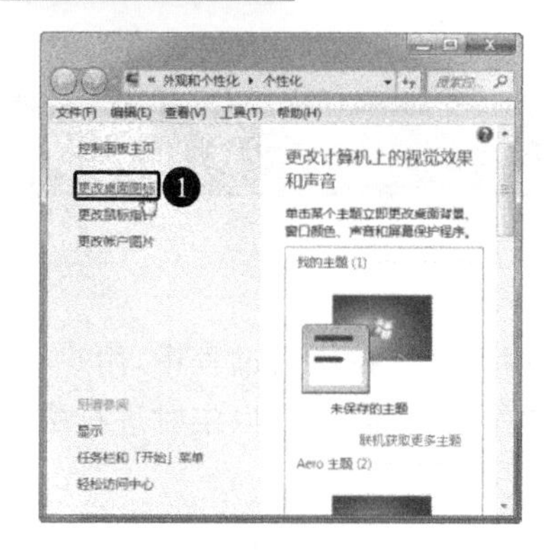

图 3-3

图 3-4

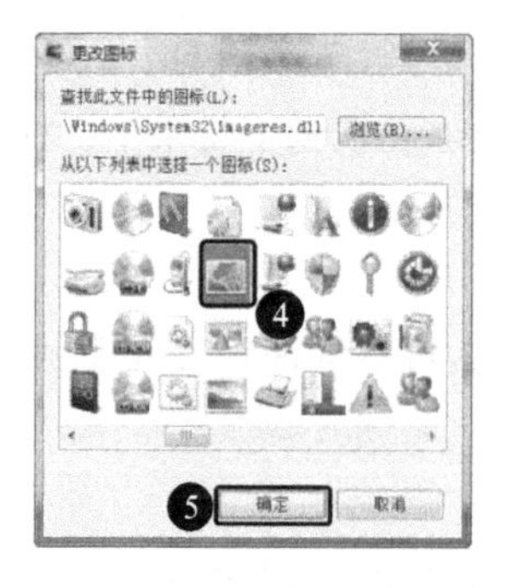

图 3-5

图 3-6

3.1.3 设置漂亮的桌面背景

如果对桌面主题中的图片不满意,还可以更改桌面背景图片,具体操作如下:

(1) 打开"个性化"窗口,❶单击"桌面背景",如图 3-7 所示。

(2) 进入"桌面背景"窗口,❷选择一种喜欢的桌面背景;❸单击"保存修改"按钮,如图 3-8 所示。

图 3-7

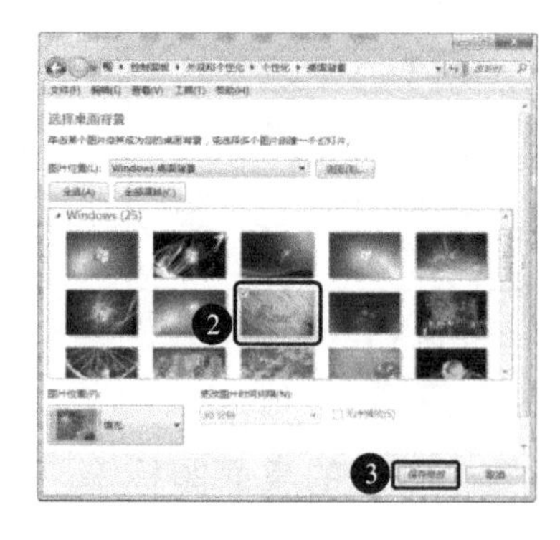

图 3-8

(3) 返回桌面,此时即可看到桌面背景的图片发生了变化,如图 3-9 所示。

3.1.4 设置精彩的屏幕保护程序

屏幕保护程序是指在一定时间内,没有使用鼠标或键盘进行任何操作时在屏幕上显示的画面。设置屏幕保护程序可以对显示器起到保护作用。Windows 7 自带了多种屏幕保护程序,用户可以直接选择并应用。设置屏幕保护程序的具体步骤如下:

图 3-9

(1) 打开“个性化”窗口，❶单击“屏幕保护程序”，如图 3-10 所示。

(2) 弹出“屏幕保护程序设置”对话框，❷在“屏幕保护程序”下拉列表中选择“气泡”选项；❸单击“确定”按钮，如图 3-11 所示。

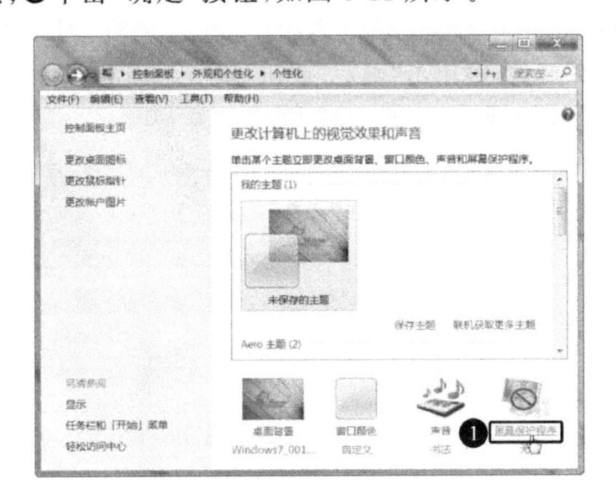

图 3-10

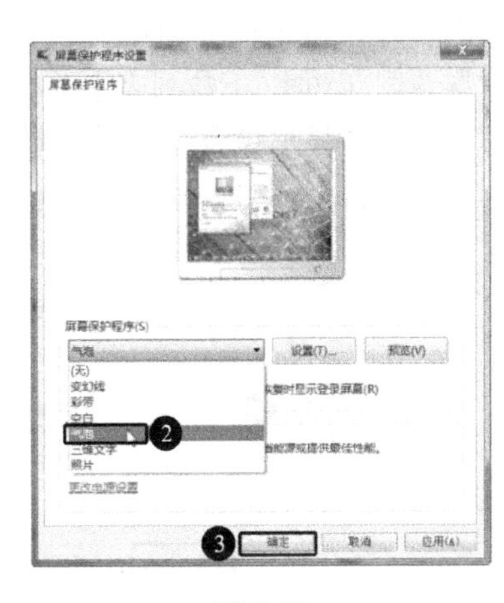

图 3-11

3.1.5 设置合适的显示器分辨率和刷新频率

在操作电脑的过程中，为了使显示器的显示效果更好，可在 Windows 7 中适当调整显示器分辨率和刷新频率，以降低显示器屏幕对眼睛的伤害。

(1) 打开“个性化”窗口，单击“显示”命令，如图 3-12 所示。

(2) 进入“显示”窗口，单击“调整分辨率”命令，如图 3-13 所示。

图 3-12

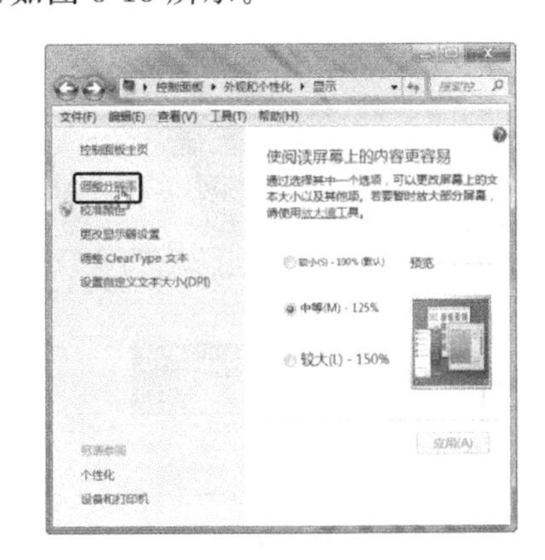

图 3-13

(3) 进入“屏幕分辨率”窗口，在“分辨率”下拉列表中拖动鼠标调整分辨率，如图 3-14 所示。

(4) 如果要设置刷新频率，在“屏幕分辨率”窗口中单击“高级设置”命令，如图 3-15 所示。

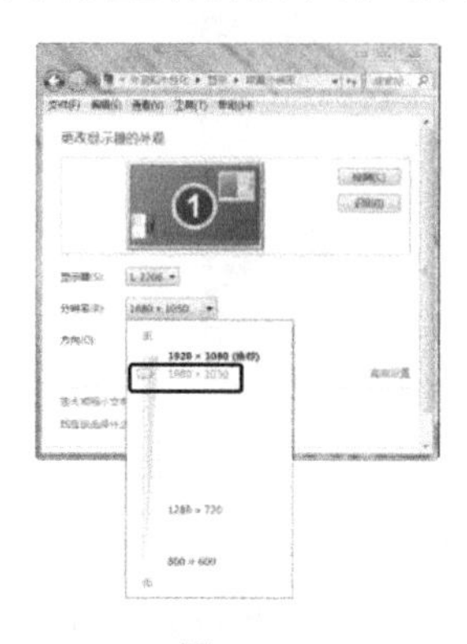

图 3-14

图 3-15

(5) 弹出“通用即插即用监视器和 ATI Radeon X300/X550/X1050 Series 属性”对话框，❶在“屏幕刷新频率”下拉列表中选择“60 赫兹”选项；❷单击“确定”按钮，如图 3-16 所示。

(6) 弹出“显示设置”对话框，❸单击“是”按钮即可，如图 3-17 所示。

图 3-16

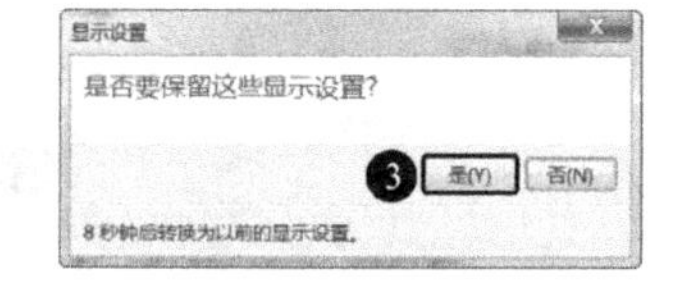

图 3-17

3.1.6 调整字体大小

Windows 7 操作系统中文字的大小是可以调整的，用户可以根据个人视力状况进行自定义，具体操作方法如下：

(1) 打开“个性化”窗口，单击“显示”命令，如图 3-18 所示。

(2) 进入“显示”窗口，单击“设置自定义文本大小(DPI)”命令，如图 3-19 所示。

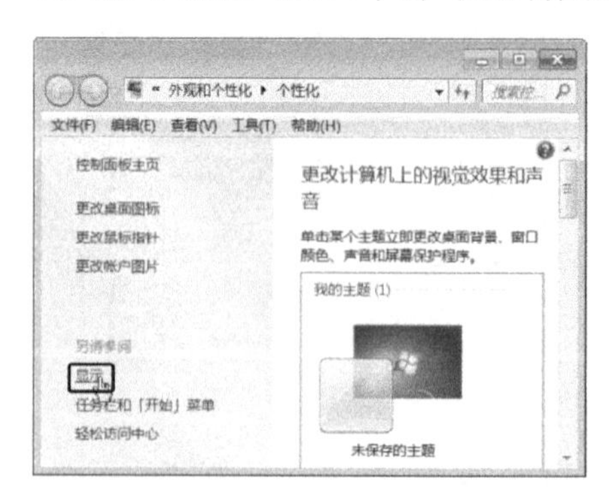

图 3-18

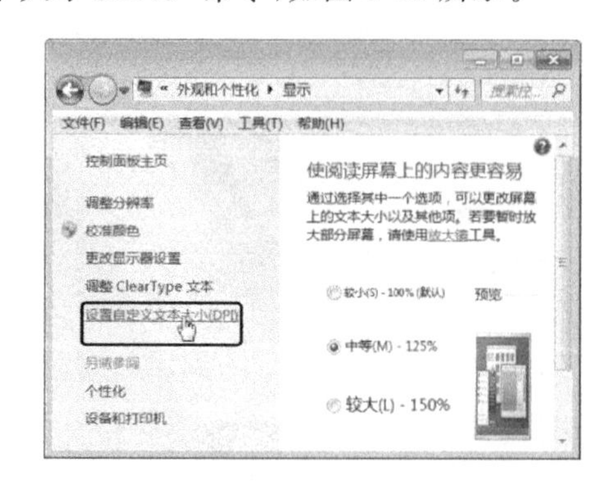

图 3-19

(3) 进入“自定义 DPI 设置”对话框,❶在“缩放为正常大小的百分比”下拉列表中选择百分比选项;❷单击“确定”按钮,如图 3-20 所示。

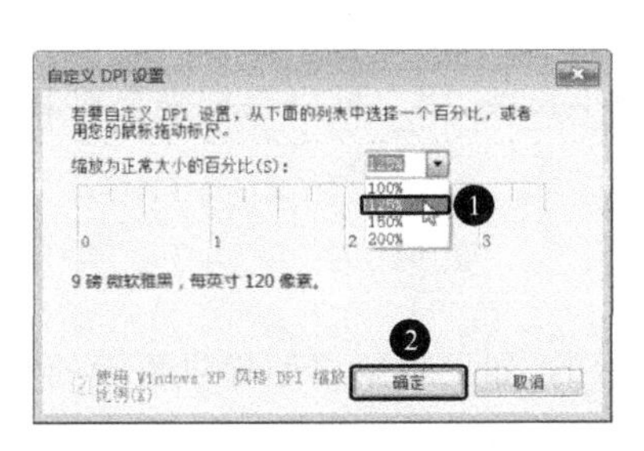

图 3-20

3.2 使用 Windows 7 的桌面小工具

Windows 7 操作系统包含了一个小型的桌面工具集,它是一组便捷的小程序,用户可以将其添加到桌面,方便完成一些日常操作。

接下来以设置“日历”为例,介绍如何打开和设置桌面小工具,具体操作如下:

(1) 在桌面上单击鼠标右键,在弹出的快捷菜单中选择“小工具”菜单项,如图 3-21 所示。

(2) 弹出小工具库,双击“日历”图标,如图 3-22 所示。

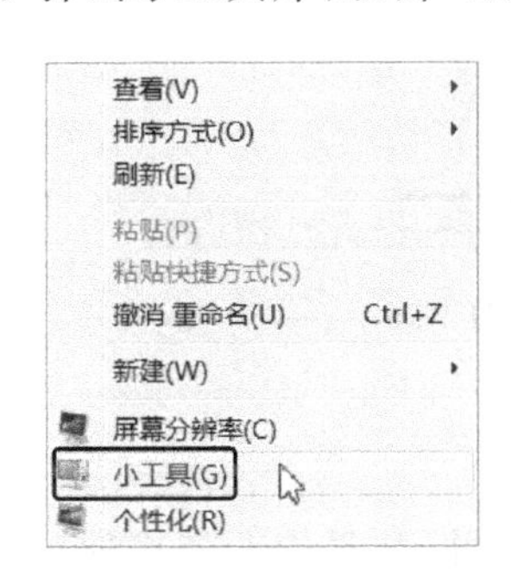

图 3-21

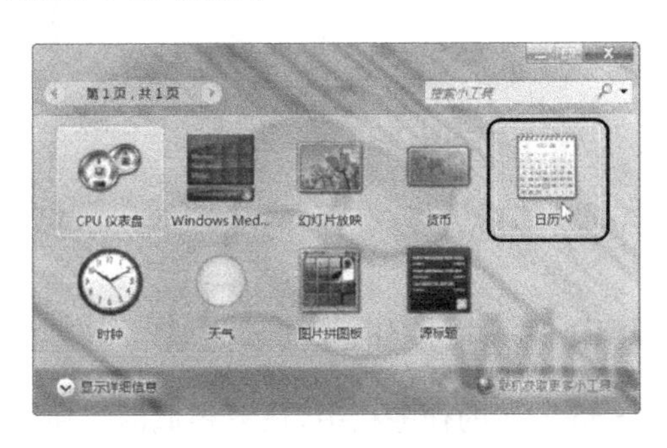

图 3-22

(3) 此时即可在桌面的右上角添加“日历”,选中日历,单击鼠标右键,在弹出的快捷菜单中选择“大小”—“大尺寸”菜单项,如图 3-23 所示。

(4) 此时即可看到大尺寸的日历,如图 3-24 所示。

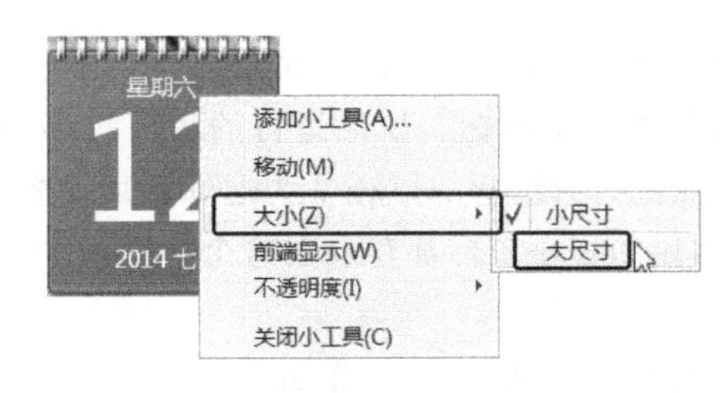

图 3-23

图 3-24

3.3 个性化任务栏

任务栏是位于桌面下方的小长条,用户可以根据需要对其进行个性化设置,使其更加符合自己的使用习惯。

3.3.1 自动隐藏任务栏

默认情况下,任务栏是显示的,如果想给桌面提供更大的空间,可以将任务栏隐藏。

隐藏任务栏的具体方法如下:

(1) 在任务栏中的空白处单击鼠标右键,❶在弹出的快捷菜单中选择"属性"菜单项,如图 3-25 所示。

(2) 弹出"任务栏和「开始」菜单属性"对话框,❷在"任务栏外观"组中勾选"自动隐藏任务栏"复选框;❸单击"确定"按钮,即可自动隐藏任务栏,如图 3-26 所示。

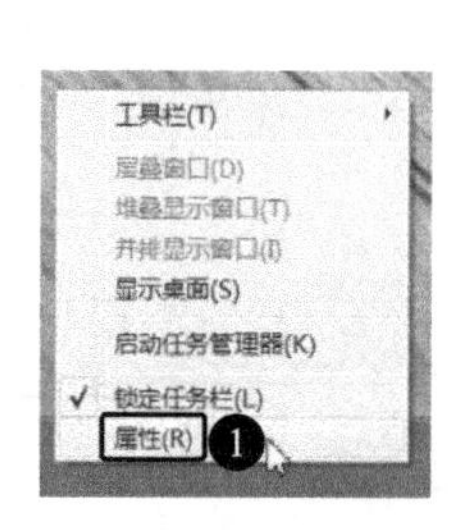

图 3-25

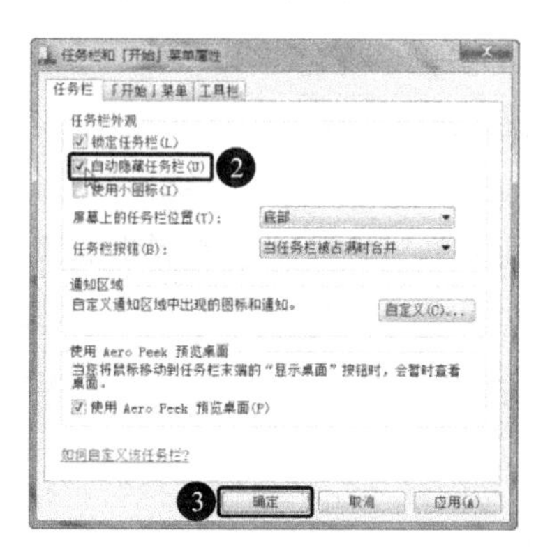

图 3-26

3.3.2 更改任务栏按钮的显示方式

在 Windows 7 的任务栏中,任务相似的按钮默认会被合并,如果想改变这种显示方式,打开"任务栏和「开始」菜单属性"对话框,❶在"任务栏按钮"下拉列表中选择 "从不合并"选项;❷单击"确定"按钮即可,如图 3-27 所示。

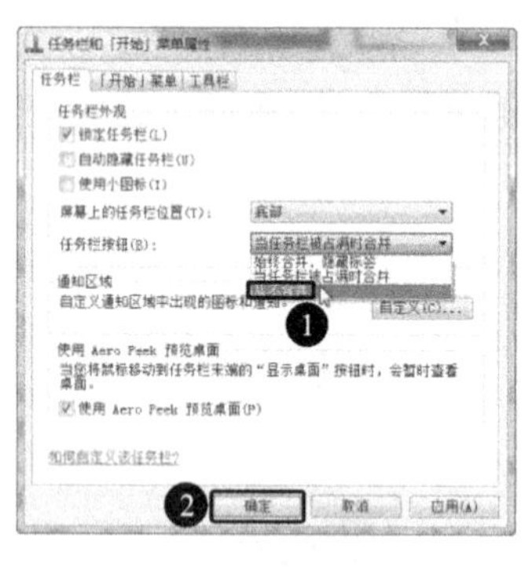

图 3-27

3.3.3 自定义通知区域

默认情况下,在任务栏的通知区域会显示在电脑后台运行的某些程序图标。如果运行的程序过多,通知区域会显得有点乱,为此,Windows 7 为通知区域设置了一个小面板,不常用的程序图标都存放在这个小面板中,为任务栏节省了大量的空间。

用户可以自定义通知区域图标隐藏与显示方式,具体操作如下。

(1) 在任务栏中,❶单击通知区域的"显示隐藏的图标"按钮,❷单击"自定义"选项,如图 3-28 所示。

(2) 进入"通知区域图标"窗口,❸在要显示或隐藏的图标右侧单击下拉按钮,在弹出的下拉列表中选择“隐藏图标和通知”选项；❹单击“确定”按钮即可，如图 3-29 所示。

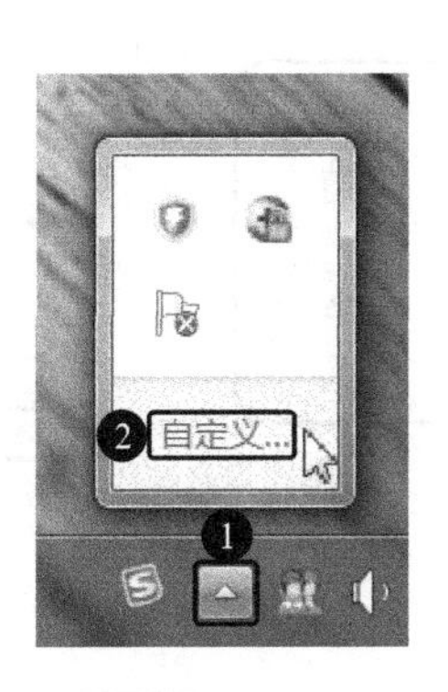

图 3-28

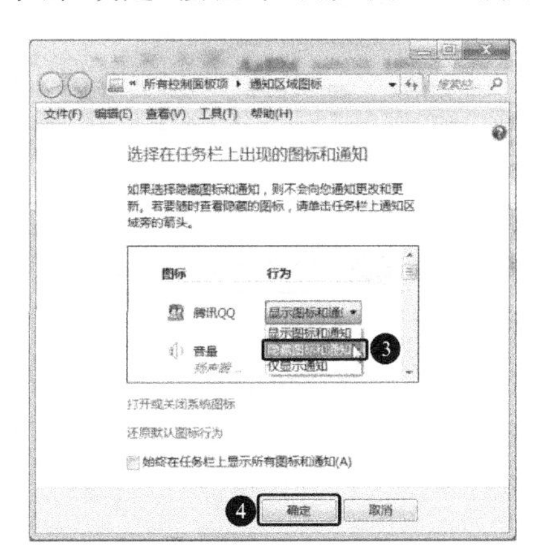

图 3-29

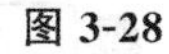

3.4 设置系统日期、时间和音量

登录 Windows 7 后，在通知区域可以查看到系统时间，如果系统时间与日期出现了误差，用户可以重新调整。此外，还可以通过任务栏调整系统音量的大小。

3.4.1 设置系统日期和时间

默认情况下，将鼠标指针移到通知区域的时间或日期上，会自动弹出一浮动窗口显示当前系统的日期和星期，如果时间有误差，就需要重新调整。

调整系统日期和时间的具体操作如下：

（1）在任务栏中，单击通知区域中的“日期和时间”按钮，如图 3-30 所示。

（2）进入“日期和时间”界面，单击“更改日期和时间设置”命令，如图 3-31 所示。

图 3-30

图 3-31

（3）弹出“日期和时间”对话框，❶单击“更改日期和时间”按钮，如图 3-32 所示。

（4）弹出“日期和时间设置”对话框，❷在“日期”面板中设置日期；❸在“时间”微调框中设置时间；❹单击“确定”按钮即可，如图 3-33 所示。

3.4.2 设置系统音量

当用户在电脑中听音乐、看视频时，除可在播放器中调整音量外，还可以利用任务栏右侧的声音控制图标调整音量。

调整音量大小的具体操作如下：

图 3-32

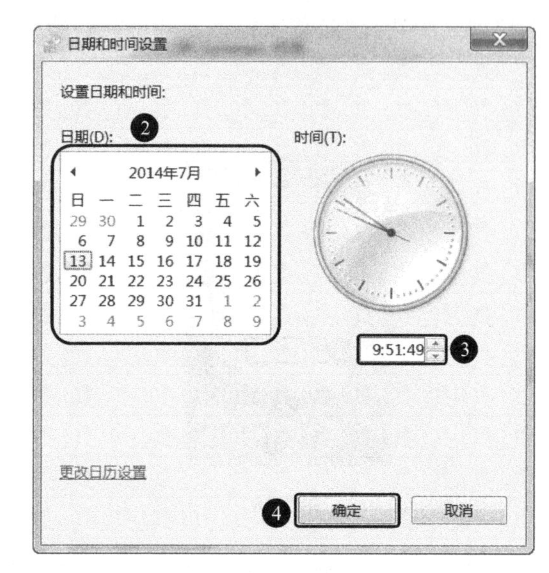

图 3-33

（1）在任务栏中，❶单击通知区域中的声音控制图标，打开扬声器音量控制窗口；❷上下拖动音量控制滑块，即可调节音量；❸如果要继续调整“扬声器”和“系统声音”的音量，还可以单击“合成器”命令，如图 3-34 所示。

（2）弹出“音量合成器-扬声器(Realtek High Definition Audio)”对话框，❹拖动滑块即可调整“扬声器”和“系统声音”的音量，如图 3-35 所示。

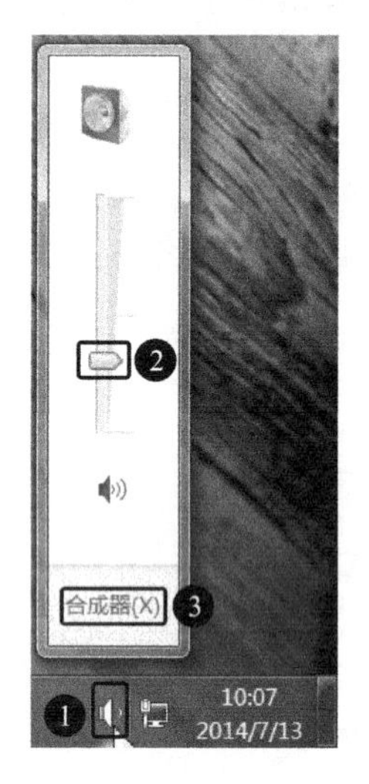

图 3-34

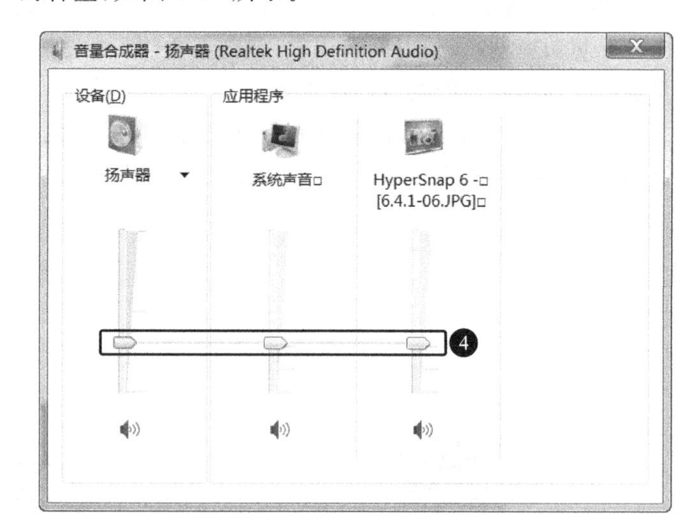

图 3-35

3.5 优化 Windows 7 工作环境

在日常工作中，可以通过磁盘清理、整理磁盘碎片、电脑体检等方式，优化 Windows 7 工作环境，提高电脑运行速度。

3.5.1 磁盘清理

使用 Windows 7 操作系统自带的“磁盘清理”工具，可以对电脑磁盘进行清理。磁盘清理的具体操作如下：

(1) 在任务栏中单击“开始”按钮，❶在“附件”列表中选择“系统工具”选项；❷在弹出的列表中选择“磁盘清理”命令，如图 3-36 所示。

(2) 弹出“磁盘清理：驱动器选择”对话框，❸在“驱动器”下拉列表中选择“软件(D:)”；❹单击“确定”按钮，如图 3-37 所示。

图 3-36

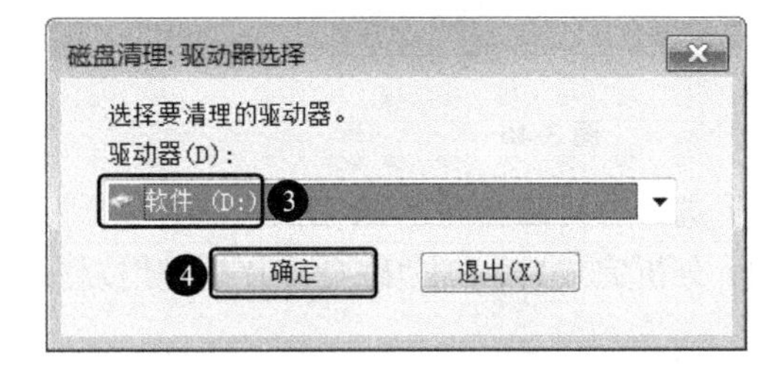

图 3-37

(3) 弹出“软件(D:)的磁盘清理”对话框，❺在“要删除的文件”下拉列表中勾选全部复选框；❻单击“确定”按钮，如图 3-38 所示。

(4) 弹出“磁盘清理”对话框，直接单击“删除文件”按钮即可，如图 3-39 所示。

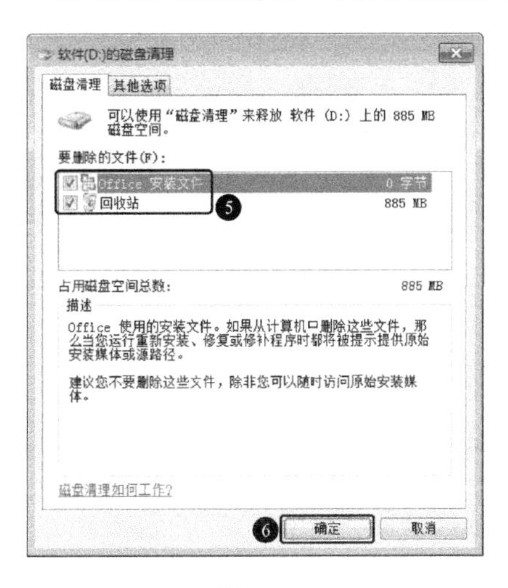

图 3-38

图 3-39

3.5.2 整理磁盘碎片

磁盘长期使用就会产生一些磁盘碎片，影响电脑运行速度，此时可以使用系统自带的磁盘碎片整理程序对这些碎片进行整理，具体操作步骤如下。

(1) 在任务栏中单击“开始”按钮，❶在“附件”列表中选择“系统工具”选项；❷在弹出的列表中选择“磁盘碎片整理程序”命令，如图 3-40 所示。

(2) 弹出“磁盘碎片整理程序”对话框，❸在“当前状态”列表框中选择磁盘“软件(D:)”；❹单击“分析磁盘”按钮，如图 3-41 所示。

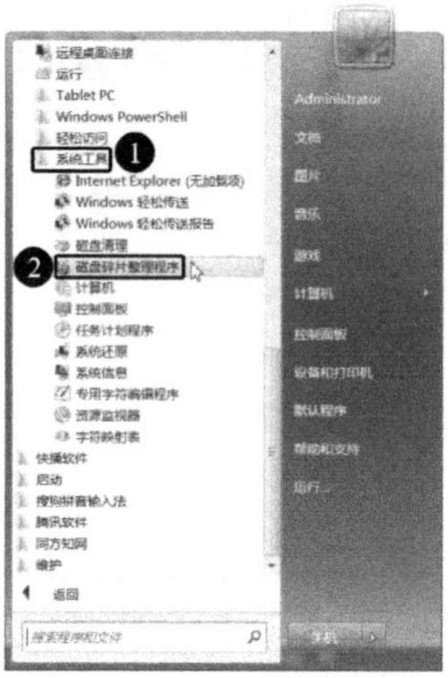

图 3-40

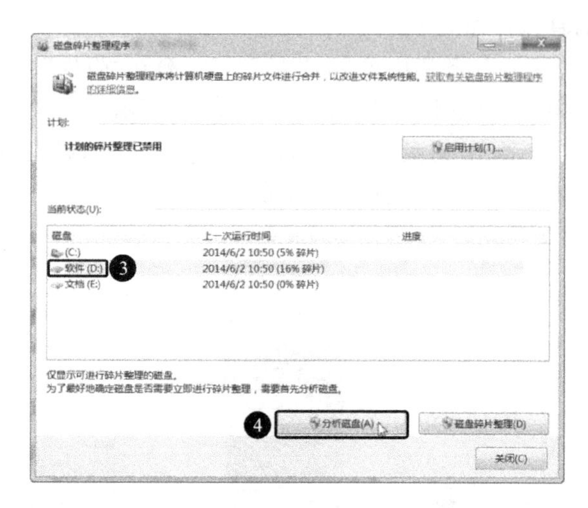

图 3-41

（3）进入分析磁盘状态，如图 3-42 所示。

（4）分析完成后，单击“磁盘碎片整理”按钮，如图 3-43 所示。

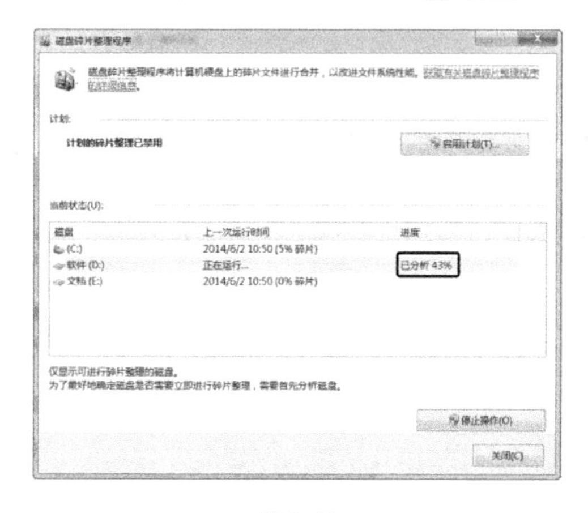

图 3-42

图 3-43

（5）进入磁盘碎片整理状态，如图 3-44 所示。

（6）磁盘碎片清理完毕，单击“关闭”按钮即可，如图 3-45 所示。

图 3-44

图 3-45

3.5.3 使用第三方软件对电脑进行体检

除了使用系统自带的程序清理系统垃圾外，还可以使用专门维护系统的软件对电脑进行维护，例如 Windows 优化大师、360 安全卫士等。使用 360 安全卫士对电脑进行体检的具体操作如下。

(1) 打开 360 安全卫士窗口，❶单击“电脑体检”选项卡；❷单击“立即体检”按钮，如图 3-46所示。

(2) 进入体检状态，如图 3-47 所示。

图 3-46

图 3-47

(3) 电脑体检完毕，单击“一键修复”按钮，对检测出的问题进行修复即可，如图 3-48 所示。

图 3-48

Windows 7 操作系统课后习题

一、单选题

1. Windows 是一种(　　)。

A. 操作系统　　B. 文字处理系统　　C. 电子应用系统　　D. 应用软件

2. Windows 7 桌面上，任务栏中最左侧的第一个按钮是(　　)。

A. “打开”按钮　　B. “程序”按钮

C. “开始”按钮　　D. “时间”按钮

3. 在 Windows 7 桌面上，任务栏(　　)。

A. 只能在屏幕的底部　　B. 可以在屏幕的右边

C. 可以在屏幕的左边　　D. 可以在屏幕的四周

4. 在 Windows 中，有关“还原”按钮的说法正确的是(　　)。

A. 单击“还原”按钮可以将最大化后的窗口还原

B. 单击“还原”按钮可以将最小化后的窗口还原

C. 双击“还原”按钮可以将最大化后的窗口还原

D. 双击“还原”按钮可以将最小化后的窗口还原

5. 单击“开始”按钮后，将打开“开始”菜单，其中的“所有程序”用于(　　)。

A. 显示计算机可运行的程序　　B. 表示要开始编写的程序

C. 表示开始执行的程序　　D. 表示打开的所有程序

6. 在 Windows 中，活动窗口和非活动窗口是根据(　　)的颜色变化来区分的。

A. 标题栏　　B. 信息栏　　C. 菜单栏　　D. 工具栏

7. 在 Windows 中，改变窗口的排列方式应执行的操作是(　　)。

A. 在任务栏空白处单击鼠标右键，在弹出的快捷菜单中选择要排列的方式

B. 在桌面空白处单击鼠标右键，在弹出的快捷菜单中选择要排列的方式

C. 在“计算机”窗口的空白处单击鼠标右键，在弹出的快捷菜单中选择【查看】/【排列方式】菜单命令中的子命令

D. 打开“计算机”窗口，选择【查看】/【排列方式】命令中的子命令

8. 在打开的窗口之间进行切换的快捷键为(　　)。

A. 【Ctrl+Tab】组合键　　B. 【Alt+Tab】组合键

C. 【Alt+Esc】组合键　　D. 【Ctrl+Esc】组合键

9. 在 Windows 操作系统中，可以按(　　)打开“开始”菜单。

A. 【Ctrl+Tab】组合键　　B. 【Alt+Tab】组合键

C. 【Alt+Esc】组合键　　D. 【Ctrl+Esc】组合键

10. 当前窗口处于最大化状态，双击该窗口标题栏，则相当于单击(　　)。

A. 最小化按钮　　B. 关闭按钮　　C. 还原按钮　　D. 系统控制按钮

11. 在 Windows 中，当一个应用程序窗口被最小化后，该应用程序(　　)。

A. 被转入后台执行　　B. 被暂停执行

C. 被终止执行　　D. 继续在前台执行

12. 在 Windows 7 中，关于移动窗口位置的方法正确的是(　　)。

A. 用鼠标拖动窗口的菜单栏　　B. 用鼠标拖动窗口的标题栏

C. 用鼠标拖动窗口的边框　　D. 用鼠标拖动窗口的空白处

13. 在 Windows 的窗口中，单击“最小化”按钮后(　　)。

A. 当前窗口将被关闭　　B. 当前窗口将缩小显示

C. 当前窗口缩小为任务栏的图标　　D. 当前窗口一直在桌面底层

14. 在 Windows 7 中，任务栏的作用是(　　)。

A. 显示系统的所有功能　　B. 只显示当前活动窗口名

C. 只显示正在后台工作的窗口名　　D. 实现窗口之间的切换

15. 正确关闭 Windows 7 操作系统的方法是(　　)。

A. 单击“开始”按钮后再操作　　B. 关闭电源

C. 单击“Reset”按钮　　D. 按【Ctrl＋Alt＋Delete】组合键

16. 在 Windows 7 中,打开一个窗口后,通常在其顶部的是一个(　　)。

A. 标题栏　　B. 任务栏　　C. 状态栏　　D. 工具栏

17. 中文 Windows 7 的“桌面”指的是(　　)。

A. 电脑屏幕　　B. 当前窗口　　C. 全部窗口　　D. 活动窗口

18. 下列不能关闭应用程序的方法是(　　)。

A. 单击任务栏上的“关闭窗口”按钮

B. 利用【Alt＋F4】组合键

C. 双击窗口左上角的控制图标

D. 选择【文件】/【退出】菜单命令

19. 在 Windows 7 窗口标题栏右侧的“最大化”“最小化”“还原”和“关闭”按钮中,不可能同时出现的两个按钮分别是(　　)。

A. “最大化”和“最小化”　　B. “最小化”和“还原”

C. “最大化”和“还原”　　D. “最小化”和“关闭”

20. 在 Windows 中,按住鼠标左键拖曳(　　),可缩放窗口大小。

A. 标题栏　　B. 对话框　　C. 滚动框　　D. 边框

21. 应用程序窗口被最小化后,要重新运行该应用程序可以(　　)。

A. 单击应用程序图标　　B. 双击应用程序图标

C. 拖动应用程序图标　　D. 指向应用程序图标

22. 在对话框中,复选框是指在所列的选项中(　　)。

A. 只能选一项　　B. 可以选多项

C. 必须选多项　　D. 必须选全部项

23. 在 Windows 7 中,改变任务栏位置的方法是(　　)。

A. 在“任务栏和「开始」菜单属性”对话框中进行设置

B. 在任务栏空白处按住鼠标左键不放并拖放

C. 在任务栏空白处按住鼠标右键不放并拖放

D. 在任务栏的任一个图标上按住鼠标左键不放并拖放

24. 在 Windows 7 中,排列桌面图标的首步操作为(　　)。

A. 用鼠标右键单击任务栏空白区

B. 用鼠标右键单击桌面空白区

C. 用鼠标左键单击桌面空白区

D. 用鼠标左键单击任务栏空白区

25. 在 Windows 7 中,当任务栏在桌面屏幕的底部时,其右端的按钮用于显示(　　)。

A. 桌面　　B. 输入法　　C. 快速启动工具栏　　D. 日期和时间

26. 在 Windows 7 中,对桌面背景的设置可以通过(　　)来实现。

A. 右键单击“计算机”图标,在弹出的快捷菜单中选择“属性”命令

B. 右键单击“开始”菜单

C. 右键单击桌面空白区,在弹出的快捷菜单中选择“个性化”命令

D. 右键单击任务栏空白区,在弹出的快捷菜单中选择“属性”命令

27. Windows 7 中,"显示桌面"按钮位于桌面的(　　)。

A. 左下方　　B. 右下方　　C. 左上方　　D. 右上方

28. 下列操作中,不能将常用程序锁定到任务栏的是(　　)。

A. 在"开始"菜单中选择常用程序,拖动到任务栏

B. 在"开始"菜单的常用程序上单击鼠标右键,在弹出的快捷菜单中选择"锁定到任务栏"命令

C. 在桌面的常用程序快捷方式上单击鼠标右键,在弹出的快捷菜单中将其发送至任务栏

D. 用鼠标右键单击任务栏中的程序图标,在弹出的快捷菜单中选择"将此程序锁定到任务栏"命令

29. 在 Windows 7 操作系统中,将打开的窗口拖动到屏幕顶端,窗口会(　　)。

A. 关闭　　B. 消失　　C. 最大化　　D. 最小化

30. 在 Windows 中,当任务栏显示在桌面的底部时,其右端的"通知区域"显示的是(　　)。

A. 快速启动工具栏

B. 用于多个应用程序之间切换的图标

C. "开始"按钮

D. 输入法和时钟等

31. 利用窗口左上角的控制菜单图标不能实现的窗口操作是(　　)。

A. 最大化窗口　　B. 打开窗口

C. 最小化窗口　　D. 移动窗口

32. 如果删除了桌面上的一个快捷方式图标,则其对应的应用程序将(　　)。

A. 一起被删除　　B. 只能打开不能编辑

C. 不能打开　　D. 无任何变化

33. 关于 Windows 7 操作系统窗口,下列描述正确的是(　　)。

A. 都有水平滚动条　　B. 都有垂直滚动条

C. 可能出现水平或垂直滚动条　　D. 都有水平和垂直滚动条

34. 下面关于任务栏的说法,正确的是(　　)。

A. 任务栏的位置和大小均可以改变

B. 任务栏可以根据需要进行隐藏

C. 任务栏显示了所有打开窗口的图标

D. 任务栏的尾端不能添加图标

35. 当鼠标位于窗口的左右边界,鼠标指针变为形状时,拖动鼠标可以(　　)。

A. 改变窗口的高度　　B. 改变窗口的宽度

C. 改变窗口的大小　　D. 改变窗口的位置

36. 当运行多个应用程序时,默认情况下屏幕上显示的是(　　)。

A. 第一个程序窗口　　B. 系统的当前窗口

C. 最后一个程序窗口　　D. 多个窗口的叠加

37. 在 Windows 7 中,下列说法正确的有(　　)。

A. 利用鼠标拖动对话框的边框可以改变对话框的大小

B. 利用鼠标拖动窗口边框可以移动窗口

C. 一个窗口最小化之后不能还原

D. 一个窗口最大化之后不能再移动

38. 下列操作可以恢复最小化窗口的是(　　)。

A. 单击最小化窗口图标　　B. 双击最小化窗口图标

C. 使用“还原”命令　　D. 使用“放大”命令

39. 下列有关快捷方式的叙述,错误的是(　　)。

A. 快捷方式不会改变程序或文档在磁盘上的存放位置

B. 快捷方式提供了对常用程序或文档的访问捷径

C. 快捷方式图标的左下角有一个小箭头

D. 删除快捷方式会影响源程序或文档的完整性

40. 当窗口不能将所有的信息行显示在当前工作区内时,窗口中一定会出现(　　)。

A. 滚动条　　B. 状态栏　　C. 提示窗口　　D. 信息窗口

41. 打开快捷菜单的操作为(　　)。

A. 单击　　B. 右击　　C. 双击　　D. 三击

42. 在 Windows 7 操作系统中,正确关闭计算机的操作是(　　)。

A. 在文件未保存的情况下,单击“开始”按钮,在打开的“开始”菜单中单击“关机”按钮

B. 在保存文件并关闭所有运行的程序后,单击“开始”按钮,在打开的“开始”菜单中单击“关机”按钮

C. 直接按主机面板上的电源按钮

D. 直接拔掉电源关闭计算机

43. 不可能显示在任务栏上的内容为(　　)。

A. 对话框窗口的图标

B. 正在执行的应用程序窗口图标

C. 已打开文档窗口的图标

D. 语言栏对应图标

44. 多用户使用一台计算机的情况经常出现,这时可设置(　　)。

A. 共享用户　　B. 多个用户帐户　　C. 局域网　　D. 使用时段

45. 在小工具库界面中添加桌面小工具的方法是(　　)。

A. 双击　　B. 单击　　C. 右击　　D. 三击

46. 在 Windows 7 操作系统中,显示桌面的快捷键为(　　)。

A. 【Win+D】组合键　　B. 【Win+P】组合键

C. 【Win+Tab】组合键　　D. 【Alt+Tab】组合键

47. 在 Windows 7 默认环境中,用于中英文输入方式切换的组合键是(　　)。

A. 【Alt+Tab】组合键　　B. 【Shift+空格】组合键

C. 【Shift+Enter】组合键　　D. 【Ctrl+空格】组合键

48. 在中文 Windows 中,使用软键盘输入特殊符号,(　　)可撤销弹出的软键盘。

A. 左键单击软键盘上的【Esc】键

B. 右键单击软键盘上的【Esc】键

C. 右键单击中文输入法状态窗口中的“开启/关闭软键盘”按钮

D. 左键单击中文输入法状态窗口中的“开启/关闭软键盘”按钮

49. 在 Windows 7 中,切换中文输入方式到英文方式,使用的快捷键为(　　)。

A.【Alt+Tab】组合键　　B.【Shift+ Ctrl】组合键

C.【Shift】键　　D.【Ctrl+空格】组合键

50. 在 Windows 中,切换不同的汉字输入法,应按(　　)。

A.【Ctrl+Shift】组合键　　B.【Ctrl+Alt】组合键

C.【Ctrl+空格】组合键　　D.【Ctrl+Tab】组合键

二、多选题

1. 在 Windows 中,可以退出"写字板"的操作是(　　)。

A. 单击"写字板"窗口右上角的"最小化"按钮

B. 单击"写字板"窗口右上角的"关闭"按钮

C. 单击"写字板"窗口右上角的"最大化"按钮

D. 按【Alt+F4】组合键

2. 窗口的组成元素包括(　　)等。

A. 标题栏　　B. 滚动条　　C. 菜单栏　　D. 窗口工作区

3. 在 Windows 7 中,对话框中不包含的元素有(　　)。

A. 菜单栏　　B. 复选框　　C. 选项卡　　D. 工具栏

4. 在 Windows 7 中可进行的个性化设置包括(　　)。

A. 主题　　B. 桌面背景　　C. 窗口颜色　　D. 声音

5. 桌面上的快捷方式图标可以代表(　　)。

A. 应用程序　　B. 文件夹　　C. 用户文档　　D. 打印机

6. 在 Windows 7 中可以完成窗口切换的方法有(　　)。

A.【Alt+Tab】组合键

B.【Win+Tab】组合键

C. 单击要切换窗口的任何可见部位

D. 单击任务栏上要切换的应用程序按钮

7. 以下能进行输入法选择的是(　　)。

A. 先单击语言栏上表示语言的按钮 CH ,然后选择

B. 先单击语言栏上表示键盘的按钮,然后选择

C. 在任务栏属性对话框中设置

D. 按【Ctrl+Shift】组合键

8. 在 Windows 7 操作系统中,关于对话框的描述正确的是(　　)。

A. 对话框是一种特殊的窗口

B. 对话框中一般有选项卡

C. 按【Alt+F4】组合键可以关闭对话框

D. 对话框的大小不可以改变

9. 在 Windows 中,屏幕上可以同时打开多个窗口,它们的排列方式是(　　)。

A. 堆叠　　B. 层叠　　C. 平铺　　D. 以上选项皆可

10. 在 Windows 中,用滚动条来实现快速滚动是通过(　　)实现的。

A. 单击滚动条上的滚动箭头　　B. 单击滚动条下的滚动箭头

C. 拖动滚动条上的滚动块　　D. 单击滚动条上的滚动块

11. 在 Window 中，运行一个程序可以(　　)。

A. 选择【开始】/【所有程序】/【附件】/【运行】命令

B. 使用资源管理器

C. 使用桌面上已建立的快捷方式图标

D. 双击程序图标

12. 下面对任务栏的描述，正确的有(　　)。

A. 任务栏可以出现在屏幕的四周

B. 利用任务栏可以切换窗口

C. 任务栏可以隐藏图标

D. 任务栏中的时钟不能删除

三、判断题

1. Windows 7 操作系统允许同时运行多个应用程序。(　　)

2. 关闭 Windows 7 相当于关闭计算机。(　　)

3. 启动 Windows 7 后，首先显示桌面。(　　)

4. 显示于 Windows 7 桌面上的图标统称为系统图标。(　　)

5. 在 Windows 7 中，屏幕上显示的所有窗口中，只有一个窗口是活动窗口。(　　)

6. 在 Windows 7 中，单击非活动窗口的任意部分都可切换该窗口为活动窗口。(　　)

7. 最大化后的窗口不能进行窗口的位置移动和大小的调整操作。(　　)

8. 默认情况下，Windows 7 桌面由桌面图标、鼠标指针、任务栏和语言栏 4 部分组成。(　　)

9. 在 Windows 7 中，对话框的大小不可改变。(　　)

10. 删除应用程序快捷图标时，会连同其所对应的程序文件一同删除。(　　)

11. 快捷方式的图标可以更改。(　　)

12. 无法给文件夹创建快捷方式。(　　)

13. 无法在桌面上创建打印机的快捷方式。(　　)

14. “写字板”是文字处理软件，不能进行图文处理。(　　)

15. Windows 7 的任务栏可用于切换当前应用程序。(　　)

16. 在 Windows 中，桌面上的图标可以用拖动鼠标及打开一个快捷菜单的方式对它们的位置加以调整。(　　)

17. 只需用鼠标在桌面上从屏幕左上角向右下角拖动一次，桌面上的图标就会重新排列。(　　)

18. 关闭应用程序窗口意味着终止该应用程序的运行。(　　)

19. Windows 的窗口和对话框比较而言，窗口可以移动和改变大小，而对话框仅可以改变大小，不能移动。(　　)

20. “回收站”图标可以从桌面上删除。(　　)

21. 在不同状态下，鼠标光标的表现形式都一样。(　　)

22. 悬浮于桌面上的“语言栏”面板只能用于选择语言。(　　)

23. 睡眠状态是一种省电状态。(　　)

24. Windows 7 属于多用户的桌面操作系统。(　　)

25. 安装了操作系统后才能安装和使用各种应用程序。(　　)

26. 若要单击选中或撤销选中某个复选框，只需单击该复选框前的方框即可。(　　)

27. 删除快捷方式后它所指向的应用程序也会被删除。（ ）

28. 通知区域除了显示系统日期、音量、网络状态等信息外，还可以显示其他程序图标。（ ）

29. Windows 的桌面外观可以根据爱好进行更改。（ ）

30. 不支持即插即用的硬件设备不能在 Windows 环境下使用。（ ）

四、操作题

1. 将桌面图标分别按“名称”“大小”“类型”和“修改时间”进行排列，查看这几种排列方式表现的不同效果。

2. 通过“开始”菜单启动计算机中安装的 Word 2010 程序，然后将打开的 Word 程序窗口进行最大化和最小化操作，最后还原窗口后关闭窗口。

3. 在“性能选项”对话框的“视觉效果”选项卡中对 Windows 7 的外观和性能进行调整。

4. 设置自己的桌面背景，以拉伸方式显示于桌面。

5. 自定义桌面图标，将“控制面板”显示在桌面上。

6. 设置屏幕保护程序和 Windows 主题。其中，屏幕保护程序为“变幻线”，等待时间是 15 分钟；主题是“中国”。

7. 设置任务栏的显示风格，要求将任务栏保持在其他窗口的前端，显示快速启动，隐藏不活动的图标。

8. 在任务栏上定制自己的工具栏，将地址工具栏和我的文档加入任务栏中。

9. 设置窗口外观显示。其中，窗口和按钮采用 Windows 7 样式，活动窗口标题栏大小为 18，标题栏中的字体为华文楷体，大小为 10。

10. 将显示器的分辨率调整为 1024×768，并在桌面的右上方显示“日历”小工具。

第4章 文字处理与 Word 2010

微软公司的 Office 产品组合帮助微软公司赢得了超强的人气和丰厚的利润，被全球大多数公司和用户广泛使用。虽然越来越多的类似产品纷纷进入市场，但是仍然有大量的消费者继续使用 Office。Word 是 Office 组件中使用最广泛的软件之一，是一款文字处理软件；主要用于创建和编辑各种类型的文档，适用于家庭、文教、桌面办公和各种专业排版领域，作为 Office 的重要组成部分，它格外引人注目。

Word 拥有强大的文字处理能力，能够方便地创建各种图文并茂的办公文档，如企业宣传单、招投标书、各类合同及行政公文等。使用 Word，用户可以在文档中进行图形制作、艺术字编辑、各类表格和图表的绘制等操作，并可制作内容丰富的图文混排文档。

Word 具有很强的图像处理能力，除了能够为图表、图形和艺术字等添加三维形状、透明度和阴影等效果外，还可以快速地对文字应用这些特效。通过使用“快速样式”和“文档主题”，可以迅速更改文本、表格和图形的外观，使首选样式和配色方案相匹配，以获得良好的视觉效果。

为了更好地适应网络发展，Word 能够方便地实现与他人的共享。在将文档发送给他人征求意见时，Word 能够有效地收集和管理反馈回来的修订和批注。同时，在与其他用户共享文档的最终版本时，用户可以将文档标记为只读，并告知其他用户是最终版本，从而无法对文档进行编辑和修改，可以实现对文档的保护。

4.1 输入和编辑学习计划

赵清强是一名大学生，开学第一天，辅导老师要求大家针对本学期的学习制订一份电子学习计划，以提高自身的学习效率。辅导老师对学习计划的要求如下。

- 新建一个空白文档，并将其以“学习计划”为名称进行保存。
- 在文档中输入图 4-1(a)所示的文本。
- 将“2016 年 3 月”文本移动到文档末尾右下角。
- 查找全文中的“自已” 并替换为“自己”。
- 将文档标题“学习计划”修改为“计划”。
- 撤销并恢复所做的修改，然后保存文档。

接到任务后，赵清强先思考了一下大致计划，形成大纲，然后利用 Word 2010 相关功能完成学习计划文档的编辑，完成后参考效果如图 4-1(b)所示。

4.1.1 启动和退出 Word 2010

在计算机中安装 Office 2010 后便可启动相应的组件，包括 Word 2010、Excel 2010 和 PowerPoint 2010，其中各个组件的启动方法相同。下面以启动 Word 2010 为例进行讲解。

1. 启动 Word 2010

Word 的启动很简单，与其他常见应用软件的启动方法相似，主要有以下 3 种。

学习计划

大一的学习任务相对轻松，可适当参加社团活动，担当一定的职务，提高自己的组织能力和交流技巧，为毕业求职面试练好兵。

在大二这一年里，既要稳抓基础，又要做好由基础向专业过渡的准备，将自己的专项转变得更加专业，水平更高。这一年，要拿到一两张有分量的英语和计算机认证书，并适当选修其它专业的课程，使自己知识多元化。多参加有益的社会实践，义工活动，尝试到与自己专业相关的单位兼职，多体验不同层次的生活，培养自己的吃苦精神和社会责任感，以便适应突飞猛进的社会。

到大三，目标既已锁定，该出手时就出手了。或者是大学最后一年的学习了。应该系统地学习，将以前的知识重新归纳地学习，把未过关的知识点弄明白。而我们的专项水平也应该达到教师的层次，教学能力应有飞跃性的提高。多参加各种比赛以及活动，争取拿到更多的奖项及荣誉。除此之外，我们更应该多到校外参加实践活动，多与社会接触，多与人交际，以便了解社会形势，更好适应社会，更好地就业。

大四要进行为期两个月的实习，将对我们进行真正的考验，必须搞好这次的实习，积累好的经验，为求职作好准备。其次是编写好个人求职材料，进军招聘活动，多到校外参加实践，多上求职网站和论坛，这样自然会享受到勤劳的果实。在同学们为自已的前途忙得晕头转向的时候，毕业论文更是马虎不得，这是对大学四年学习的一个检验，是一份重任，绝不能糊弄过去，如果能被评上优秀论文是一件非常荣耀的事情！只要在大学前三年都能认真践行自己计划的，相信大四就是收获的季节。

生活上，在大学四年间应当养成良好的生活习惯，良好的生活习惯有利于学习和生活，能对我们的学习起到事半功倍的作用。我要合理地安排作息时间，形成良好的作息制度；还要进行强度的体育锻炼和适当的文娱活动；保证合理的营养供应，养成良好的饮食习惯；绝

(a)

计划

大一的学习任务相对轻松，可适当参加社团活动，担当一定的职务，提高自己的组织能力和交流技巧，为毕业求职面试练好兵。

在大二这一年里，既要稳抓基础，又要做好由基础向专业过渡的准备，将自己的专项转变得更加专业，水平更高。这一年，要拿到一两张有分量的英语和计算机认证书，并适当选修其它专业的课程，使自己知识多元化。多参加有益的社会实践，义工活动，尝试到与自己专业相关的单位兼职，多体验不同层次的生活，培养自己的吃苦精神和社会责任感，以便适应突飞猛进的社会。

到大三，目标既已锁定，该出手时就出手了。或者是大学最后一年的学习了。应该系统地学习，将以前的知识重新归纳地学习，把未过关的知识点弄明白。而我们的专项水平也应该达到教师的层次，教学能力应有飞跃性的提高。多参加各种比赛以及活动，争取拿到更多的奖项及荣誉。除此之外，我们更应该多到校外参加实践活动，多与社会接触，多与人交际，以便了解社会形势，更好适应社会，更好地就业。

大四要进行为期两个月的实习，将对我们进行真正的考验，必须搞好这次的实习，积累好的经验，为求职作好准备。其次是编写好个人求职材料，进军招聘活动，多到校外参加实践，多上求职网站和论坛，这样自然会享受到勤劳的果实。在同学们为自己的前途忙得晕头转向的时候，毕业论文更是马虎不得，这是对大学四年学习的一个检验，是一份重任，绝不能糊弄过去，如果能被评上优秀论文是一件非常荣耀的事情！只要在大学前三年都能认真践行自己计划的，相信大四就是收获的季节。

生活上，在大学四年间应当养成良好的生活习惯，良好的生活习惯有利于学习和生活，

(b)

图 4-1 “学习计划”文档效果

- 选择“开始”—“所有程序”—“Microsoft Office”—“Microsoft Word 2010”命令。
- 创建 Word 2010 的桌面快捷方式后，双击桌面上的快捷方式图标。
- 在任务栏中的快速启动区单击 Word 2010 图标。

2. 退出 Word 2010

退出 Word 主要有以下 4 种方法。

- 选择“文件”—“退出”命令。
- 单击 Word 2010 窗口右上角的“关闭”按钮。
- 按“Alt+F4”组合键。
- 单击 Word 窗口左上角的控制菜单图标，在打开的下拉列表中选择“关闭”选项。

4.1.2 熟悉 Word 2010 工作界面

启动 Word 2010 后将进入其工作界面，如图 4-2 所示。下面主要对 Word 2010 工作界面的主要组成部分进行介绍。

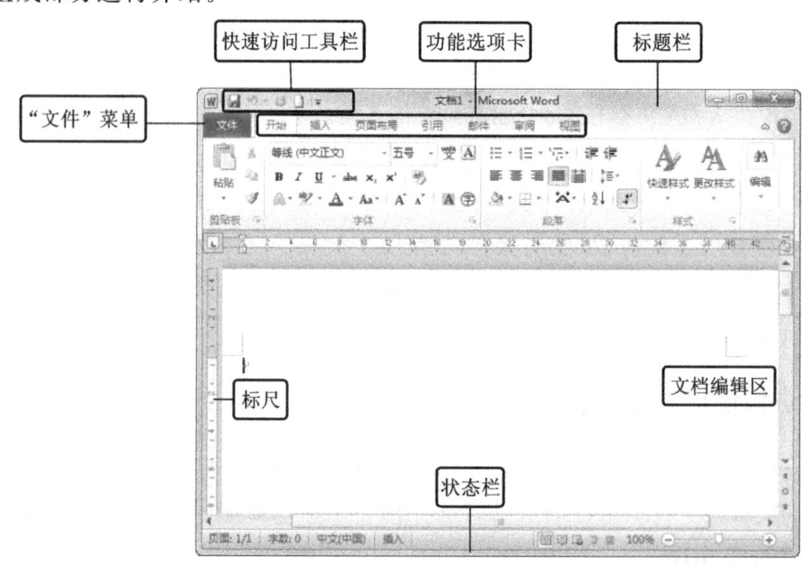

图 4-2 Word 2010 工作界面

1. 标题栏

标题栏位于Word 2010工作界面的最顶端，用于显示程序名称和文档名称及右侧的窗口控制按钮组(包含“最小化”按钮、“最大化”按钮和“关闭”按钮，可最大化、最小化和关闭窗口)。

2. 快速访问工具栏

快速访问工具栏中显示了一些常用的工具按钮，默认按钮有“保存”按钮、“撤销”按钮和“恢复”按钮。用户还可自定义按钮，只需单击该工具栏右侧的下拉按钮，在打开的下拉列表中选择相应选项即可。

3. “文件”菜单

“文件”菜单中的内容与Office其他组件中的“文件”菜单类似，主要用于执行与该组件相关文档的新建、打开和保存等基本命令，菜单右侧列出了用户经常使用的文档名称，单击菜单下方的“选项”命令可打开“Word选项”对话框，在“Word选项”对话框中可对Word组件进行常规、显示和校对等多项设置。

4. 功能选项卡

Word 2010默认包含了7个功能选项卡，单击任一选项卡可打开对应的功能区，单击其他选项卡可切换到相应的选项卡，每个选项卡中分别包含了相应的功能组集合。

5. 标尺

标尺主要用于对文档内容进行定位，位于文档编辑区上侧的称为水平标尺，左侧的称为垂直标尺，通过拖动水平标尺中的缩进按钮还可快速调节段落的缩进和文档的边距。

6. 文档编辑区

文档编辑区是指输入与编辑文本的区域，对文本进行的各种操作结果都显示在该区域中。新建一篇空白文档后，在文档编辑区的左上角将显示一个闪烁的鼠标光标，称为插入点，该鼠标光标所在位置便是文本的起始输入位置。

7. 状态栏

状态栏位于工作界面的最底端，主要用于显示当前文档的工作状态，包括当前页数、字数和输入状态等，右侧依次显示视图切换按钮和比例调节滑块。

提示：单击“视图”选项卡，在“显示比例”组中单击“显示比例”按钮，可打开“显示比例”对话框，从中可调整显示比例；单击“100%”单选钮，可使文档的显示比例设置为100%。

4.1.3 自定义Word 2010工作界面

Word工作界面大部分是默认的，但用户可根据使用习惯和操作需要，定义一个适合自己的工作界面，其中包括自定义快速访问工具栏、自定义功能区和视图模式等。

1. 自定义快速访问工具栏

为了操作方便，用户可以在快速访问工具栏中添加常用的命令按钮或删除不需要的命令按钮，也可以改变快速访问工具栏的位置或自定义快速访问工具栏。

1) 添加常用命令按钮

在快速访问工具栏右侧单击按钮，在打开的下拉列表中选择常用的选项，如选择“打开”选项，可将该命令按钮添加到快速访问工具栏中。

2) 删除不需要的命令按钮

在快速访问工具栏的命令按钮上单击鼠标右键，在弹出的快捷菜单中选择“从快速访问工具栏删除”命令，可将相应的命令按钮从快速访问工具栏中删除。

3）改变快速访问工具栏的位置

在快速访问工具栏右侧单击▾按钮，在打开的下拉列表中选择“在功能区下方显示”选项，可将快速访问工具栏显示到功能区下方；再次在下拉列表中选择“在功能区上方显示”选项，可将快速访问工具栏还原到默认位置。

提示：在 Word 2010 工作界面中选择“文件”—“选项”命令，在打开的“Word 选项”对话框中单击“快速访问工具栏”选项卡，在其中可根据需要自定义快速访问工具栏。

2. 自定义功能区

在 Word 2010 工作界面中，用户可选择“文件”—“选项”命令，在打开的“Word 选项”对话框中单击“自定义功能区”选项卡，在其中根据需要显示或隐藏相应的功能选项卡、创建新的选项卡、在选项卡中创建组和命令等，如图 4-3 所示。

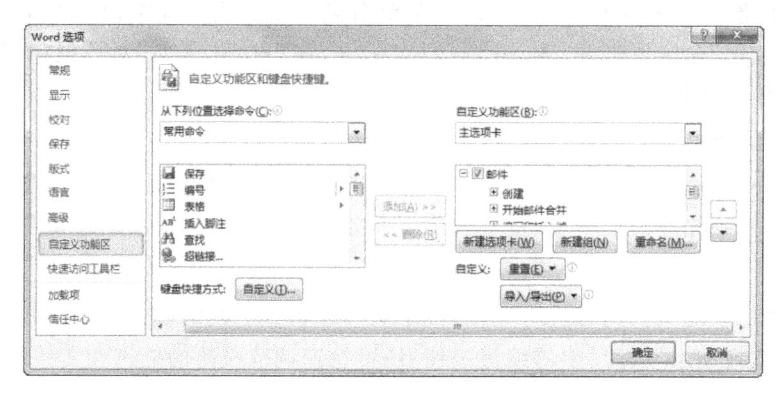

图 4-3　自定义功能区

1）显示或隐藏主选项卡

在“Word 选项”对话框的“自定义功能区”选项卡的“自定义功能区”列表框中单击选中或撤销选中主选项卡对应的复选框，即可在功能区中显示或隐藏该主选项卡。

2）创建新的选项卡

在“自定义功能区”选项卡中单击 新建选项卡(W) 按钮，在“主选项卡”列表框中可创建“新建选项卡(自定义)”复选框，然后选择创建的复选框，再单击 重命名(M)... 按钮，在打开的“重命名”对话框的“显示名称”文本框中输入名称，单击 确定 按钮，可为新建的选项卡重命名。

3）在功能区中创建组

选择新建的选项卡，在“自定义功能区”选项卡中单击 新建组(N) 按钮，在选项卡下创建组，然后单击选择创建的组，再单击 重命名(M)... 按钮，在打开的“重命名”对话框的“符号”列表框中选择一个图标，并在“显示名称”文本框中输入名称，单击 确定 按钮，可为新建的组重命名。

4）在组中添加命令

选择新建的组，在“自定义功能区”选项卡的“从下列位置选择命令”列表框中选择需要的命令选项，然后单击 添加(A) >> 按钮即可将命令添加到组中。

5）删除自定义的功能区

在“自定义功能区”选项卡的“自定义功能区”列表框中单击选中相应的主选项卡的复选框，然后单击 << 删除(R) 按钮即可将自定义的选项卡或组删除。若要一次性删除所有自定义的功能区，可单击 重置(E)▾ 按钮，在打开的下拉列表中选择“重置所有自定义项”选项，在打开的提示对话框中单击 是(Y) 按钮，可将所有自定义项删除，恢复 Word 2010 默认的功能区效果。

提示：双击某个功能选项卡，或单击功能选项卡右侧的“功能区最小化”按钮△，可将功能区最小化显示；再次双击某个功能选项卡，或单击功能选项卡右侧的“展开功能区”按钮，可将其恢复为默认状态。

3. 显示或隐藏文档中的元素

Word的文档编辑区中包含多个元素，如标尺、网格线、导航窗格和滚动条等，编辑文本时可根据需要隐藏一些不需要的元素或将隐藏的元素显示出来。其显示或隐藏文档元素的方法有两种。

方法一：在“视图”—“显示”组中单击选中或撤销选中标尺、网格线和导航窗格元素对应的复选框，即可在文档中显示或隐藏相应的元素，如图4-4所示。

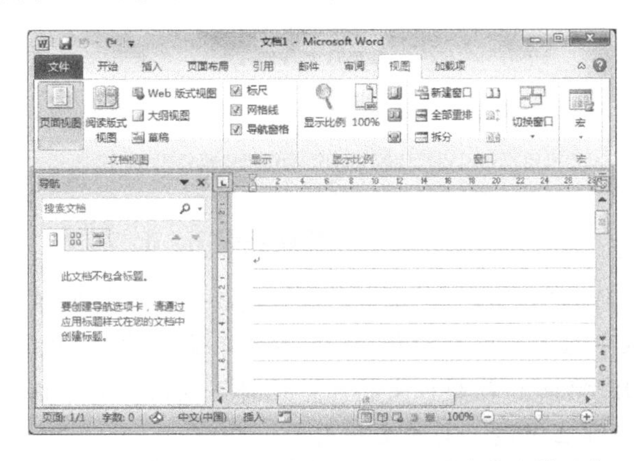

图4-4　在“视图”选项卡中设置显示或隐藏文档元素

方法二：在“Word选项”对话框中单击“高级”选项卡，向下拖曳对话框右侧的滚动条，在“显示”栏中单击选中或撤销选中“显示水平滚动条”“显示垂直滚动条”或“在页面视图中显示垂直标尺”元素对应的复选框，可在文档中显示或隐藏相应的元素，如图4-5所示。

图4-5　在“Word选项”对话框中设置显示或隐藏文档元素

4.1.4　创建“学习计划”文档

启动Word 2010后将自动创建一个空白文档，用户也可根据需要手动创建符合要求的文档，其具体操作如下。

(1) 选择“开始”—“所有程序”—“Microsoft Office”—“Microsoft Word 2010”命令，启动Word 2010。

(2) 选择“文件”—“新建”命令，在打开的面板中选择“空白文档”选项，在面板右侧单击“创建”按钮，或在打开的任意文档中按“Ctrl＋N”组合键也可新建文档，如图 4-6 所示。

图 4-6　新建文档

提示：在窗口中间的“可用模板”列表框中还可选择更多的模板样式，如选择“样本模板”选项，在展开的列表框中选择所需的模板，并在右侧单击选中“模板”单选项，然后单击“创建”按钮，可新建名为“模板 1”的模板文档。系统将下载该模板并新建文档，在其中用户可根据提示在相应的位置单击并输入新的文档内容。

4.1.5　输入文档文本

创建文档后就可以在文档中输入文本，而运用 Word 的即点即输功能可轻松在文档中的不同位置输入需要的文本，其具体操作如下。

(1) 将鼠标指针移至文档上方的中间位置，当鼠标指针变成I≡形状时双击鼠标，将插入点定位到此处。

(2) 将输入法切换至中文输入法，输入文档标题“学习计划”文本。

(3) 将鼠标指针移至文档标题下方左侧需要输入文本的位置，此时鼠标指针变成I≡形状，双击鼠标将插入点定位到此处，如图 4-7 所示。

(4) 输入正文文本，按“Enter”键换行，使用相同的方法输入其他文本，完成学习计划文档的输入，效果如图 4-8 所示。

图 4-7　定位插入点

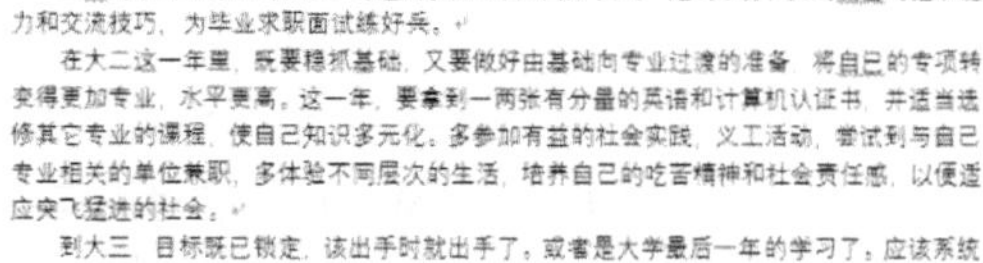

学习计划

大一的学习任务相对轻松，可适当参加社团活动，担当一定的职务，提高自己的组织能力和交流技巧，为毕业求职面试练好兵。

在大二这一年里，既要稳抓基础，又要做好由基础向专业过渡的准备，将自己的专项转变得更加专业，水平更高。这一年，要拿到一两张有分量的英语和计算机认证书，并适当选修其它专业的课程，使自己知识多元化。多参加有益的社会实践，义工活动，尝试到与自己专业相关的单位兼职，多体验不同层次的生活，培养自己的吃苦精神和社会责任感，以便适应突飞猛进的社会。

到大三，目标既已锁定，该出手时就出手了，或者是大学最后一年的学习了，应该系统地学习，将以前的知识重新归纳地学习，把未过关的知识点弄明白。而我们的专项水平也应该达到教师的层次，教学能力应有飞跃性的提高。多参加各种比赛以及活动，争取拿到更多的奖项及荣誉。除此之外，我们更应该多到校外参加实践活动，多与社会接触，多与人交际，以便了解社会形势，更好适应社会，更好地就业。

大四要进行为期两个月的实习，将对我们进行真正的考验，必须搞好这次的实习，积累好的经验，为求职作好准备。其次是编写好个人求职材料，进军招聘活动，多到校外参加实践，多上求职网站和论坛，这样自然会享受到勤劳的果实。在同学们为自己的前途忙得晕头转向的时候，毕业论文更是马虎不得，这是对大学四年学习的一个检验，是一份重任，绝不能糊弄过去，如果能被评上优秀论文是一件非常荣耀的事情！只要在大学前三年都能认真践行自己计划的，相信大四就是收获的季节。

生活上，在大学四年间应当养成良好的生活习惯，良好的生活习惯有利于学习和生活，能对我们的学习起到事半功倍的作用。我要合理地安排作息时间，形成良好的作息制度；还要进行强度的体育锻炼和适当的文娱活动；保证合理的营养供应，养成良好的饮食习惯；绝

图 4-8　输入正文部分

4.1.6 修改和编辑文本

若要输入与文档中已有内容相同的文本,可使用复制操作;若要将所需文本内容从一个位置移动到另一个位置,可使用移动操作;若发现文档中有错别字,可通过改写功能来修改。下面具体介绍。

1. 复制文本

复制文本是指在目标位置为原位置的文本创建一个副本,复制文本后,原位置和目标位置都将存在该文本。复制文本的方法有多种,下面分别进行介绍。

◆ 选择所需文本后,在"开始"—"剪贴板"组中单击"复制"按钮复制文本,定位到目标位置,在"开始"—"剪贴板"组中单击"粘贴"按钮粘贴文本。

◆ 选择所需文本后,在其上单击鼠标右键,在弹出的快捷菜单中选择"复制"命令,定位到目标位置,单击鼠标右键,在弹出的快捷菜单中选择"粘贴"命令粘贴文本。

◆ 选择所需文本后,按"Ctrl+C"组合键复制文本,定位到目标位置,按"Ctrl+V"组合键粘贴文本。

◆ 选择所需文本后,按住"Ctrl"键不放,将其拖动到目标位置即可。

2. 移动文本

移动文本是指将文本从原来的位置移动到文档中的其他位置。其具体操作如下。

(1) 选择正文最后一段末的"2016 年 3 月"文本,在"开始"—"剪贴板"组中单击"剪切"按钮 剪切 或按"Ctrl+X"组合键,如图 4-9 所示。

(2) 在文档右下角双击定位插入点,在"开始"—"剪贴板"组中单击"粘贴"按钮,或按"Ctrl+V"组合键,如图 4-10 所示,即可移动文本。

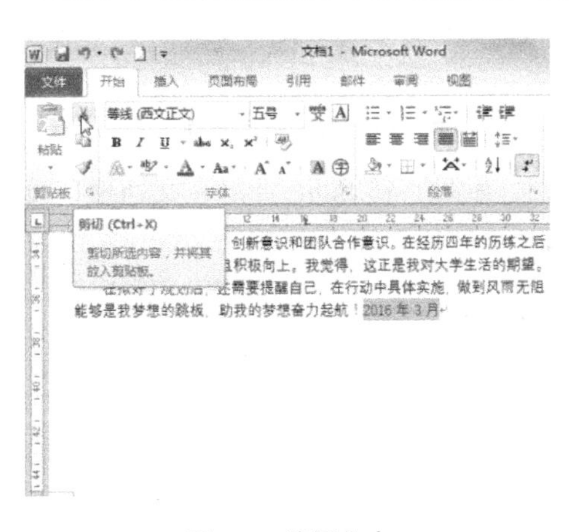

图 4-9 剪切文本

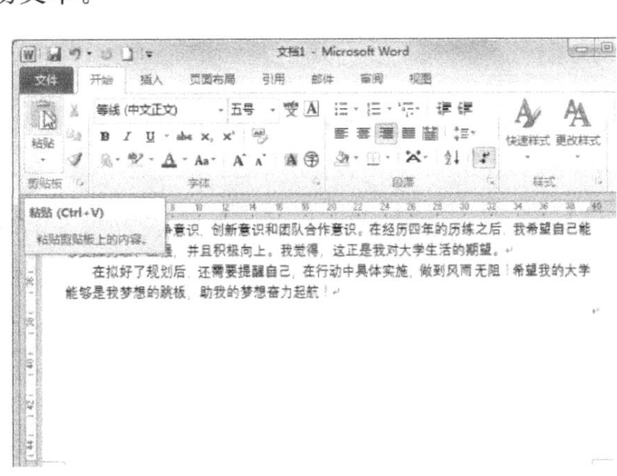

图 4-10 粘贴文本

提示:选择所需文本,将鼠标指针移至选择的文本上,直接将其拖动到目标位置,释放鼠标后,可将选择的文本移至该处。

4.1.7 查找和替换文本

当文档中出现某个多次使用的文字或短句错误时,可使用查找与替换功能来检查和修改错误部分,以节省时间并避免遗漏。其具体操作如下。

(1) 将插入点定位到文档开始处,在"开始"—"编辑"组中单击 替换 按钮,或按"Ctrl

＋H”组合键，如图 4-11 所示。

(2) 打开“查找和替换”对话框，分别在“查找内容”和“替换为”文本框中输入“自已”和“自己”。

(3) 单击 查找下一处(F) 按钮，即可看到文档中所查找到的第一个“自已”文本呈选中状态显示，如图 4-12 所示。

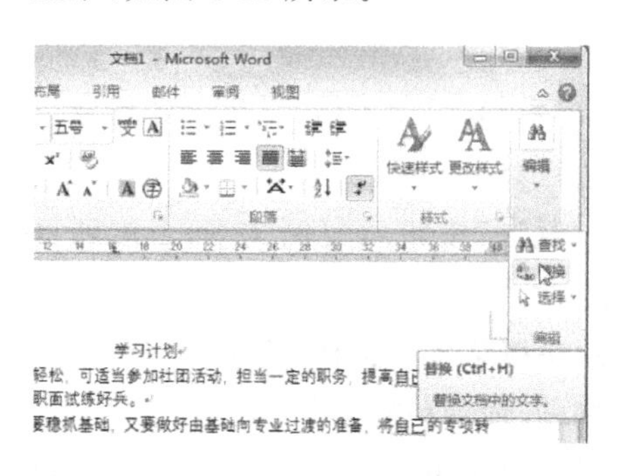

图 4-11　单击“替换”按钮

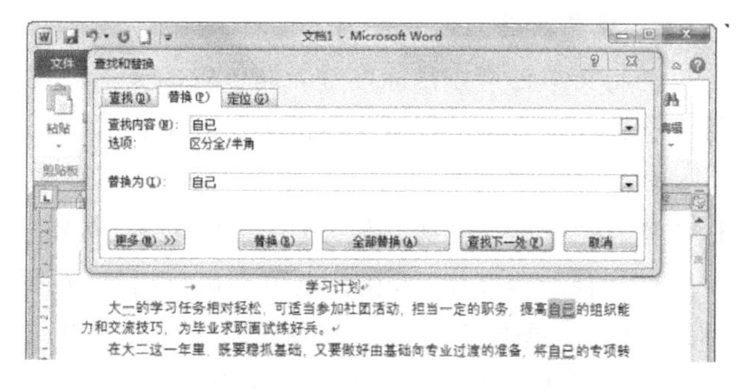

图 4-12　“查找和替换”对话框

(4) 继续单击 查找下一处(F) 按钮，直至出现对话框提示已完成文档的搜索，单击 确定 按钮，返回“查找和替换”对话框，单击 全部替换(A) 按钮，如图 4-13 所示。

(5) 打开提示对话框，提示完成替换的次数，直接单击 确定 按钮即可完成替换，如图 4-14 所示。

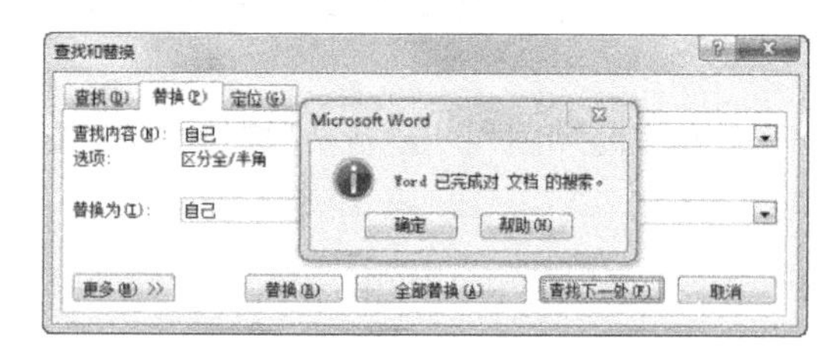

图 4-13　提示完成文档的搜索

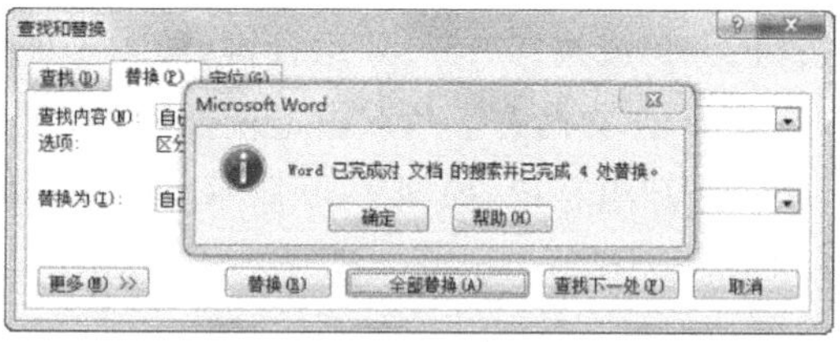

图 4-14　提示完成替换

(6) 单击 关闭 按钮，关闭“查找和替换”对话框，如图 4-15 所示，此时在文档中即可看到“自已”已全部替换为“自己”文本，如图 4-16 所示。

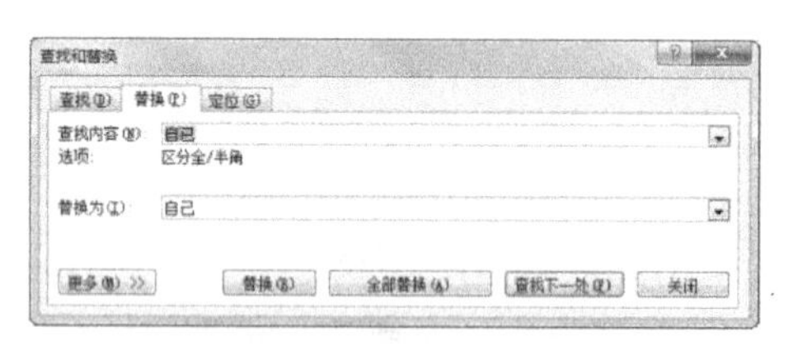

图 4-15　关闭对话框

学习计划

大一的学习任务相对轻松，可适当参加社团活动，担当一定的职务，提高自己的组织能力和交流技巧，为毕业求职面试练好兵。

在大二这一年里，既要稳抓基础，又要做好由基础向专业过渡的准备，将自己的专项转变得更加专业，水平更高。这一年，要拿到一两张有分量的英语和计算机认证书，并适当选修其它专业的课程，使自己知识多元化。多参加有益的社会实践、义工活动，尝试到与自己专业相关的单位兼职，多体验不同层次的生活，培养自己的吃苦精神和社会责任感，以便适应突飞猛进的社会。

到大三，目标既已锁定，该出手时就出手了。或者是大学最后一年的学习了。应该系统地学习，将以前的知识重新归纳地学习，把未过关的知识点弄明白。而我们的专项水平也应该达到教师的层次，教学能力应有飞跃性的提高。多参加各种比赛以及活动，争取拿到更多的奖项及荣誉。除此之外，我们更应该多到校外参加实践活动，多与社会接触，多与人交际，以便了解社会形势，更好适应社会，更好地就业。

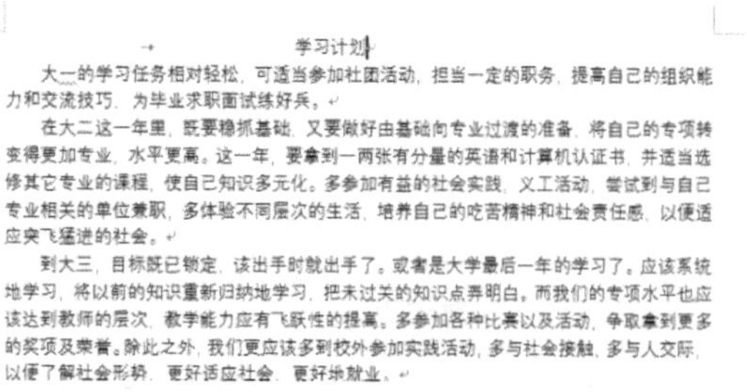

图 4-16　查看替换文本效果

4.1.8　撤销与恢复操作

Word 2010 有自动记录功能，在编辑文档时执行了错误操作，可进行撤销，同时也可恢复被撤销的操作。其具体操作如下。

(1) 将文档标题“学习计划”修改为“计划”。

(2) 单击快速访问工具栏中的“撤销”按钮,或按“Ctrl+Z”组合键,如图4-17所示,即可恢复到将“学习计划”修改为“计划”前的文档效果。

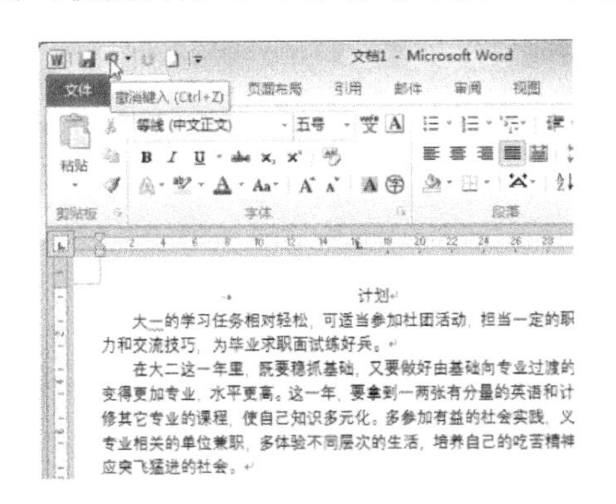

图4-17　撤销操作

(3) 单击“恢复”按钮,或按“Ctrl+Y”组合键,如图4-18所示,便可以恢复到撤销操作前的文档效果。

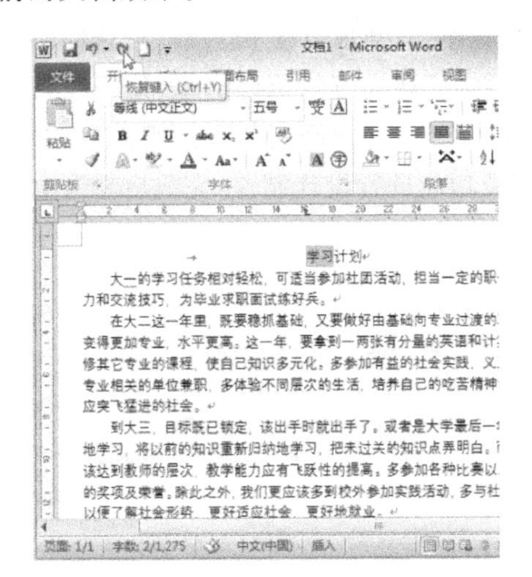

图4-18　恢复操作

提示:单击按钮右侧的下拉按钮,在打开的下拉列表中选择与撤销步骤对应的选项,系统将根据选择的选项自动将文档还原为该步骤之前的状态。

4.1.9　保存“学习计划”文档

完成文档的各种编辑操作后,必须将其保存在计算机中,使其以文件形式存在,便于对其进行查看和修改。其具体操作如下。

(1) 选择“文件”—“保存”命令,打开“另存为”对话框。

(2) 在地址栏列表框中选择文档的保存路径,在“文件名”文本框中设置文件的保存名称,完成后单击 保存(S) 按钮即可,如图4-19所示。

提示:再次打开并编辑文档后,只需按“Ctrl+S”组合键,或单击快速访问工具栏上的“保存”按钮,或选择“文件”—“保存”命令,即可直接保存更改后的文档。

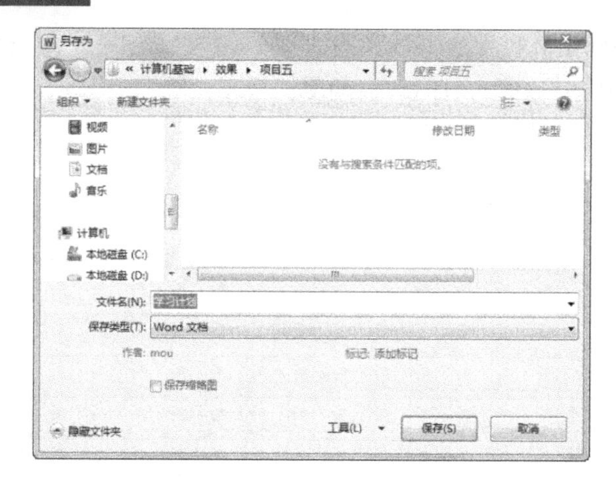

图 4-19 保存文档

4.2 编辑招聘启事

李小龙在人力资源部门工作，最近，公司因业务发展需要，新成立了销售部门，该部门需要向社会招聘相关的销售人才，上级要求李小龙制作一份美观大方的招聘启事，便于在人才市场现场招聘使用。接到任务后，李小龙找到相关负责人确认了招聘岗位和招聘人数，并进行了初步招聘启事的制作，最后利用 Word 2010 的相关功能进行设计制作，完成后参考效果(局部)如图 4-20所示。

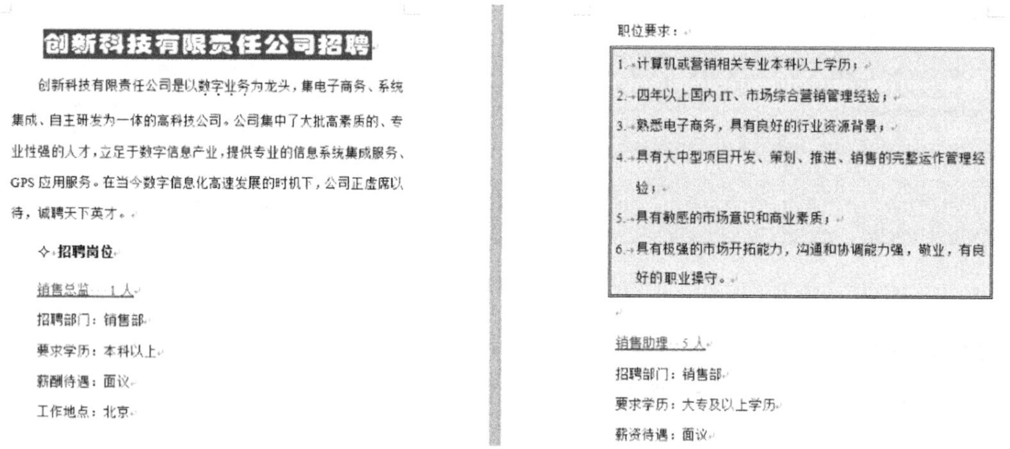

创新科技有限责任公司招聘

创新科技有限责任公司是以数字业务为龙头，集电子商务、系统集成、自主研发为一体的高科技公司。公司集中了大批高素质的、专业性强的人才，立足于数字信息产业，提供专业的信息系统集成服务、GPS 应用服务。在当今数字信息化高速发展的时机下，公司正虚席以待，诚聘天下英才。

✧ 招聘岗位

销售总监 1 人

招聘部门：销售部

要求学历：本科以上

薪酬待遇：面议

工作地点：北京

职位要求：

1. 计算机或营销相关专业本科以上学历；
2. 四年以上国内 IT、市场综合营销管理经验；
3. 熟悉电子商务，具有良好的行业资源背景；
4. 具有大中型项目开发、策划、推进、销售的完整运作管理经验；
5. 具有敏感的市场意识和商业素质；
6. 具有极强的市场开拓能力，沟通和协调能力强，敬业，有良好的职业操守。

销售助理 5 人

招聘部门：销售部

要求学历：大专及以上学历

薪资待遇：面议

图 4-20 “招聘启事”文档效果(局部)

相关设计步骤如下。

- 选择“文件”—“打开”命令打开素材文档。
- 设置标题格式为“华文琥珀、二号、加宽”，正文字号为“四号”。
- 二级标题格式为“四号、加粗、红色”，并为“数字业务”设置着重号。
- 设置标题居中对齐，最后三行文本右对齐，正文需要首行缩进两个字符。
- 设置标题段前和段后间距为“1 行”，设置二级标题的行间距为“多倍行距、3”。
- 为二级标题统一设置项目符号“✧”。
- 为“岗位职责：”与“职位要求：”中的文本内容添加“1. 2. 3. …”样式的编号。

- 为邮寄地址和电子邮件地址设置字符边框。
- 为标题文本应用“深红”底纹。
- 为“岗位职责：”与“职位要求：”文本之间的段落应用“方框”边框样式，边框样式为双线样式，并设置底纹颜色为“白色，背景1，深色15%”。
- 设置完成后使用相同的方法为其他段落设置边框与底纹样式。
- 打开“加密文档”对话框，为文档加密，其密码为“123456”。

4.2.1 认识字符格式

字符和段落格式主要通过“字体”和“段落”组，以及“字体”和“段落”对话框进行设置。选择相应的字符或段落文本，然后在“字体”或“段落”组中单击相应按钮，便可快速设置常用字符或段落格式，如图4-21所示。

图4-21 “字体”和“段落”组

其中，“字体”组和“段落”组右下角都有一个“对话框启动器”图标，单击该图标将打开对应的对话框，在其中可进行更为详细的设置。

4.2.2 自定义编号起始值

在使用段落编号过程中，有时需要重新定义编号的起始值，此时，可先选择应用了编号的段落，在其上单击鼠标右键，在打开的快捷菜单中选择“设置编号值”命令，即可在打开的对话框中输入新编号列表的起始值或选择继续编号，如图4-22所示。

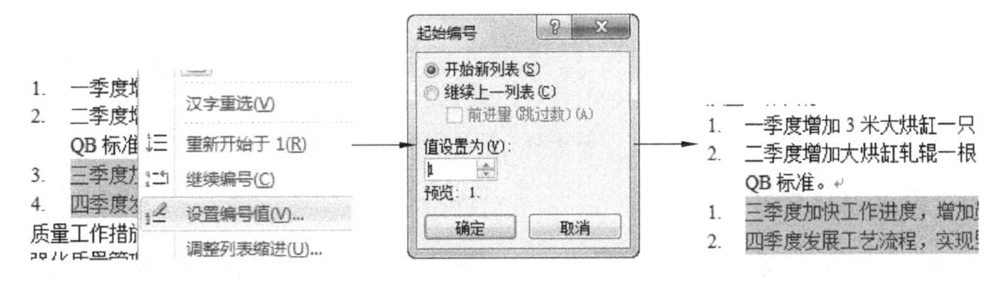

图4-22 设置编号起始值

4.2.3 自定义项目符号样式

Word默认提供了一些项目符号样式，若要使用其他符号或计算机中的图片文件作为项目符号，可在“开始”—“段落”组中单击“项目符号”按钮右侧的按钮，在打开的下拉列表中选择“定义新项目符号”选项，如图4-23所示，然后在打开的对话框中单击 符号(S)... 按钮，打开“符号”对话框，选择需要的符号进行设置即可。在“定义新项目符号”对话框中单击 图片(P)... 按钮，再在打开的对话框中选择计算机中的图片文件，单击 导入(I)... 按钮，则可选择计算机中的图片文件作为项目符号。

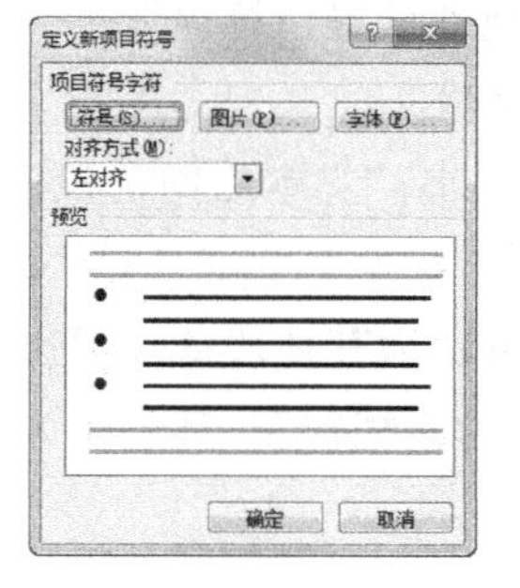

图 4-23 设置项目符号样式

4.2.4 打开文档

要查看或编辑保存在计算机中的文档，必须先打开该文档。下面打开“招聘启事”文档，其具体操作如下。

(1) 选择“文件”—“打开”命令，或按“Ctrl+O”组合键。

(2) ❶在打开的“打开”对话框的地址栏列表框中选择文件路径，❷在窗口工作区中选择“招聘启事”文档，❸单击 打开(O) 按钮打开该文档，如图 4-24 所示。

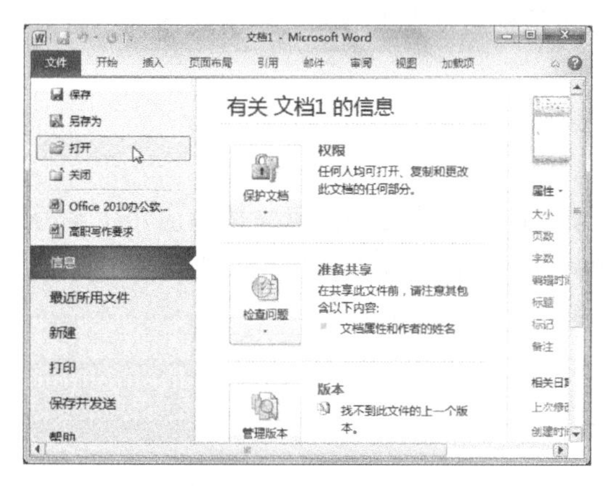

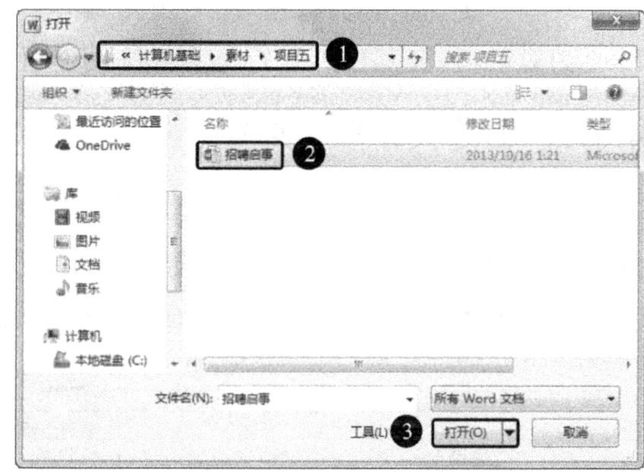

图 4-24 打开文档

4.2.5 设置字体格式

在 Word 文档中，文本内容包括汉字、字母、数字和符号等。设置字体格式则包括更改文字的字体、字号和颜色等，通过这些设置可以使文字更加突出，文档更加美观。

1. 使用浮动工具栏设置

在 Word 中选择文本时，将出现一个半透明的工具栏，即浮动工具栏，在浮动工具栏中可快速设置字体、字号、字形、对齐方式、文本颜色和缩进级别等格式。其具体操作如下。

(1) 打开 “招聘启事. docx”文档，❶选择标题文本，❷将鼠标指针移动到浮动工具栏上，在“字体”下拉列表框中选择“华文琥珀”选项，如图 4-25 所示。

(2) ❸在“字号”下拉列表框中选择“二号”选项，如图 4-26 所示。

2. 使用“字体”组设置

“字体”组的使用方法与浮动工具栏相似，都是选择文本后在其中单击相应的按钮，或在相应的下拉列表框中选择所需的选项进行字体设置。其具体操作如下。

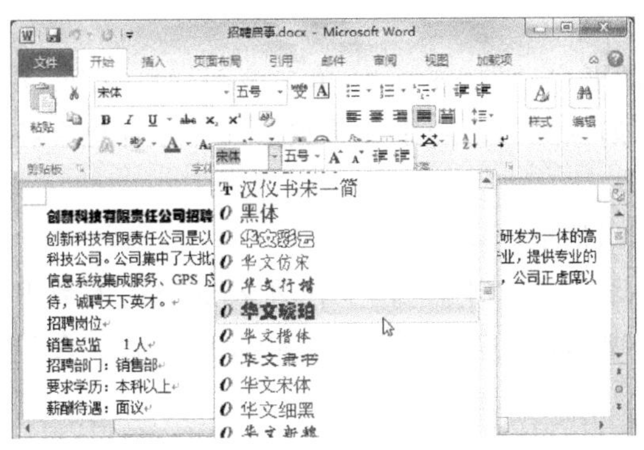

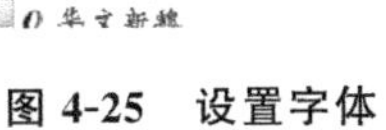

图 4-25 设置字体

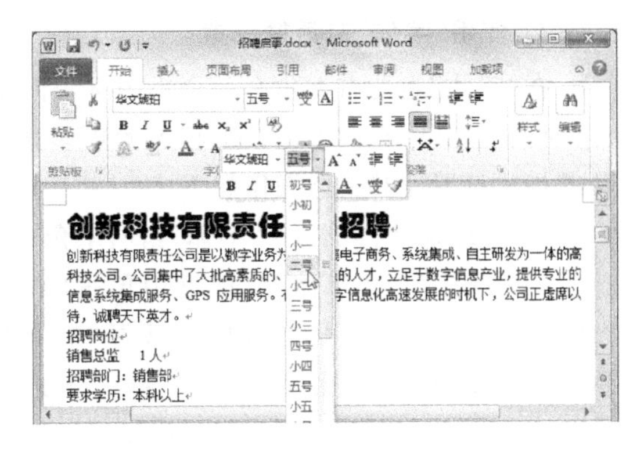

图 4-26 设置字号

（1）选择除标题文本外的文本内容，在“开始”—“字体”组的“字号”下拉列表框中选择“四号”选项，如图 4-27 所示。

（2）选择“招聘岗位”文本，在按住“Ctrl”键的同时选择“应聘方式”文本，在“开始”—“字体”组中单击“加粗”按钮 **B**，如图 4-28 所示。

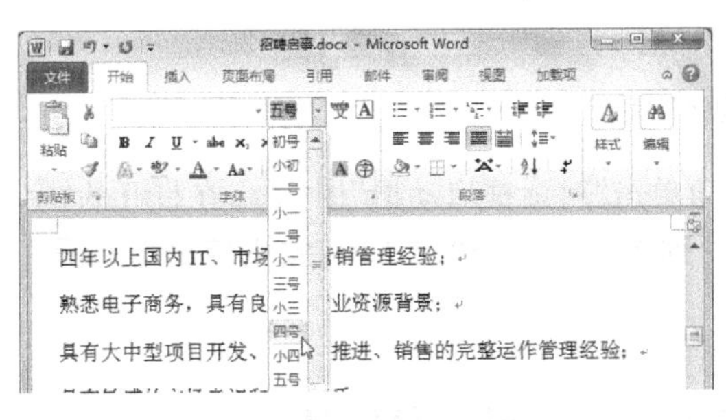

图 4-27 设置正文字号

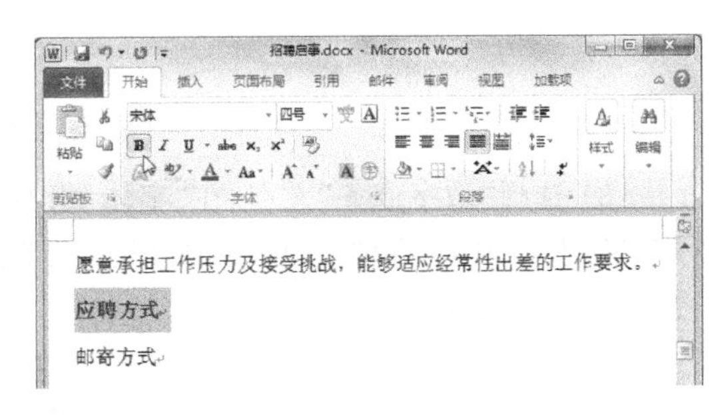

图 4-28 设置文本加粗

（3）选择“销售总监 1 人”文本，在按住“Ctrl”键的同时选择“销售助理 5 人”文本，在“字体”组中单击“下划线”按钮 U 右侧的下拉按钮，在打开的下拉列表中选择“粗线”选项，如图 4-29 所示。

提示：在“字体”组中单击“删除线”按钮 abc，可为选择的文字添加删除线效果；单击“下标”按钮 x_2 或“上标”按钮 x^2，可将选择的文字设置为下标或上标；单击“增大字体”按钮 A 或“缩小字体”按钮 A，可将选择的文字字号增大或缩小。

（4）在“字体”组中单击“字体颜色”按钮 A 右侧的下拉按钮，在打开的下拉列表中选择“深红”选项，如图 4-30 所示。

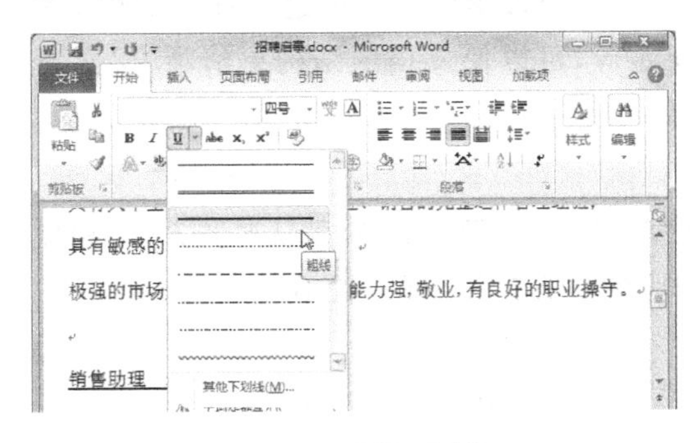

图 4-29 设置下划线

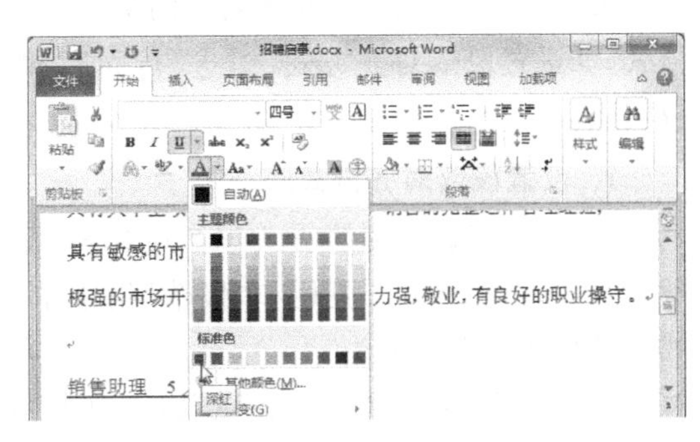

图 4-30 设置字体颜色

3. 使用“字体”对话框设置

在“字体”组的右下角有一个小图标，即“对话框启动器”图标，单击该图标可打开“字体”对话框，其中提供了与该组相关的更多选项，如设置间距和添加着重号的操作等更多特殊的格式设置。其具体操作如下。

(1) 选择标题文本，在“字体”组右下角单击“对话框启动器”图标。

(2) 在打开的“字体”对话框中单击“高级”选项卡，在“缩放”下拉列表框中输入数据“120%”，在“间距”下拉列表框中选择“加宽”选项，其后的“磅值”数值框将自动显示为“1磅”，如图 4-31 所示，完成后单击 确定 按钮。

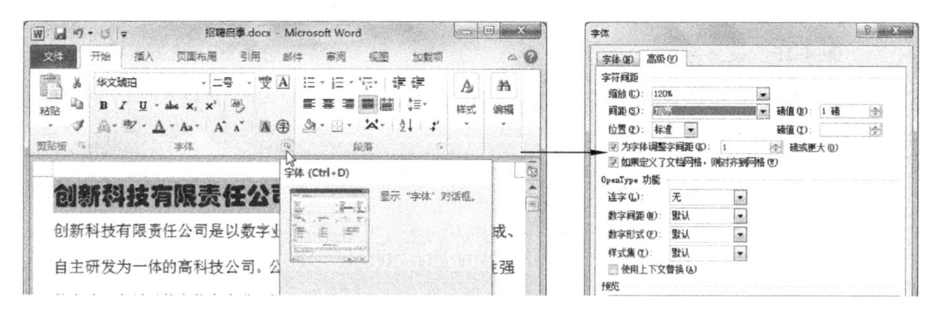

图 4-31　设置字符间距

(3) 选择“数字业务”文本，在“字体”组右下角单击“对话框启动器”图标，在打开的“字体”对话框中单击“字体”选项卡，在“着重号”下拉列表框中选择“.”选项，完成后单击 确定 按钮，如图 4-32 所示。

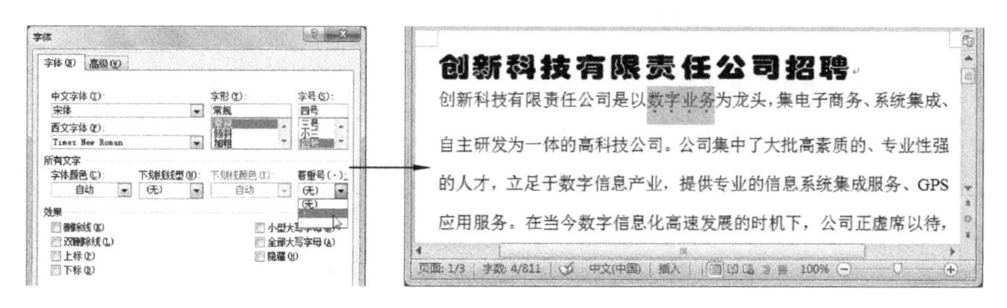

图 4-32　设置着重号

4.2.6　设置段落格式

段落是文字、图形和其他对象的集合。回车符“↵”是段落的结束标记。通过设置段落格式，如设置段落对齐方式、缩进、行间距和段间距等，可以使文档的结构更清晰、层次更分明。

1. 设置段落对齐方式

Word 中的段落对齐方式包括左对齐、居中对齐、右对齐、两端对齐(默认对齐方式)和分散对齐 5 种，在浮动工具栏和“段落”组中单击相应的对齐按钮，可设置不同的段落对齐方式。其具体操作如下。

(1) 选择标题文本，在“段落”组中单击“居中”按钮，如图 4-33 所示。

(2) 选择最后三行文本，在“段落”组中单击“文本右对齐”按钮，如图 4-34 所示。

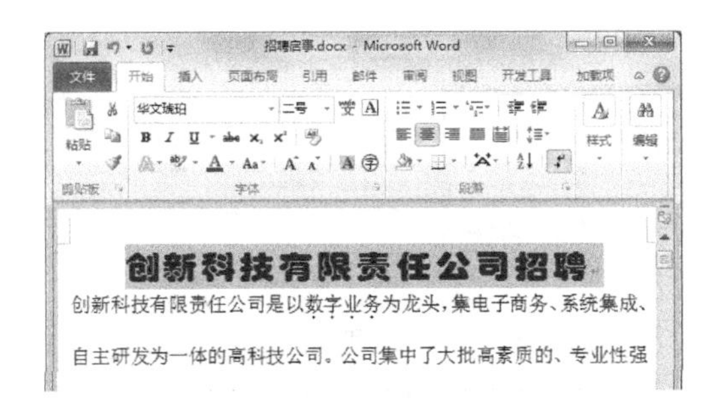

图 4-33　设置居中对齐

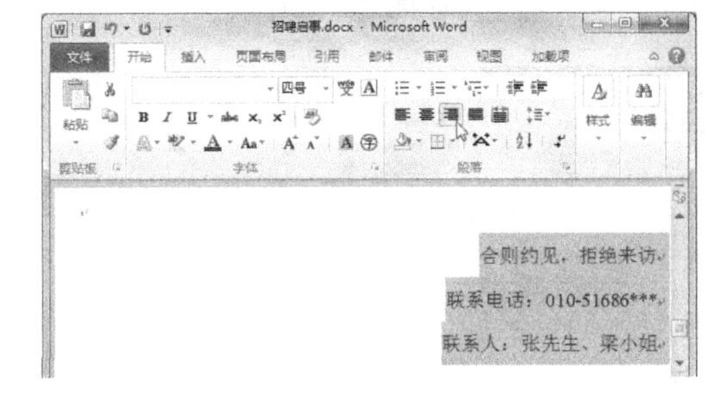

图 4-34　设置文本右对齐

2. 设置段落缩进

段落缩进是指段落左右两边文字与页边距之间的距离，包括左缩进、右缩进、首行缩进和悬挂缩进。为了更精确和详细地设置各种缩进量的值，可通过“段落”对话框进行设置。其具体操作如下。

(1) 选择除标题和最后三行文本外的文本内容，在“段落”组右下角单击“对话框启动器”图标。

(2) 在打开的“段落”对话框中单击“缩进和间距”选项卡，在“特殊格式”下拉列表框中选择“首行缩进”选项，其后的“磅值”数值框中将自动显示“2 字符”，完成后单击确定按钮，返回文档中，如图 4-35 所示。

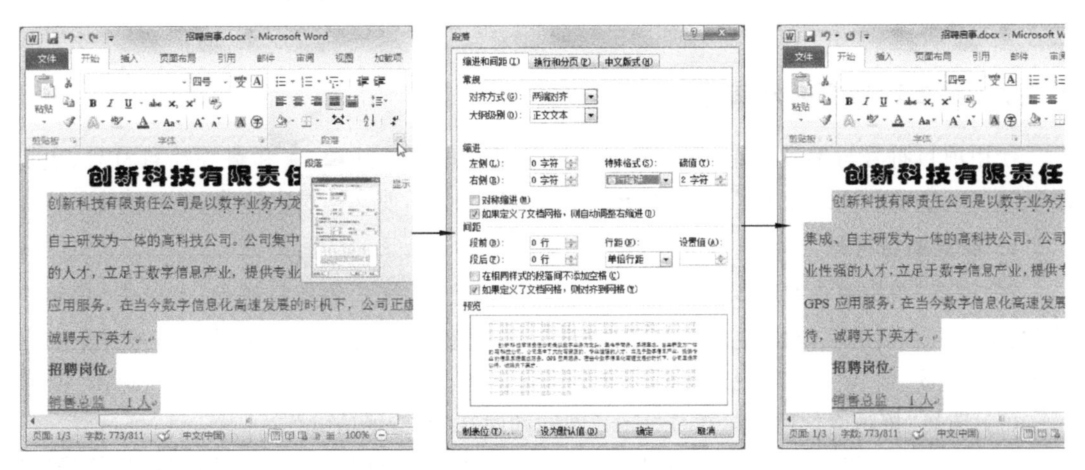

图 4-35　在“段落”对话框中设置首行缩进

3. 设置行间距和段间距

行间距是指段落中一行文字底部到下一行文字底部的间距；而段间距是指相邻两段之间的距离，包括段前和段后的距离。Word 默认的行间距是单倍行距，用户可根据实际需要在“段落”对话框中设置 1.5 倍行距或 2 倍行距等。其具体操作如下。

(1) 选择标题文本，在“段落”组右下角单击“对话框启动器”图标，打开“段落”对话框，单击“缩进和间距”选项卡，在“间距”栏的“段前”和“段后”数值框中分别输入“1 行”，完成后单击确定按钮，如图 4-36 所示。

(2) 选择“招聘岗位”文本，在按住“Ctrl”键的同时选择“应聘方式”文本，在“段落”组右下角单击“对话框启动器”图标，打开“段落”对话框，单击“缩进和间距”选项卡，在“行距”下拉列表框中选择“多倍行距”选项，其后的“设置值”数值框中将自动显示数值“3”，完成后单击确定按钮，如图 4-37 所示。

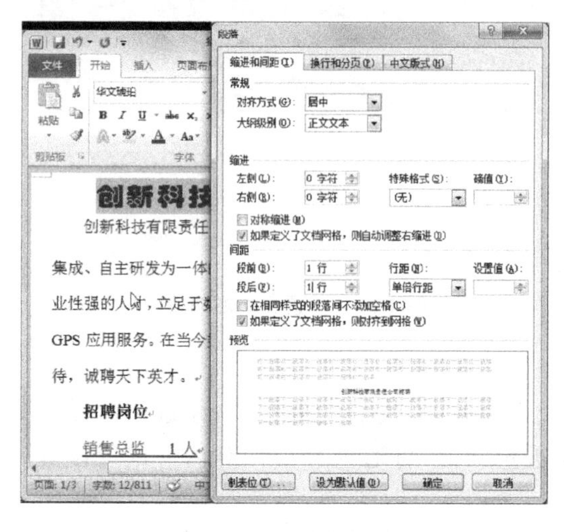

图 4-36 设置段间距

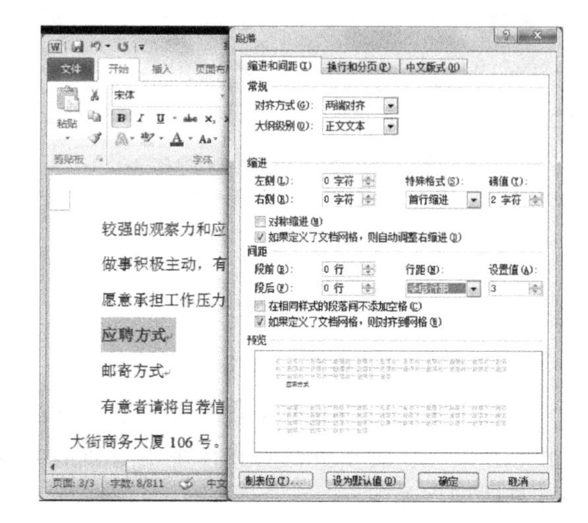

图 4-37 设置行间距

（3）返回文档中，可看到设置行间距和段间距后的效果。

提示：在“段落”对话框的“缩进和间距”选项卡中可对段落的对齐方式、左右边距缩进量和段落间距进行设置；单击“换行和分页”选项卡，可对分页、行号和断字等进行设置；单击“中文版式”选项卡，可对中文文稿的特殊版式进行设置，如按中文习惯控制首尾字符、允许标点溢出边界等。

4.2.7 设置项目符号和编号

使用项目符号与编号功能，可为属于并列关系的段落添加●、★和◆等项目符号，也可添加“1. 2. 3.”或“A. B. C.”等编号，还可组成多级列表，使文档层次分明、条理清晰。

1. 设置项目符号

在“段落”组中单击“项目符号”按钮，可添加默认样式的项目符号；若单击“项目符号”按钮右侧的下拉按钮，在打开的“项目符号库”中可选择更多的项目符号样式。其具体操作如下。

（1）选择“招聘岗位”文本，按住“Ctrl”键的同时选择“应聘方式”文本。

（2）在“段落”组中单击“项目符号”按钮右侧的下拉按钮，在打开的“项目符号库”中选择“✧”选项，返回文档，如图 4-38 所示。

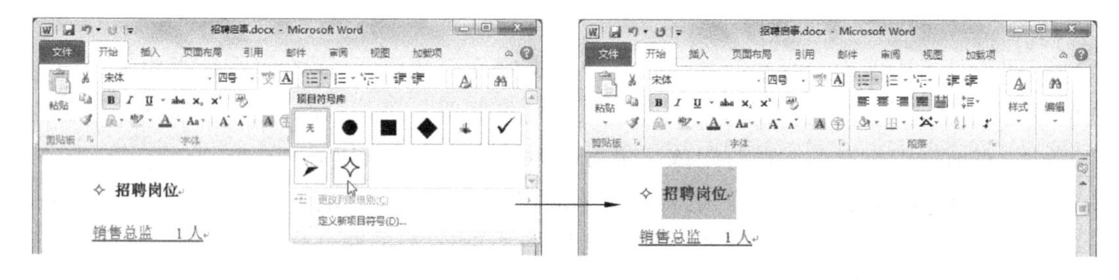

图 4-38 设置项目符号

提示：添加项目符号后，“项目符号库”下的“更改列表级别”选项将呈可编辑状态，在其子菜单中可调整当前项目符号的级别。

2. 设置编号

编号主要用于设置一些按一定顺序排列的项目，如操作步骤或合同条款等。设置编号的方法与设置项目符号相似，即在“段落”组中单击“编号”按钮或单击该按钮右侧的下拉按钮，在打开的“编号库”中选择所需的编号样式。其具体操作如下。

(1) 选择第一个“岗位职责：”与“职位要求：”之间的文本内容，在“段落”组中单击“编号”按钮右侧的下拉按钮，在打开的“编号库”中选择“1. 2. 3.”选项。

(2) 使用相同的方法在文档中依次设置其他位置的编号样式，其效果如图 4-39 所示。

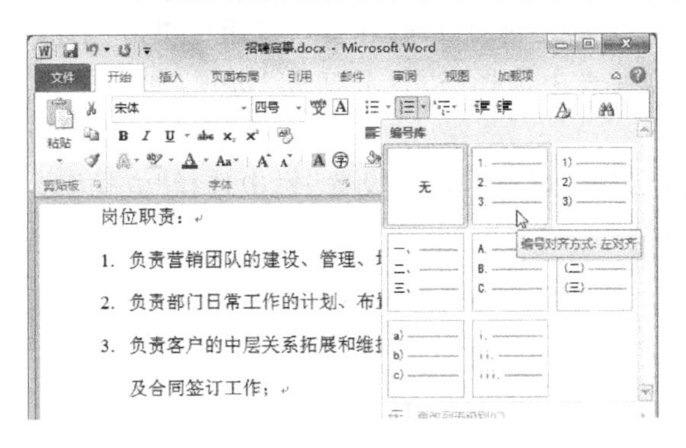

图 4-39 设置编号

提示：多级列表在展示同级文档内容时，还可显示下一级文档内容。它常用于长文档中。设置多级列表的方法为：选择要应用多级列表的文本，在“段落”组中单击“多级列表”按钮，在打开的“列表库”中选择多级列表样式。

4.2.8 设置边框与底纹

在 Word 文档中不仅可以为字符设置默认的边框和底纹，还可以为段落设置更漂亮的边框与底纹。

1. 为字符设置边框与底纹

在“字体”组中单击“字符边框”按钮A或“字符底纹”按钮A，可为字符设置相应的边框与底纹效果。其具体操作如下。

(1) 同时选择邮寄地址和电子邮件地址，然后在“字体”组中单击“字符边框”按钮A，设置字符边框，如图 4-40 所示。

(2) 继续在“字体”组中单击“字符底纹”按钮A，设置字符底纹，如图 4-41 所示。

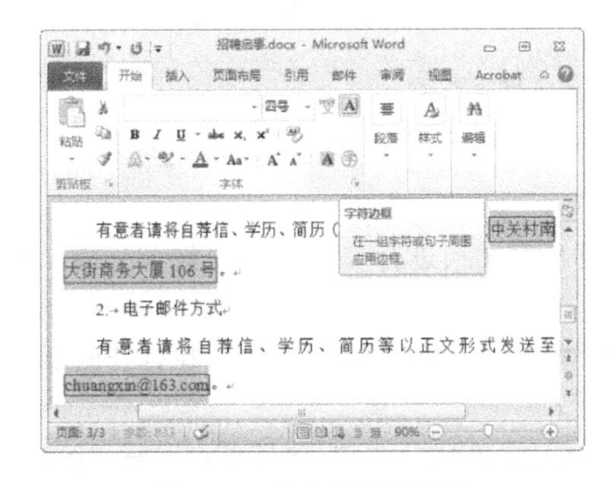

图 4-40 为字符设置边框

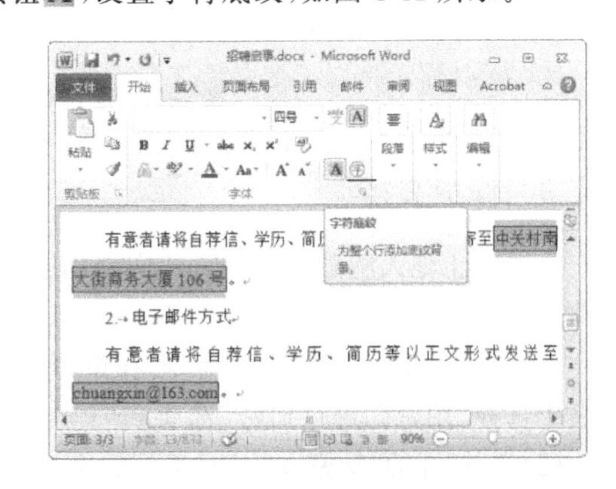

图 4-41 为字符设置底纹

2. 为段落设置边框与底纹

在“段落”组中单击“底纹”按钮右侧的下拉按钮，在打开的下拉列表中可设置不同颜色的底纹样式；单击“下框线”按钮右侧的下拉按钮，在打开的下拉列表中可设置不同类型的框线，若选择“边框和底纹”选项，可在打开的“边框和底纹”对话框中详细设置边框与底纹样式。其具体操作如下。

(1) 选择标题行，在“段落”组中单击“底纹”按钮右侧的下拉按钮，在打开的下拉列表中选择“深红”选项，如图4-42所示。

(2) 选择第一个“岗位职责：”与“职位要求：”文本之间的段落，在“段落”组中单击“下框线”按钮右侧的下拉按钮，在打开的下拉列表中选择“边框和底纹”选项，如图4-43所示。

(3) 在打开的“边框和底纹”对话框中单击“边框”选项卡，在“设置”栏中选择“方框”选项，在“样式”列表框中选择“══”选项。

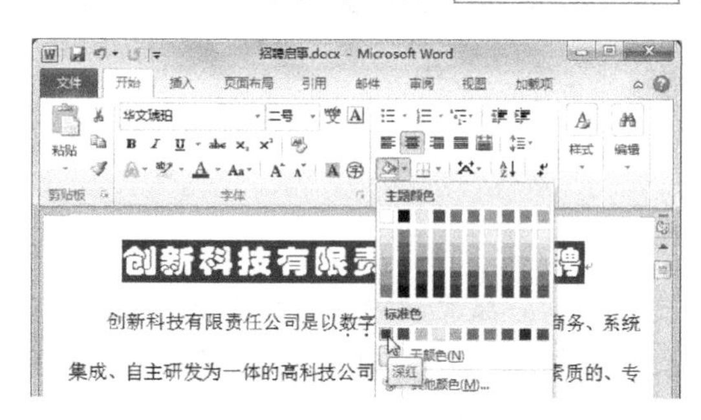

图 4-42 在“段落”组中设置底纹

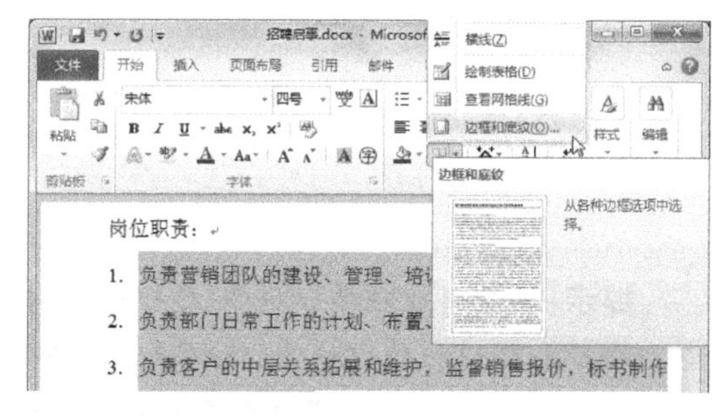

图 4-43 选择“边框和底纹”选项

(4) 单击“底纹”选项卡，在“填充”下拉列表框中选择“白色，背景1，深色15%”选项，单击确定按钮，在文档中设置边框与底纹后的效果，如图4-44所示。完成后用相同的方法为其他段落设置边框与底纹样式。

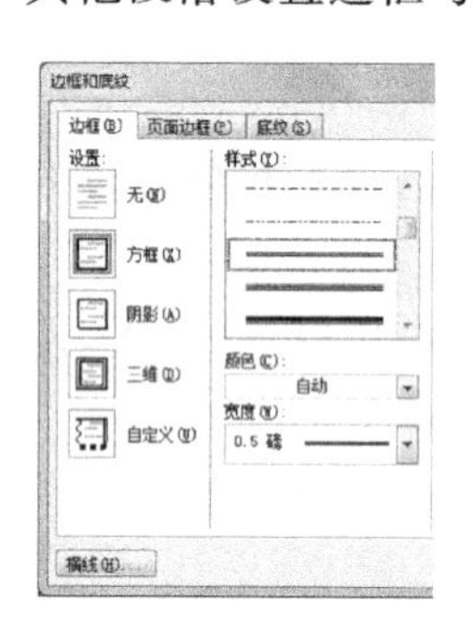

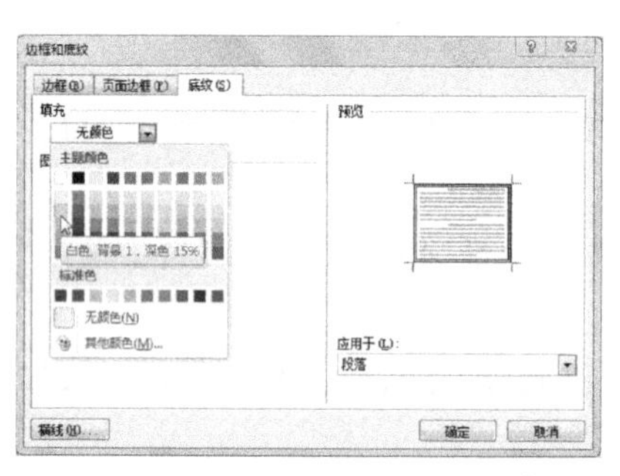

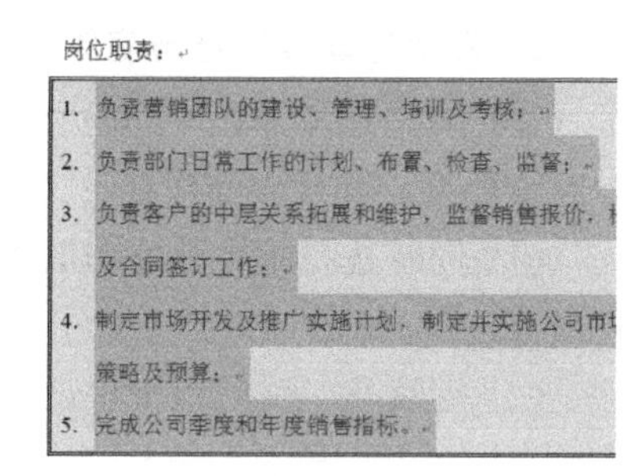

图 4-44 通过对话框设置边框与底纹

4.2.9 保护文档

为了防止他人随意查看Word文档信息，可通过对文档进行加密来保护整个文档。其具体操作如下。

(1) 选择“文件”—“信息”命令，在窗口中间位置单击“保护文档”按钮，在打开的下拉列表中选择“用密码进行加密”选项。

(2) 在打开的“加密文档”对话框的文本框中输入密码“123456”，然后单击确定按钮，在打开的“确认密码”对话框的文本框中重复输入密码“123456”，然后单击[确定]按钮，如图 4-45所示。

(3) 单击任意选项卡返回工作界面，在快速访问工具栏中单击“保存”按钮保存设置。关闭该文档，再次打开该文档时将打开“密码”对话框，在文本框中输入密码，然后单击[确定]按钮即可打开。

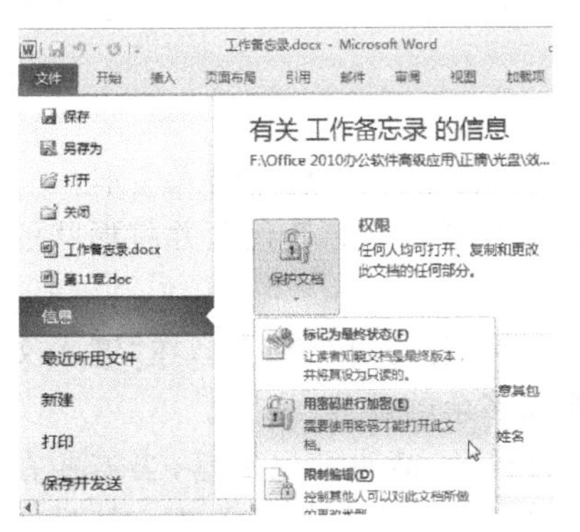

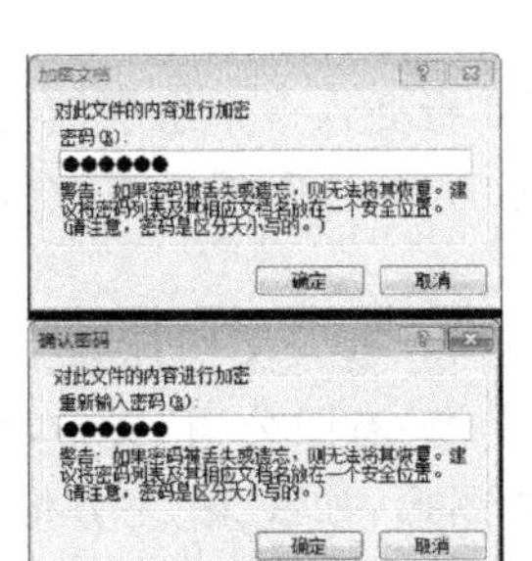

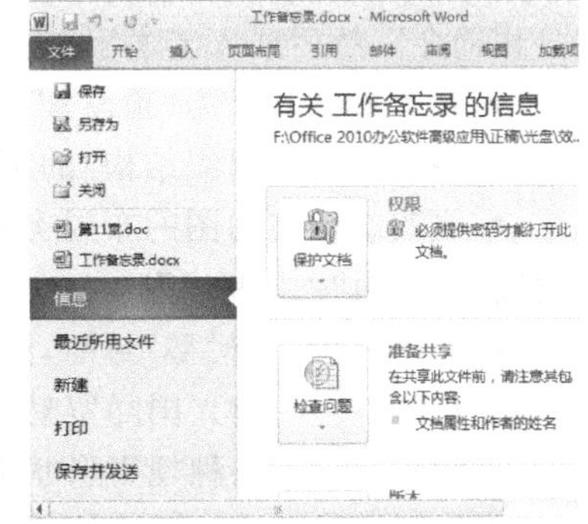

图 4-45　加密文档

 4.3　编辑公司简介

唐杰是公司行政部门的工作人员，张总让唐杰整理一份公司简介，作为公司内部刊物使用，要求通过简介能使员工了解公司的企业理念、结构组织和经营项目等。接到任务后，唐杰查阅相关资料，确定了一份公司简介草稿，并利用 Word 2010 的相关功能进行设计制作，完成后的参考效果如图 4-46 所示。

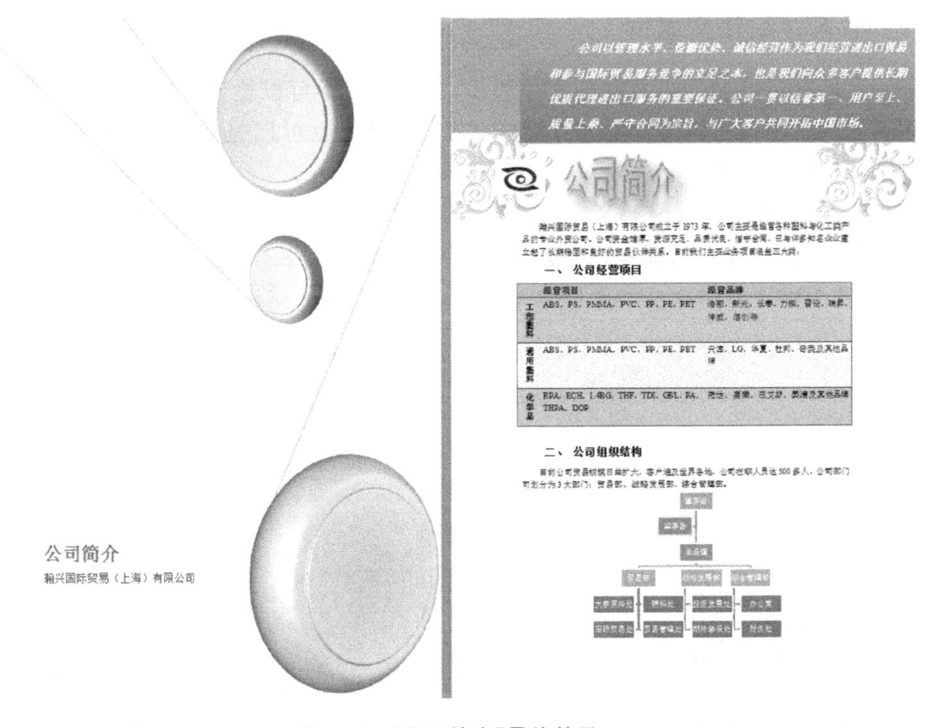

图 4-46　“公司简介”最终效果

相关设计制作步骤如下：

◆ 打开“公司简介.docx”文档，在文档右上角插入“瓷砖型提要栏”文本框，然后在其中输入文本，并将文本格式设置为“宋体、小三、白色”。

◆ 将插入点定位到标题左侧，插入提供的公司标志素材图片，设置图片的环绕方式为“四周型”，然后将其移动到“公司简介”左侧，最后为其应用“影印”艺术效果。

◆ 在标题两侧插入“花边”剪贴画，并将其位置设置为“衬于文字下方”，删除标题文本“公司简介”，然后插入艺术字，输入“公司简介”。

◆ 设置形状效果为“预设 4”，文字效果为“停止”。

◆ 在“二、公司组织结构”的第 2 行插入一个组织结构图，并在对应的位置输入文本。

◆ 更改组织结构图的布局类型为“标准”，然后更改颜色为“橘黄”和“蓝色”，并将形状的“宽度”设置为“2.5 厘米”。

◆ 插入一个“现代型”封面，然后在“键入文档标题”处输入“公司简介”文本，在“键入文档副标题”处输入“瀚兴国际贸易(上海)有限公司”文本，删除多余的部分。

形状是指具有某种规则形状的图形，如线条、正方形、椭圆形、箭头和星形等，当需要在文档中绘制图形时或为图片等添加形状标注时都会用到，并可对其进行编辑美化。其具体操作如下。

(1) 在“插入”—“插图”组中单击“形状”按钮，在打开的下拉列表中选择需要的形状，在文档中鼠标指针将变成＋形状，在文档中按住鼠标左键不放并向右下角拖曳鼠标，绘制出所需的形状。

(2) 释放鼠标，保持形状的选择状态，在“格式”—“形状样式”组中单击“其他”按钮，在打开的下拉列表中选择一种样式，在“格式”—“排列”组中可调整形状的层次关系。

(3) 将鼠标指针移动到形状边框的控制点上，此时鼠标指针变成形状，然后按住鼠标左键不放并向左拖曳鼠标，可以调整形状。

4.3.1 插入并编辑文本框

利用文本框可以制作出特殊的文档版式，在文本框中可以输入文本，也可插入图片。在文档中插入的文本框可以是 Word 自带样式的文本框，也可以是手动绘制的横排或竖排文本框。其具体操作如下。

(1) 打开“公司简介.docx”文档，在“插入”—“文本”组中单击“文本框”按钮，在打开的下拉列表中选择“瓷砖型提要栏”选项，如图 4-47 所示。

(2)在文本框中直接输入需要的文本内容，如图 4-48 所示。

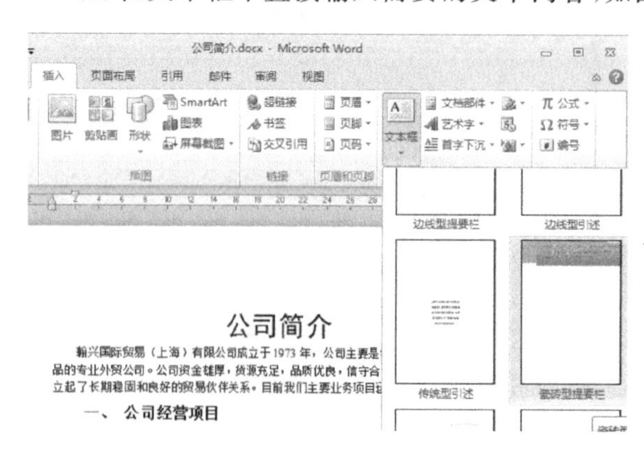

图 4-47 选择插入的文本框类型

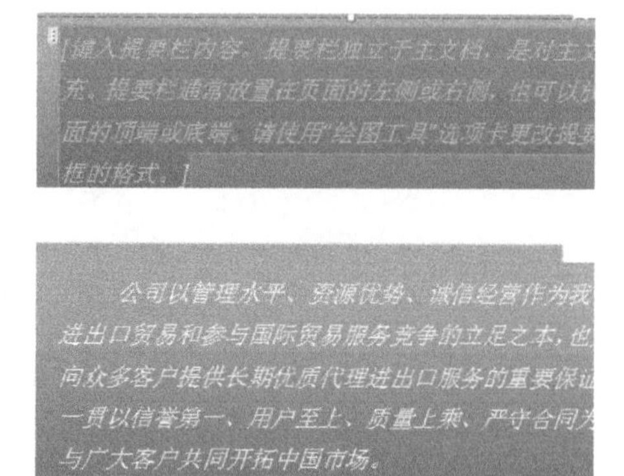

图 4-48 输入文本

(3) 全选文本框中的文本内容，在“开始”—“字体”组中将文本格式设置为“宋体、小三、白色”。

4.3.2 插入图片和剪贴画

在 Word 中，用户可根据需要将图片和剪贴画插入文档中，使文档更加美观。下面在“公司简介.docx”文档中插入图片和剪贴画，具体操作如下。

(1) 将插入点定位到标题左侧，在“插入”—“插图”组中单击“图片”按钮。

(2) 在打开的“插入图片”对话框的地址栏列表框中选择图片的路径，在窗口工作区中选择要插入的图片，这里选择“公司标志.jpg”图片，单击 插入(S) 按钮，如图 4-49 所示。

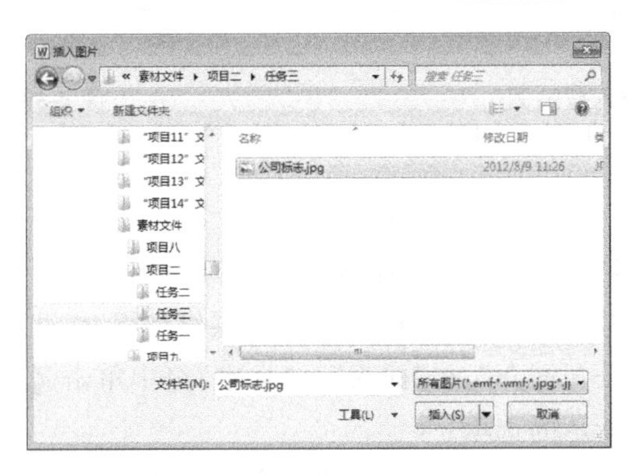

图 4-49　插入图片

(3) 在图片上单击，在“图片工具-格式”—“排列”组中选择“自动换行”—“四周型环绕”命令。拖动图片四周的控制点调整图片大小，在图片上按住鼠标左键不放向左侧拖动至适当位置释放鼠标，如图 4-50 所示。

(4) 选择插入的图片，在“图片工具-格式”—“调整”组中单击 艺术效果 按钮，在打开的下拉列表中选择“影印”选项，效果如图 4-51 所示。

图 4-50　移动图片　　　　图 4-51　查看调整图片效果

(5) 将插入点定位到“公司简介”左侧，在“插入”—“插图”组中单击“剪贴画”按钮，打开“剪贴画”任务窗格，在“搜索文字”文本框中输入“花边”，单击 搜索 按钮，在下侧列表框中双击图 4-52 所示的剪贴画。

(6) 选择插入的剪贴画，在“图片工具-格式”—“排列”组中单击“自动换行”按钮，在打开的下拉列表中选择“衬于文字下方”选项。拖动剪贴画四周的控制点调整剪贴画大小，并将其移至左上角，效果如图 4-53 所示。

(7) 按“Ctrl+C”组合键复制剪贴画，按“Ctrl+V”组合键粘贴，将复制的剪贴画移动至文档右侧与左侧平行的位置。

图 4-52　插入剪贴画

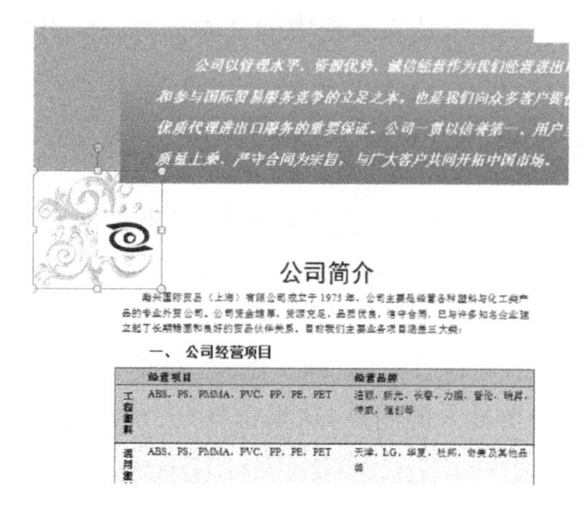

图 4-53　移动剪贴画

4.3.3　插入艺术字

在文档中插入艺术字,可呈现出不同的效果,达到增强文字观赏性的目的。下面在“公司简介”文档中插入艺术字以美化标题样式,其具体操作如下。

(1) 删除标题文本“公司简介”,在“插入”—“文本”组中单击 艺术字 按钮,在打开的下拉列表框中选择图 4-54 所示的选项。

(2) 此时将在插入点处自动添加一个带有默认文本样式的艺术字文本框,在其中输入“公司简介”文本,选择艺术字文本框,将鼠标指针移至边框上,当鼠标指针变为 形状时,按住鼠标左键不放,向左上方拖曳以改变艺术字位置,如图 4-55 所示。

(3) 在“绘图工具-格式”—“形状样式”组中单击“形状效果”按钮 形状效果 ,在打开的下拉列表中选择“绘制工具-预设”—“预设 4”选项,如图 4-56 所示。

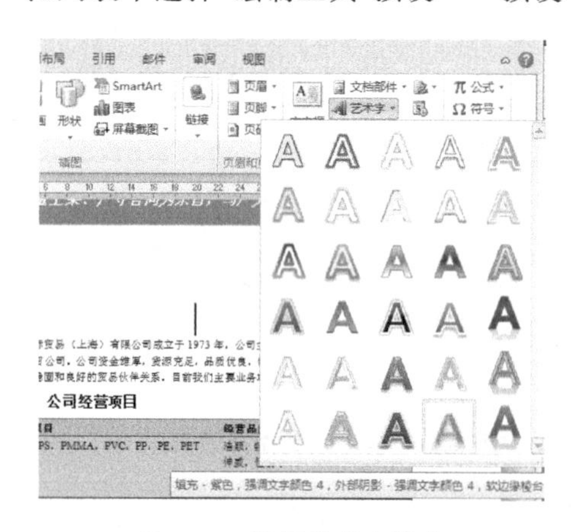

图 4-54　选择艺术字样式

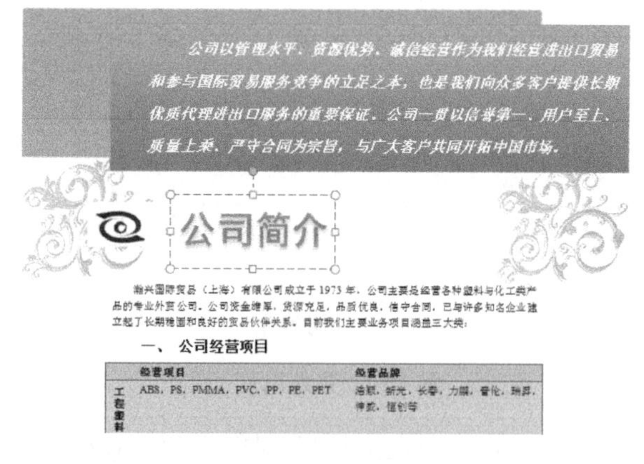

图 4-55　移动艺术字

(4) 在“绘图工具-格式”—“艺术字样式”组中单击 文本效果 按钮,在打开的下拉列表中选择“转换”—“停止”选项,如图 4-57 所示。返回文档查看设置后的艺术字效果,如图 4-58 所示。

4.3.4　插入 SmartArt 图形

SmartArt 图形用于在文档中展示流程图、结构图或关系图等图示内容,具有结构清晰、样式美观等特点。下面在“公司简介.docx”文档中插入 SmartArt 图形,其具体操作如下。

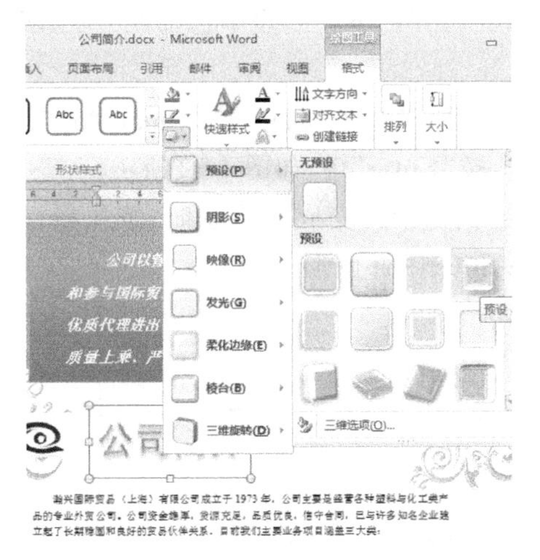

图 4-56　添加形状效果

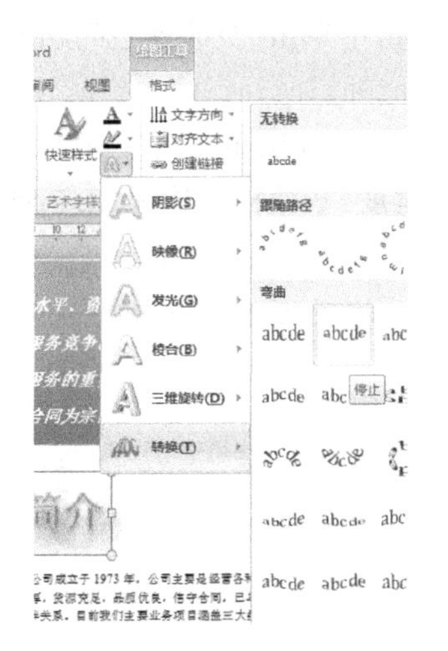

图 4-57　更改艺术字效果

图 4-58　查看艺术字效果

(1) 将插入点定位到“二、公司组织结构”下第 2 行末尾处，按“Enter”键换行，在“插入”—“插图”组中单击 SmartArt 按钮，在打开的“选择 SmartArt 图形”对话框中单击“层次结构”选项卡，在右侧选择“组织结构图”样式，单击 确定 按钮，如图 4-59 所示。

(2) 插入 SmartArt 图形后，单击 SmartArt 图形外框左侧的按钮，打开“在此处键入文字”窗格，在项目符号后输入文本，将插入点定位到第 4 行项目符号中，然后在“SmartArt 工具-设计”—“创建图形”组中单击“降级”按钮 降级。

(3) 在降级后的项目符号后输入“贸易部”文本，然后按“Enter”键添加子项目，并输入对应的文本，添加两个子项目后按“Delete”键删除多余的文本项目。

(4) 将插入点定位到“总经理”文本后，在“SmartArt 工具-设计”—“创建图形”组中单击 布局 按钮，在打开的下拉列表中选择“标准”选项，如图 4-60 所示。

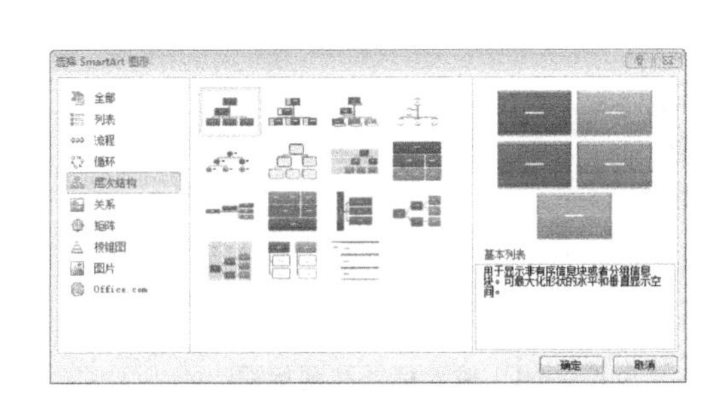

图 4-59　选择 SmartArt 图形样式

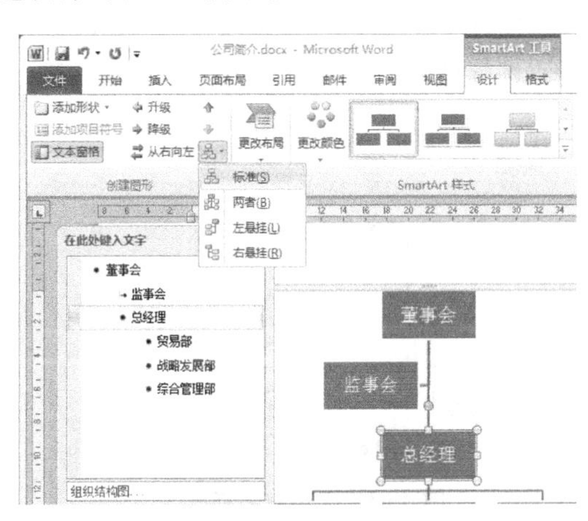

图 4-60　更改组织结构图布局

(5) 将插入点定位到“贸易部”文本后，按“Enter”键添加子项目，并对子项目降级，在其中输入“大宗原料处”文本，继续按“Enter”键添加子项目，并输入对应的文本。

(6) 使用相同方法在“战略发展部”和“综合管理部”文本后添加子项目，并将插入点定位到“贸易部”文本后，在“SmartArt 工具-设计”—“创建图形”组中单击 布局 按钮，在打开的下拉列表中选择“两者”选项。

(7) 在“在此处键入文字”窗格右上角单击 X 按钮关闭该窗格，在“SmartArt 工具-

设计”—“SmartArt 样式”组中单击“更改颜色”按钮，在打开的下拉列表中选择图 4-61 所示的选项。

(8) 按住“Shift”键的同时分别单击各子项目，同时选择多个子项目。在“SmartArt 工具-格式”—“大小”组的“宽度”数值框中输入“2.5 厘米”，按“Enter”键，如图 4-62 所示。

(9) 将鼠标指针移动到 SmartArt 图形的右下角，当鼠标指针变成形状时，按住鼠标左键向左上角拖动到合适的位置后释放鼠标左键，缩小 SmartArt 图形。

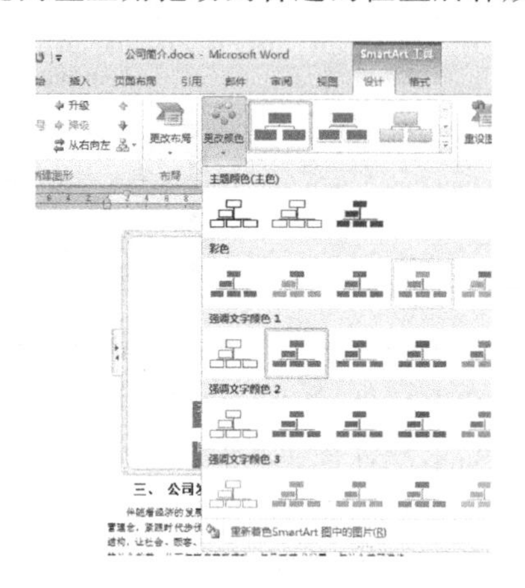

图 4-61 更改 SmartArt 图形颜色

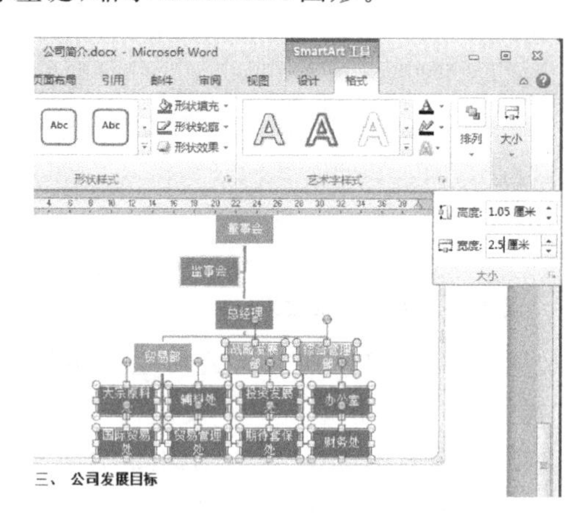

图 4-62 调整分支项目框大小

4.3.5 添加封面

公司简介通常会设置封面，在 Word 中设置封面的具体操作如下。

(1) 在“插入”—“页”组中单击 封面 按钮，在打开的下拉列表框中选择“现代型”选项，如图 4-63 所示。

(2) 在“键入文档标题”文本处单击，输入“公司简介”文本，在“键入文档副标题”处输入“瀚兴国际贸易(上海)有限公司”文本，如图 4-64 所示。

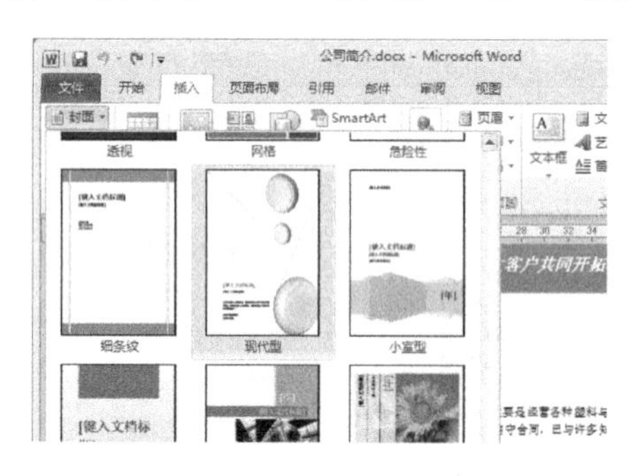

图 4-63 选择封面样式

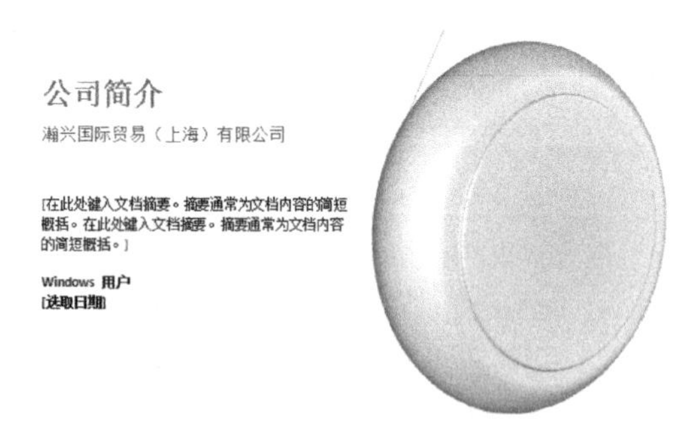

图 4-64 输入标题和副标题

(3) 选择“摘要”文本框，单击鼠标右键，在弹出的快捷菜单中选择“删除行”命令，使用相同方法删除“作者”和“日期”文本框。

4.4 制作图书采购单

学校图书馆需要扩充藏书量，新增多个科目的新书。为此，需要制作一份图书采购清单作为采购部门采购的凭据。小李是图书馆的行政人员，他通过市场调查和市场分析，完成了图书采购单的制作，参考效果如图 4-65 所示，相关设计制作步骤如下。

◆ 输入标题文本“图书采购单”，设置字体格式为“黑体、加粗、小一、居中”。

◆ 创建一个 7 列 13 行的表格，将鼠标指针移动到表格右下角的控制点上，拖动鼠标调整表格高度。

◆ 合并第 12 行的第 2、3 列单元格。

◆ 合并第 13 行的第 2、3 列单元格及其他单元格，拖动鼠标调整表格第 2 列的列宽。

◆ 平均分配第 2 列到第 7 列的宽度，在表格第 1 行下方插入一行单元格。

◆ 将倒数两行最后两个单元格拆分为两列，并平均分布各列单元格列宽。

◆ 删除第 13 行。

◆ 在表格对应的位置输入图 4-65 所示的文本，然后设置字体格式为“黑体、五号、加粗”，对齐方式为“居中”。

◆ 选择整个表格，设置表格宽度为“根据内容自动调整表格”，对齐方式为“水平居中”。

◆ 设置表格外边框样式为“双画线”，底纹为“白色，背景 1，深色 25%”。

◆ 最后使用“＝SUM(ABOVE)”计算总和。

图书采购单

序号	书名	类别	原价（元）	折扣率%	折后价（元）	入库日期
1	父与子全集	少儿	35		21	2015 年 12 月 31 日
2	古代汉语词典	工具	119.9		95.9	2015 年 12 月 31 日
3	世界很大，幸好有你	传记	39		29	2015 年 12 月 31 日
4	Photoshop CS5 图像处理	计算机	48		39	2015 年 12 月 31 日
5	疯狂英语 90 句	外语	19.8		17.8	2015 年 12 月 31 日
6	窗边的小豆豆	少儿	25		28.8	2015 年 12 月 31 日
7	只属于我的视界：手机摄影自白书	摄影	58		34.8	2015 年 12 月 31 日
8	黑白花意：笔尖下的 87 朵花之绘	绘画	29.8		20.5	2015 年 12 月 31 日
9	小王子	少儿	20		10	2015 年 12 月 31 日
10	配色设计原理	设计	59		41	2015 年 12 月 31 日
11	基本乐理	音乐	38		31.9	2015 年 12 月 31 日
13	总和		¥491.50		¥369.70	

图 4-65 “图书采购单”文档效果

4.4.1 插入表格的几种方式

在 Word 2010 中插入的表格类型主要有自动表格、指定行列表格和手动绘制的表格 3 种，下面进行具体介绍。

1. 插入自动表格

插入自动表格的具体操作如下。

(1) 将插入点定位到需插入表格的位置，在“插入”—“表格”组中单击“表格”按钮。

(2) 在打开的下拉列表中按住鼠标左键不放并拖动，直到达到需要的表格行列数，如图 4-66所示。

(3) 释放鼠标即可在插入点位置插入表格。

2. 插入指定行列表格

插入指定行列表格的具体操作如下。

(1) 在“插入”—“表格”组中单击“表格”按钮，在打开的下拉列表中选择“插入表格”

选项，打开“插入表格”对话框。

(2) 在该对话框中可以自定义表格的行列数和列宽，如图 4-67 所示，然后单击 确定 按钮也可创建表格。

图 4-66 插入自动表格

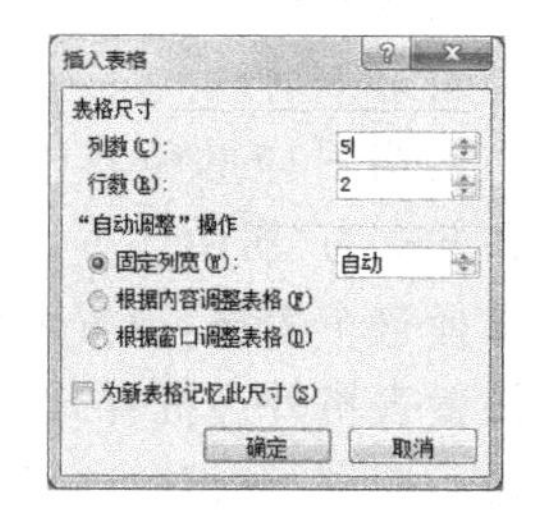

图 4-67 插入指定行列表格

3. 插入手动绘制的表格

通过自动插入只能插入比较规则的表格，对于一些较复杂的表格，可以手动绘制。其具体操作如下。

(1) 在“插入”—“表格”组中单击“表格”按钮，在打开的下拉列表中选择“绘制表格”选项。

(2) 此时鼠标指针变成形状，在需要插入表格处按住鼠标左键不放进行拖动，此时，出现一个虚线框显示的表格，拖动鼠标调整虚线框到适当大小后释放鼠标，绘制出表格的边框。

(3) 按住鼠标左键不放从一条线的起点拖动至终点，释放鼠标左键，即可在表格中画出横线、竖线和斜线，从而将绘制的边框分成若干单元格，并形成各种样式的表格。

提示：若文档中已插入了表格，在“表格工具-设计”—“绘图边框”组中单击“绘制表格”按钮，在表格中拖动鼠标绘制横线或竖线，可添加表格的行列数，若绘制斜线，可制作斜线表头。

4.4.2 选择表格

在文档中可对插入的表格进行调整，调整表格前需先选择表格，在 Word 中选择表格有以下三种情况。

1. 选择整行表格

选择整行表格主要有以下两种方法。

方法一：将鼠标指针移至表格左侧，当鼠标指针呈形状时，单击可以选择整行。如果按住鼠标左键不放向上或向下拖动，则可以选择多行。

方法二：在需要选择的行列中单击任意单元格，在“表格工具-布局”—“表”组中单击 选择 按钮，在打开的下拉列表中选择“选择行”选项即可选择该行。

2. 选择整列表格

选择整列表格主要有以下两种方法。

方法一：将鼠标指针移动到表格顶端，当鼠标指针呈形状时，单击可选择整列。如果按住鼠标左键不放向左或向右拖动，则可选择多列。

方法二：在需要选择的行列中单击任意单元格，在“表格工具-布局”—“表”组中单击 选择 按钮，在打开的下拉列表中选择“选择列”选项即可选择该列。

3. 选择整个表格

选择整个表格主要有以下三种方法。

方法一：将鼠标指针移动到表格边框线上，然后单击表格左上角的“全选”按钮，即可选择整个表格。

方法二：通过在表格内部拖动鼠标可以选择整个表格。

方法三：在表格内单击任意单元格，在“表格工具-布局”—“表”组中单击 选择 按钮，在打开的下拉列表中选择“选择表格”选项，即可选择整个表格。

4.4.3 将表格转换为文本

将表格转换为文本的具体操作如下。

(1) 单击表格左上角的“全选”按钮选择整个表格，然后在“表格工具-布局”—“数据”组中单击“转换为文本”按钮。

(2) 打开“表格转换成文本”对话框，如图 4-68 所示，在其中选择合适的文字分隔符，单击 确定 按钮，即可将表格转换为文本。

4.4.4 将文本转换为表格

将文本转换为表格的具体操作如下。

(1) 拖动鼠标选择需要转换为表格的文本，然后在“插入”—“表格”组中单击“表格”按钮，在打开的下拉列表中选择“文本转换成表格”选项。

(2) 在打开的“将文字转换成表格”对话框中根据需要设置表格尺寸和文本分隔符，如图 4-69 所示，完成后单击 确定 按钮，即可将文本转换为表格。

图 4-68 “表格转换成文本”对话框

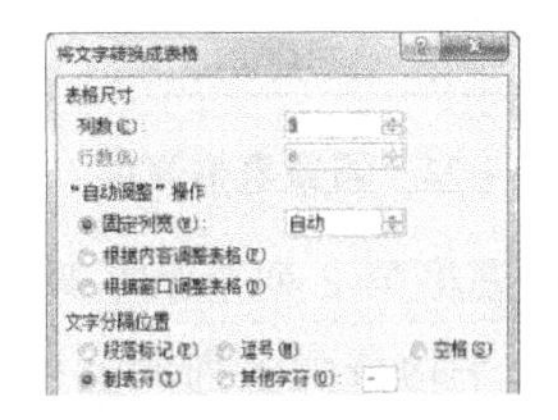

图 4-69 “将文字转换成表格”对话框

4.4.5 绘制图书采购单表格框架

在使用 Word 制作表格时，最好事先在纸上绘制表格的草图，规划行列数，然后在 Word 中创建并编辑表格，以便快速创建表格。其具体操作如下。

(1) 打开 Word 2010，在文档的开始位置输入标题文本“图书采购单”，然后按“Enter”键。

(2) 在“插入”—“表格”组中单击“表格”按钮，在打开的下拉列表中选择“插入表格”选项，打开“插入表格”对话框。

(3) 在该对话框中分别将“列数”和“行数”设置为“7”和“13”，如图 4-70 所示。

(4) 单击 确定 按钮即可创建表格，选择标题文本，在“开始”—“字体”组中设置字体格式为“黑体、加粗”，字号为“小一”，并设置对齐方式为“居中”，效果如图 4-71 所示。

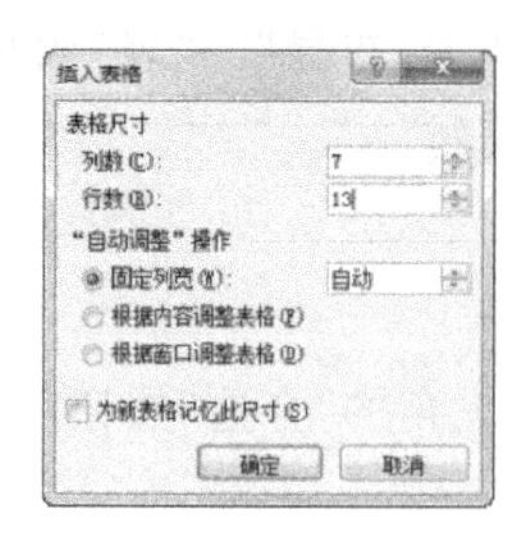

图 4-70 “插入表格”对话框

图书采购单

图 4-71 设置标题字体格式

(5) 将鼠标指针移动到表格右下角的控制点上，向下拖动鼠标调整表格的高度，如图 4-72 所示。

(6) 选择第 12 行第 2、3 列单元格，单击鼠标右键，在弹出的快捷菜单中选择“合并单元格”命令。

(7) 选择表格第 13 行第 2、3 列单元格，在“表格工具-布局”—“合并”组中单击“合并单元格”按钮，然后使用相同的方法合并其他单元格，完成后效果如图 4-73 所示。

(8) 将鼠标指针移至第 2 列表格左侧边框上，当鼠标指针变为形状后，按住鼠标左键向左拖动鼠标可手动调整列宽。

图 4-72 调整表格高度

图书采购单

图 4-73 合并单元格

(9) 选择表格第 2 列至第 7 列单元格，在“表格工具-布局”—“单元格大小”组中单击“分布列”按钮，平均分配各列的宽度。

4.4.6 编辑图书采购单表格

在制作表格中，通常需要在指定位置插入一些行列单元格，或将多余的表格合并或拆分等，以满足实际需要。其具体操作如下。

(1) 将鼠标指针移动到第 1 行左侧，当其变为形状时，单击选择该行单元格，在“表格工具-布局”—“行和列”组中单击“在下方插入”按钮，在表格第 1 行下方插入一行单元格。

(2) 选择倒数两行最后两个单元格，在“表格工具-布局”—“合并”组中单击“拆分单元格”按钮。

(3) 打开“拆分单元格”对话框，在其中设置列数为“2”，如图 4-74 所示，单击 确定 按钮即可。

(4) 选择倒数两行除第 1 列外的所有单元格，在“表格工具-布局”—“单元格大小”组中单击“分布列”按钮，平均分配各列的宽度，效果如图 4-75 所示。

(5) 选择第 13 行单元格，单击鼠标右键，在弹出的快捷菜单中选择“删除行”命令。

图 4-74 “拆分单元格”对话框

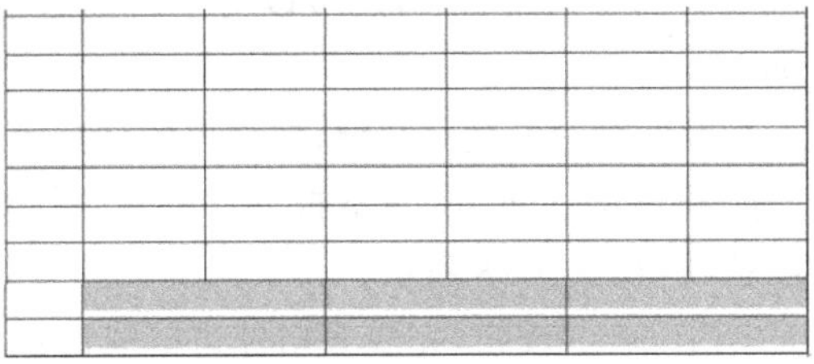

图 4-75 平均分布列

提示：在选择整行或整列单元格后，单击鼠标右键，在弹出的快捷菜单中选择相应的命令，也可实现单元格的插入、删除和合并等操作，如选择“插入”—“在左侧插入列”命令，可在选择列的左侧插入一列空白单元格。

4.4.7 输入与编辑表格内容

表格外形编辑好后，就可以向表格中输入相关的表格内容，并设置对应的格式，其具体操作如下。

(1) 在表格对应的位置输入相关的文本，如图 4-76 所示。

(2) 选择第一行单元格中的内容，设置字体格式为“黑体、五号、加粗”，对齐方式为“居中”。

(3) 选择表格中剩余的文本，设置对齐方式为“居中”。

(4) 保持表格的选中状态，在“表格工具-布局”—“单元格大小”组中单击“自动调整”按钮，在打开的下拉列表中选择“根据内容自动调整表格”选项，完成后的效果如图 4-77 所示。

(5) 在表格上单击“全选”按钮选择表格，在“表格工具-布局”—“对齐方式”组中单击“水平居中”按钮，设置文本对齐方式为水平居中对齐。

(6) 将“总和”单元格右侧的两列单元格拆分为 4 列单元格。

图书采购单

序号	书名	类别	原价（元）	折扣率%	折后价（元）	入库日期
1	父与子全集	少儿	35		21	2015 年 12 月 31 日
2	古代汉语词典	工具	119.9		95.9	2015 年 12 月 31 日
3	世界很大，幸好有你	传记	39		29	2015 年 12 月 31 日
4	Photoshop CS5 图像处理	计算机	48		39	2015 年 12 月 31 日
5	疯狂英语 90 句	外语	19.8		17.8	2015 年 12 月 31 日
6	窗边的小豆豆	少儿	25		28.8	2015 年 12 月 31 日
7	只属于我的视界：手机摄影自白书	摄影	58		34.8	2015 年 12 月 31 日
8	黑白花意：笔尖下的 87 朵花之绘	绘画	29.8		20.5	2015 年 12 月 31 日
9	小王子	少儿	20		10	2015 年 12 月 31 日
10	配色设计原理	设计	59		41	2015 年 12 月 31 日

图 4-76 输入文本

图书采购单

序号	书名	类别	原价（元）	折扣率%	折后价（元）	入库日期
1	父与子全集	少儿	35		21	2015 年 12 月 31 日
2	古代汉语词典	工具	119.9		95.9	2015 年 12 月 31 日
3	世界很大，幸好有你	传记	39		29	2015 年 12 月 31 日
4	Photoshop CS5 图像处理	计算机	48		39	2015 年 12 月 31 日
5	疯狂英语 90 句	外语	19.8		17.8	2015 年 12 月 31 日
6	窗边的小豆豆	少儿	25		28.8	2015 年 12 月 31 日
7	只属于我的视界：手机摄影自白书	摄影	58		34.8	2015 年 12 月 31 日
8	黑白花意：笔尖下的 87 朵花之绘	绘画	29.8		20.5	2015 年 12 月 31 日
9	小王子	少儿	20		10	2015 年 12 月 31 日
10	配色设计原理	设计	59		41	2015 年 12 月 31 日
11	基本乐理	音乐	38		31.9	2015 年 12 月 31 日

图 4-77 调整表格列宽

4.4.8 设置与美化表格

完成表格内容的编辑后，还可以对表格的边框和填充颜色进行设置，以美化表格，其具体操作如下。

（1）在表格中单击鼠标右键，在弹出的快捷菜单中选择“边框和底纹”命令。

（2）打开“边框和底纹”对话框，在“设置”栏中选择“虚框”选项，在“样式”列表框中选择“双画线”选项，如图 4-78 所示。

（3）单击[确定]按钮，完成表格外边框线设置，效果如图 4-79 所示。

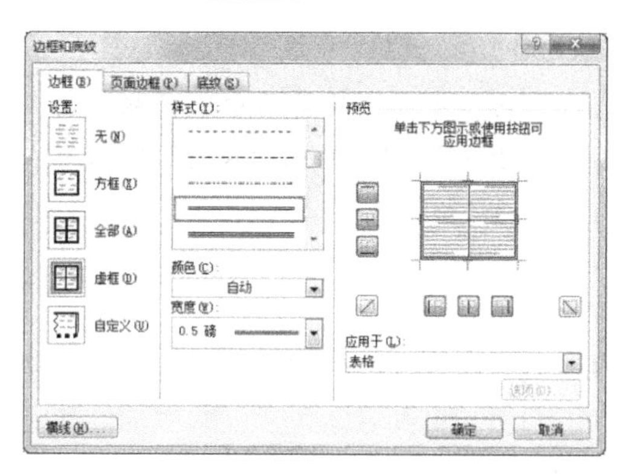

图 4-78　设置外边框

图书采购单

序号	书名	类别	原价（元）	折扣率%	折后价（元）	入库日期
1	父与子全集	少儿	35		21	2015 年 12 月 31 日
2	古代汉语词典	工具	119.9		95.9	2015 年 12 月 31 日
3	世界很大，幸好有你	传记	39		29	2015 年 12 月 31 日
4	Photoshop CS5 图像处理	计算机	48		39	2015 年 12 月 31 日
5	疯狂英语 90 句	外语	19.8		17.8	2015 年 12 月 31 日
6	窗边的小豆豆	少儿	25		28.8	2015 年 12 月 31 日
7	只属于我的视界：手机摄影自白书	摄影	58		34.8	2015 年 12 月 31 日

图 4-79　设置外边框后的效果

（4）选择“总和”文本所在的单元格，设置字体格式为“黑体、加粗”，然后按住“Ctrl”键依次选择表格表头所在的单元格。

（5）在“开始”—“段落”组中单击“边框和底纹”按钮，在打开的下拉列表中选择“边框和底纹”选项，打开“边框和底纹”对话框。

（6）单击“底纹”选项卡，在“填充”下拉列表中选择“白色，背景 1，深色 25%”选项，如图 4-80所示。

（7）单击[确定]按钮，完成单元格底纹的设置，效果如图 4-81 所示。

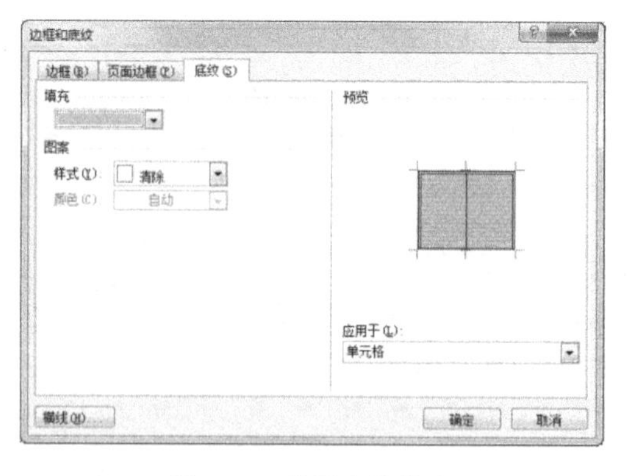

图 4-80　设置底纹填充

图书采购单

序号	书名	类别	原价（元）	折扣率%	折后价（元）	入库日期
1	父与子全集	少儿	35		21	2015 年 12 月 31 日
2	古代汉语词典	工具	119.9		95.9	2015 年 12 月 31 日
3	世界很大，幸好有你	传记	39		29	2015 年 12 月 31 日
4	Photoshop CS5 图像处理	计算机	48		39	2015 年 12 月 31 日
5	疯狂英语 90 句	外语	19.8		17.8	2015 年 12 月 31 日
6	窗边的小豆豆	少儿	25		28.8	2015 年 12 月 31 日
7	只属于我的视界：手机摄影自白书	摄影	58		34.8	2015 年 12 月 31 日

图 4-81　添加底纹后的效果

4.4.9 计算表格中的数据

在表格中可能会涉及数据计算，使用 Word 制作的表格也可以实现简单的计算，其具体操作如下。

（1）将插入点定位到“总和”右侧的单元格中，在“表格工具-布局”—“数据”组中单击“公式”按钮 *fx*。

(2) 打开“公式”对话框，在“公式”文本框中输入“=SUM(ABOVE)”，在“编号格式”下拉列表中选择“¥#,##0.00;(¥#,##0.00)”选项，如图 4-82 所示。

(3) 单击 确定 按钮，使用相同的方法计算折后价的总和，完成后的效果如图 4-83 所示。

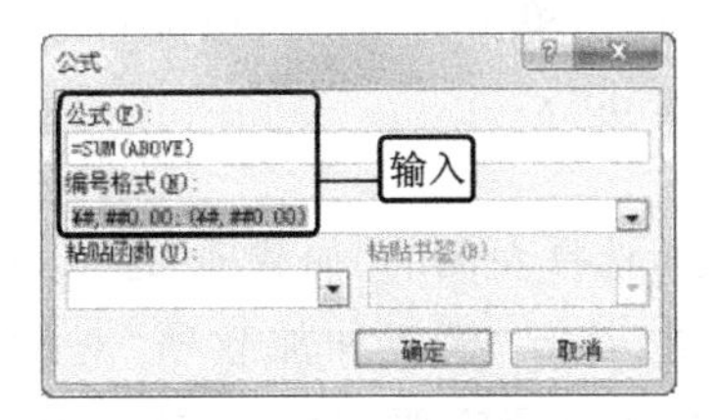

图 4-82　设置公式与编号格式

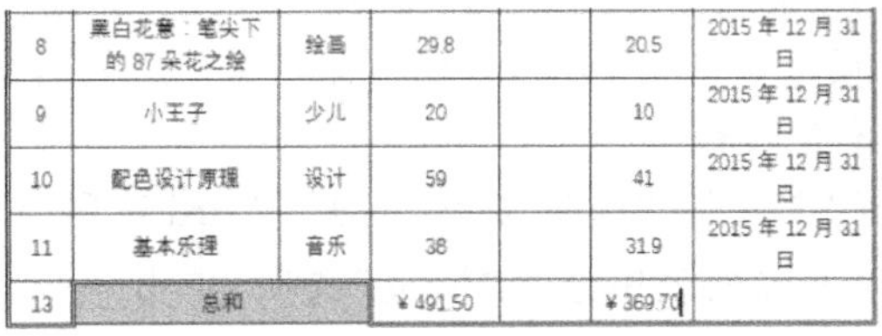

8	黑白花意：笔尖下的 87 朵花之绘	绘画	29.8		20.5	2015 年 12 月 31 日
9	小王子	少儿	20		10	2015 年 12 月 31 日
10	配色设计原理	设计	59		41	2015 年 12 月 31 日
11	基本乐理	音乐	38		31.9	2015 年 12 月 31 日
13	总和		¥491.50		¥369.70	

图 4-83　使用公式计算后的结果

 4.5　排版考勤管理规范

小李在某企业的行政部门工作，最近，总经理发现员工的工作比较懒散，决定严格执行考勤制度，于是要求小李制作一份考勤管理规范，便于内部员工使用。小李打开原有的“考勤管理规范.docx”文档，经过一番研究，最后利用 Word 2010 的相关功能进行设计制作，完成后参考效果如图 4-84 所示，相关设计制作步骤如下。

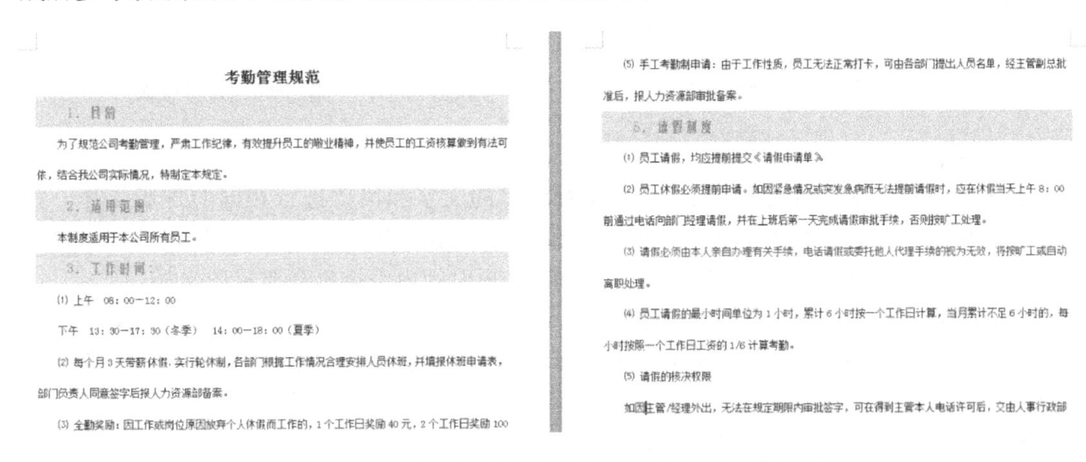

考勤管理规范

1. 目的

为了规范公司考勤管理，严肃工作纪律，有效提升员工的敬业精神，并使员工的工资核算做到有法可依，结合我公司实际情况，特制定本规定。

2. 适用范围

本制度适用于本公司所有员工。

3. 工作时间

(1) 上午　08:00—12:00

下午　13:30—17:30（冬季）　14:00—18:00（夏季）

(2) 每个月 3 天带薪休假，实行轮休制，各部门根据工作情况合理安排人员休班，并填报休班申请表，部门负责人同意签字后报人力资源部备案。

(3) 全勤奖励：因工作或岗位原因放弃个人休假而工作的，1 个工作日奖励 40 元，2 个工作日奖励 100

(5) 手工考勤制申请：由于工作性质，员工无法正常打卡，可由各部门提出人员名单，经主管副总批准后，报人力资源部审批备案。

5. 请假制度

(1) 员工请假，均应提前提交《请假申请单》

(2) 员工休假必须提前申请。如因紧急情况或突发急病而无法提前请假时，应在休假当天上午 8:00 前通过电话向部门经理请假，并在上班后第一天完成请假审批手续，否则按旷工处理。

(3) 请假必须由本人亲自办理有关手续，电话请假或委托他人代理手续的视为无效，将按旷工或自动离职处理。

(4) 员工请假的最小时间单位为 1 小时，累计 6 小时按一个工作日计算，当月累计不足 6 小时的，每小时按照一个工作日工资的 1/6 计算考勤。

(5) 请假的核决权限

如因主管/经理外出，无法在规定期限内审批签字，可在得到主管本人电话许可后，交由人事行政部

图 4-84　排版“考勤管理规范.docx”文档后的效果

- 打开文档，自定义纸张的“宽度”和“高度”分别为 20 厘米和 28 厘米。
- 设置页边距“上”“下”分别为“1 厘米”，设置页边距“左”“右”分别为“1.5 厘米”。
- 为标题应用内置的“标题”样式，新建“小项目”样式，设置格式为“汉仪长艺体简、五号、1.5 倍行距”，底纹为“白色，背景 1，深色 50%”。
- 修改“小项目”样式，设置字体格式为“小三、‘茶色，背景 2，深色 50%’”，设置底纹为“白色，背景 1，深色 15%”。

4.5.1　模板与样式

模板和样式是 Word 中常用的排版工具，下面分别介绍模板与样式的相关知识。

1. 模板

Word 2010 的模板是一种固定样式的框架，包含了相应的文字和样式。下面分别介绍新建模板和套用模板的方法。

1) 新建模板

选择“文件”—“新建”命令，在中间的“可用模板”栏中选择“我的模板”选项，打开“新建”对话框，在“新建”栏单击选中“模板”单选钮，如图 4-85 所示，单击 确定 按钮即可新建一个名称为“模板 1”的空白文档窗口，保存文档后其后缀名为. dotx。

2) 套用模板

选择“文件”—“选项”命令，打开“Word 选项”对话框，选择左侧的“加载项”选项，在右侧的“管理”下拉列表中选择“模板”选项，单击 转到(G)... 按钮，打开“模板和加载项”对话框，如图 4-86所示，在其中单击 选用(A)... 按钮，在打开的对话框中选择需要的模板，然后返回对话框，单击选中“自动更新文档样式”复选框，单击 确定 按钮即可在已存在的文档中套用模板。

图 4-85　新建模板

图 4-86　套用模板

2. 样式

在编排一篇长文档或是一本书时，需要对许多的文字和段落进行相同的排版工作。如果只是利用字体格式和段落格式进行编排，费时且容易让人厌烦，更重要的是很难使文档格式保持一致。使用样式能减少许多重复的操作，在短时间内编排出高质量的文档。

样式是指一组已经命名的字符和段落格式。它设定了文档中标题、题注及正文等各个文档元素的格式。用户可以将一种样式应用于某个段落，或段落中选择的字符上，所选择的段落或字符便具有这种样式的格式。对文档应用样式主要有以下作用。

- 使用样式使文档的格式更便于统一。
- 使用样式便于构筑大纲，使文档更有条理，编辑和修改更简单。
- 使用样式便于生成目录。

4.5.2　页面版式

设置文档页面版式包括设置页面大小、页边距和页面背景，以及添加水印、封面等，这些设置将应用于文档的所有页面。

1. 设置页面大小、页面方向和页边距

默认的 Word 页面大小为 A4(21 厘米×29.7 厘米)，页面方向为纵向，页边距为普通。在“页面布局”—“页面设置”组中单击相应的按钮便可进行修改，相关介绍如下。

- 单击“纸张大小”按钮右侧的按钮，在打开的下拉列表框中选择一种页面大小选项；或选择“其他页面大小”选项，在打开的“页面设置”对话框中输入文档的宽度值和高度值。

◆ 单击“纸张方向”按钮右侧的按钮，在打开的下拉列表中选择“横向”选项，可以将页面设置为横向。

◆ 单击“页边距”按钮下方的按钮，在打开的下拉列表框中选择一种页边距选项；或选择“自定义边距”选项，在打开的“页面设置”对话框中输入上、下、左、右页边距值。

2. 设置页面背景

在 Word 中，页面背景可以是纯色背景、渐变色背景和图片背景。设置页面背景的方法是：在“页面布局”—“页面背景”组中单击“页面颜色”按钮，在打开的下拉列表中选择一种页面背景颜色，如图 4-87 所示。若选择“填充效果”选项，在打开的对话框中单击“渐变”“图片”等选项卡，便可设置渐变色背景和图片背景等。

3. 添加封面

在制作某些办公文档时，可通过添加封面表现文档的主题，封面内容一般包含标题、副标题、文档摘要、编写时间、作者和公司名称等。添加封面的方法是：在“插入”—“页”组中单击封面按钮，在打开的下拉列表中选择一种封面样式，如图 4-88 所示，为文档添加该类型的封面，然后输入相应的封面内容即可。

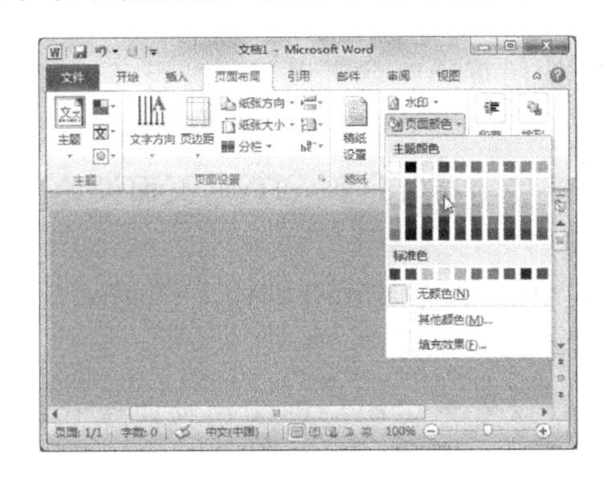

图 4-87 设置页面背景颜色

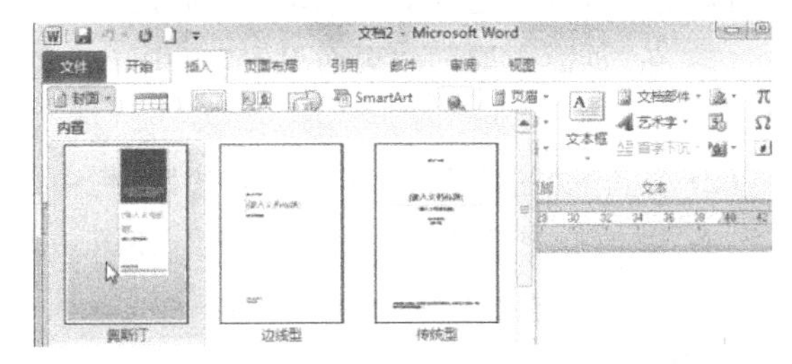

图 4-88 设置封面

4. 添加水印

制作办公文档时，为表明公司文档的所有权和出处，可为文档添加水印背景，如添加“机密”水印等。添加水印的方法是：在“页面布局”—“页面背景”组中单击水印按钮，在打开的下拉列表中选择一种水印效果即可。

5. 设置主题

Word 2010 提供了各种主题，通过应用这些主题可快速更改文档的整体效果，统一文档的整体风格。设置主题的方法是：在“页面布局”—“主题”组中单击“主题”按钮，在打开的下拉列表中选择一种主题样式，文档的颜色和字体等效果将发生变化。

4.5.3 设置页面大小

日常应用中可根据文档内容自定义页面大小，其具体操作如下。

(1) 打开“考勤管理规范.docx”文档，在“页面布局”—“页面设置”组中单击“对话框启动器”图标，打开“页面设置”对话框。

(2) 单击“纸张”选项卡，在“纸张大小”下拉列表框中选择“自定义大小”选项，分别在“宽度”和“高度”数值框中输入“20”和“28”，如图 4-89 所示。

(3) 单击确定按钮，返回文档编辑区，即可查看设置页面大小后的文档效果，如图 4-90 所示。

页面设置
页边距
纸张
版式
文档网格
纸张大小(R):
自定义大小
宽度(W): 20
高度(E): 28
纸张来源
首页(F):
其他页(O):
自动选择
打印机自动选择
在纸盒 1 中手动送纸
纸盒 1
纸盒 2
未指定
普通纸
HP 多用途纸
预览
应用于(Y): 整篇文档
打印选项(T)...
设为默认值(D)
确定
取消

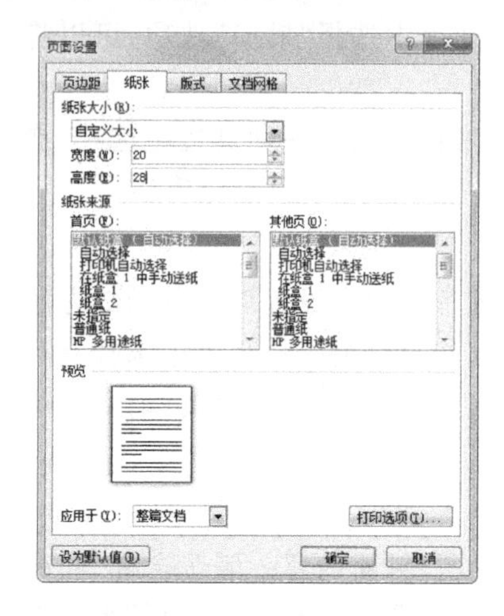

图 4-89　设置页面大小

考勤管理规范
1. 目的
为了规范公司考勤管理，严肃工作纪律，有效提升员工的敬业精神，并使员工的工资核算做到有法可
依，结合我公司实际情况，特制定本规定。
2. 适用范围
本制度适用于本公司所有员工。
3. 工作时间:
(1) 上午　08：00—12：00
下午　13：30—17：30（冬季）　14：00—18：00（夏季）
(2) 每个月 3 天带薪休假，实行轮休制，各部门根据工作情况合理安排人员休班，并填报休班申请表，
部门负责人同意签字后报人力资源部备案。

图 4-90　查看页面大小设置效果

4.5.4　设置页边距

如果文档是给上级或者客户看的，那么，Word 默认的页边距就可以了。若为了节省纸张，可以适当缩小页边距，其具体操作如下。

(1) 在“页面布局”—“页面设置”组中单击“对话框启动器”图标，打开“页面设置”对话框。

(2) 单击“页边距”选项卡，在“页边距”栏中的“上”“下”数值框中分别输入“1 厘米”，在“左”“右”数值框中分别输入“1.5 厘米”，如图 4-91 所示。

(3) 单击 确定 按钮，返回文档编辑区，即可查看设置页边距后的文档页面版式，如图 4-92所示。

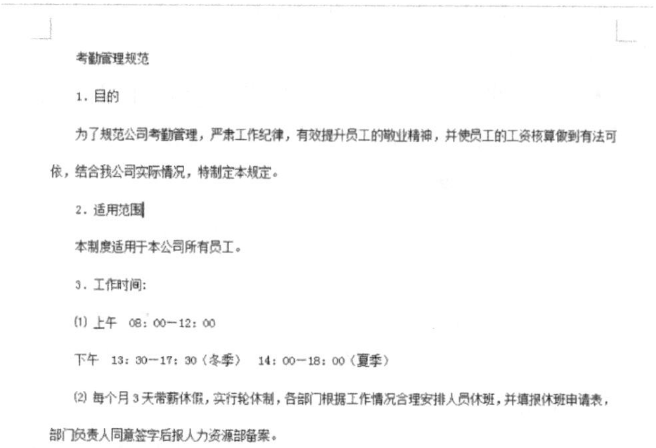

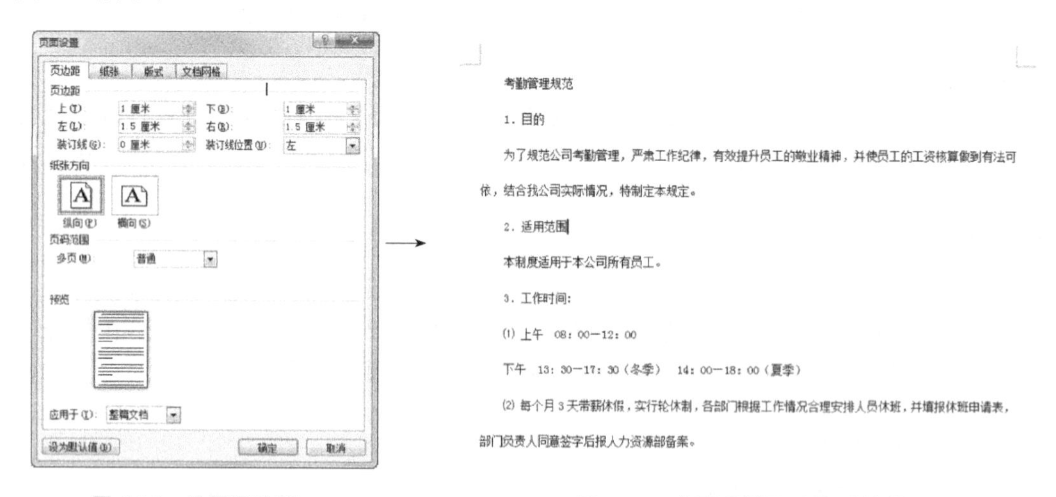

页面设置
页边距
纸张
版式
文档网格
页边距
上(T): 1 厘米
下(B): 1 厘米
左(L): 1.5 厘米
右(R): 1.5 厘米
装订线(G): 0 厘米
装订线位置(U): 左
纸张方向
纵向(P)
横向(S)
页码范围
多页(M): 普通
预览
应用于(Y): 整篇文档
设为默认值(D)
确定
取消

图 4-91　设置页边距

考勤管理规范
1. 目的
为了规范公司考勤管理，严肃工作纪律，有效提升员工的敬业精神，并使员工的工资核算做到有法可
依，结合我公司实际情况，特制定本规定。
2. 适用范围
本制度适用于本公司所有员工。
3. 工作时间:
(1) 上午　08：00—12：00
下午　13：30—17：30（冬季）　14：00—18：00（夏季）
(2) 每个月 3 天带薪休假，实行轮休制，各部门根据工作情况合理安排人员休班，并填报休班申请表，
部门负责人同意签字后报人力资源部备案。

图 4-92　查看设置页边距后的效果

4.5.5　套用内置样式

内置样式是指 Word 2010 自带的样式。下面为“考勤管理规范.docx”文档套用内置样式，其具体操作如下。

(1) 将插入点定位到标题“考勤管理规范”文本右侧，在“开始”—“样式”组的列表框中选择“标题”选项，如图 4-93 所示。

(2) 返回文档编辑区，即可查看设置标题样式后的文档效果，如图 4-94 所示。

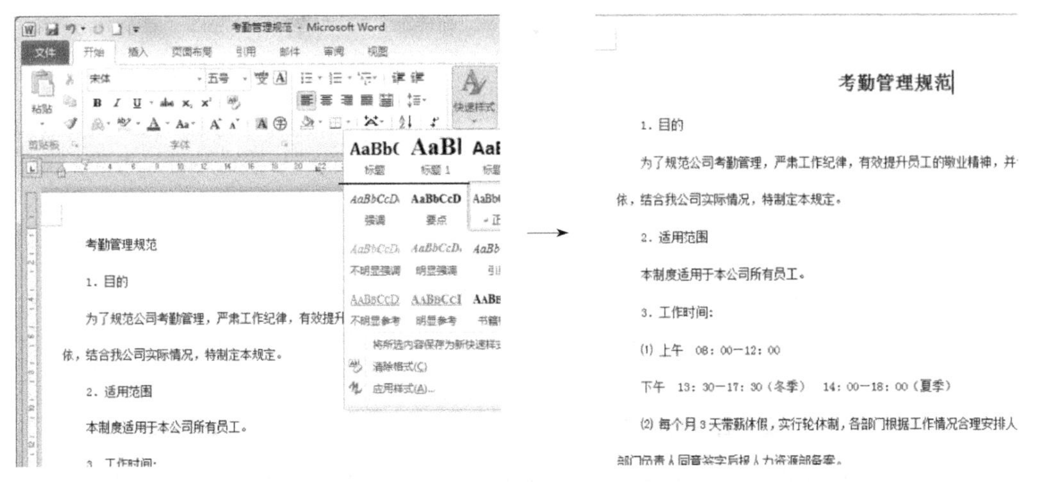

图 4-93 套用内置样式　　　　图 4-94 查看设置标题样式后的效果

4.5.6 创建样式

Word 2010 中内置样式是有限的，当用户需要使用的样式在 Word 中并没有内置样式时，可创建样式，其具体操作如下。

(1) 将插入点定位到第一段“1. 目的”文本右侧，在“开始”—“样式”组中单击“对话框启动器”图标，如图 4-95 所示。

(2) 打开“样式”任务窗格，单击“新建样式”按钮，如图 4-96 所示。

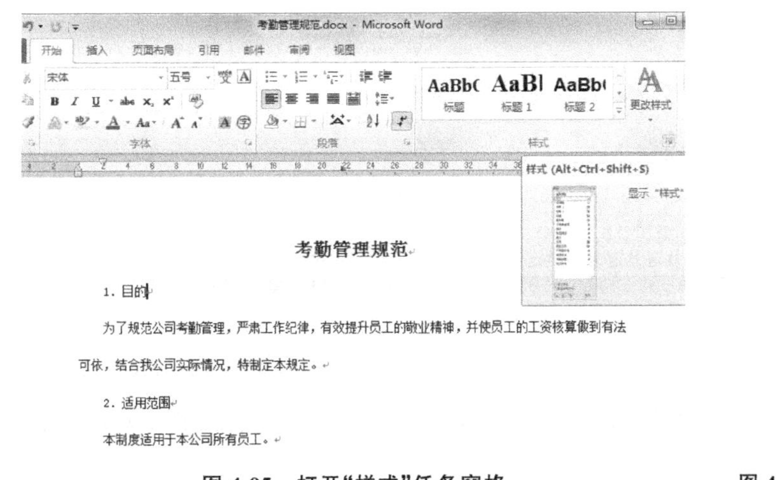

图 4-95 打开“样式”任务窗格

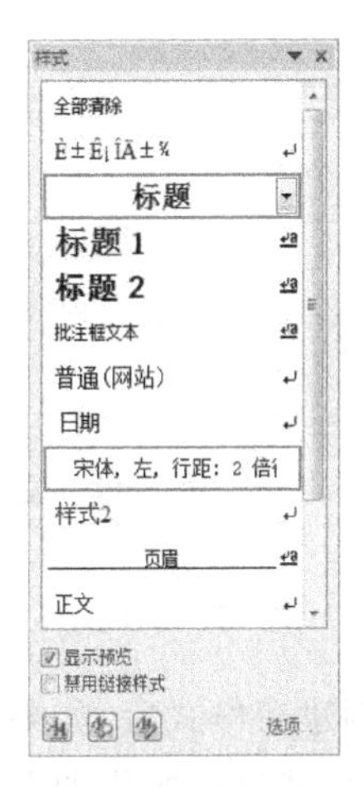

图 4-96 单击“新建样式”按钮

(3) 在打开的对话框中的“名称”文本框中输入“小项目”，在“格式”栏中将格式设置为“汉仪长艺体简、五号”，单击 格式(O)▾ 按钮，如图 4-97 所示，在打开的下拉列表中选择“段落”选项。

(4) 打开“段落”对话框，在“间距”栏的“行距”下拉列表中选择“1.5 倍行距”选项，单击 确定 按钮，如图 4-98 所示。

图 4-97　设置名称与格式

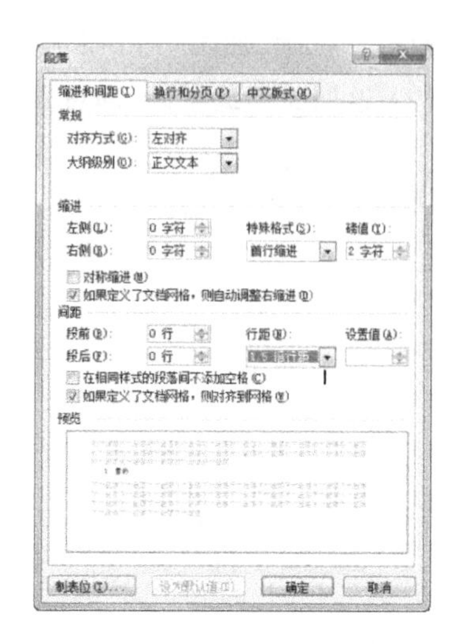

图 4-98　设置段落行距

(5) 返回到“根据格式设置创建新样式”对话框，再次单击 格式(O) 按钮，在打开的下拉列表中选择“边框”选项。

(6) 打开“边框和底纹”对话框，单击“底纹”选项卡，在“填充”栏的下拉列表中选择“白色，背景 1，深色 50%”选项，依次单击 确定 按钮，如图 4-99 所示。

(7) 返回文档编辑区，即可查看创建样式后的文档效果，如图 4-100 所示。

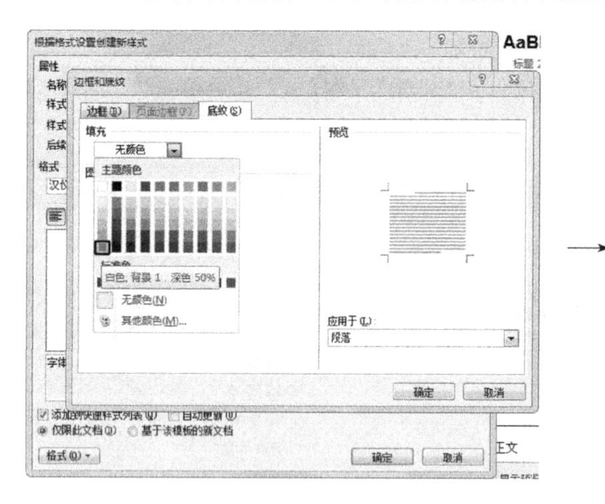

图 4-99　设置底纹

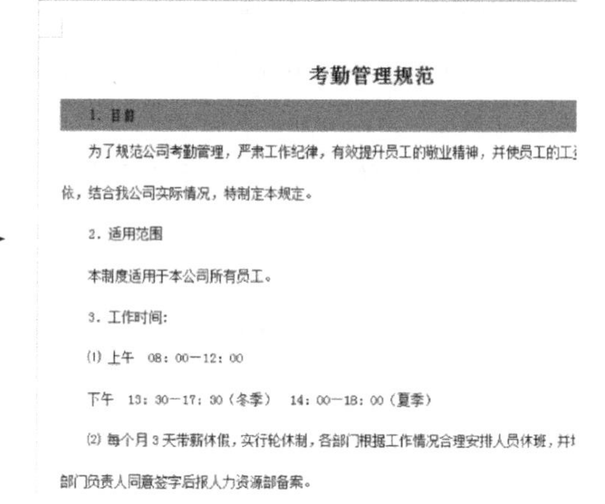

图 4-100　查看创建的样式效果

4.5.7　修改样式

创建新样式后，如果用户对创建后的样式有不满意的地方，可通过修改样式功能对其进行修改，其具体操作如下。

(1) 在“样式”任务窗格中选择创建的“小项目”样式，单击右侧的 按钮，在打开的下拉列表中选择“修改”选项，如图 4-101 所示。

(2) 在打开的对话框的“格式”栏中将字体格式设置为“小三、‘茶色，背景 2，深色 50%’”，单击 格式(O) 按钮，在打开的下拉列表中选择“边框”选项，如图 4-102 所示。

(3) 打开“边框和底纹”对话框，单击“底纹”选项卡，在“填充”下拉列表中选择“白色，背景 1，深色 15%”选项，单击 确定 按钮，如图 4-103 所示，即可修改样式。

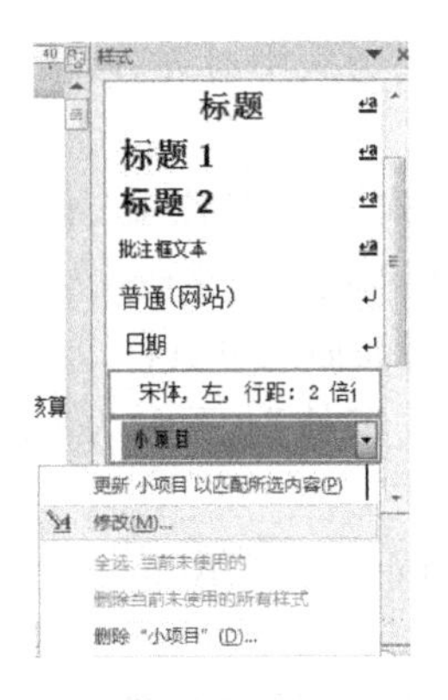

图 4-101　选择"修改"选项

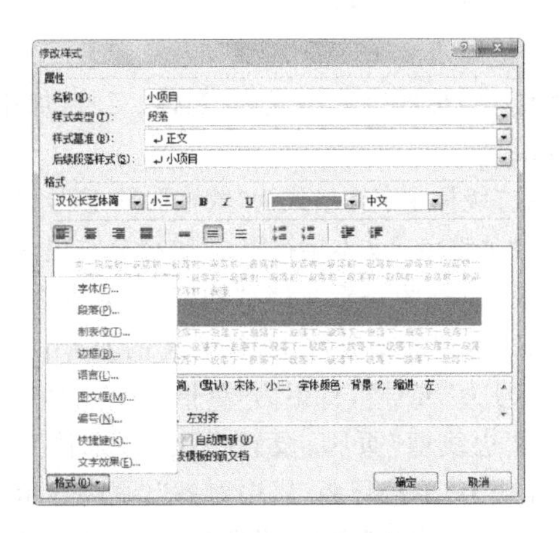

图 4-102　修改字体和颜色

（4）将插入点定位到其他同级别文本上，在"样式"任务窗格中选择"小项目"选项为其应用样式，如图 4-104 所示。

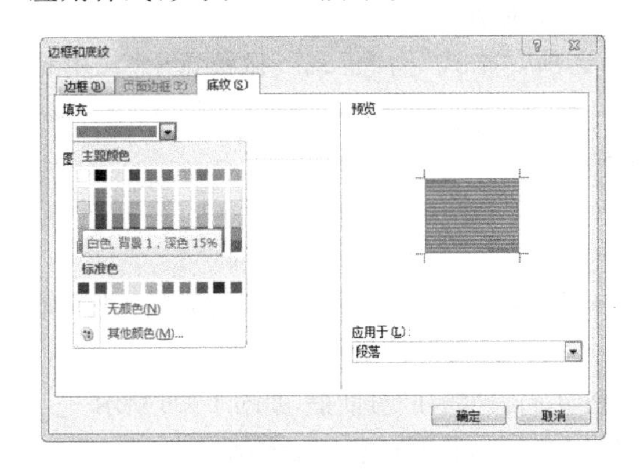

图 4-103　修改底纹样式

考勤管理规范

1、目的

为了规范公司考勤管理，严肃工作纪律，有效提升员工的敬业精神，并使员工的工资核依，结合我公司实际情况，特制定本规定。

2、适用范围

本制度适用于本公司所有员工。

3、工作时间

(1) 上午　08：00—12：00

下午　13：30—17：30（冬季）　14：00—18：00（夏季）

图 4-104　查看修改样式后的效果

4.6　排版和打印毕业论文

肖雪是某高校的一名大三学生，临近毕业，她按照指导老师发放的毕业设计任务书要求，完成了实验调查和论文内容的书写。接下来，她需要使用 Word 2010 对论文的格式进行排版，完成后参考效果如图 4-105 所示。

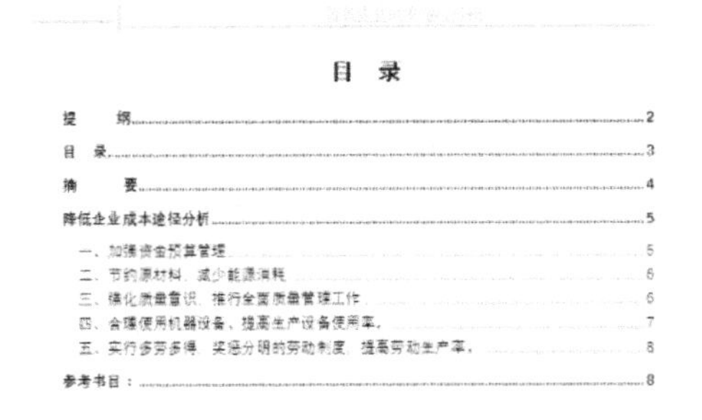

目　录

提　纲……2
目　录……3
摘　要……4
降低企业成本途径分析……5
一、加强资金预算管理……5
二、节约原材料，减少能源消耗……6
三、强化质量意识，推行全面质量管理工作……6
四、合理使用机器设备，提高生产设备使用率……7
五、实行多劳多得，奖惩分明的劳动制度，提高劳动生产率……8
参考书目：……8

摘　　要

成本是企业会计工作的主要核算对象，在企业中有着非常重要的作用，又是企业经营决策的重要依据。企业要生存和发展，必须在保证自身正常运行的前提下，千方百计地降低成本。但是目前，我国的许多企业在节约资金，节约资源和质量意识方面还存在着一些误区，企业要在竞争中占领市场，获得最大经济效益，就必须着眼于成本的多种因素，从加强资金预算管理，推行目标责任制，节约原材料，减少能源消耗，强化质量意识，推行全面质量管理工作，合理使用机器设备，提高生产设备使用率，实行多劳多得，奖惩分明的劳动制度，提高劳动生产率，多方面降低成本。

关键词：成本、降低成本、企业、节约、耗费

图 4-105　"毕业论文.docx"文档效果

相关设计制作步骤如下：

◆ 新建样式，设置正文字体，中文为"宋体"，西文为"Times New Roman"，字号为"五

号”，首行统一缩进 2 个字符。

◆ 设置一级标题字体格式为“黑体、三号、加粗”，段落格式为居中对齐，段前段后均为 0 行、2 倍行距。

◆ 设置二级标题字体格式为“微软雅黑、四号、加粗”，段落格式为“左对齐、1.5 倍行距”。

◆ 设置“关键字:”文本字符格式为“微软雅黑、四号、加粗”，后面的关键字格式与正文相同。

◆ 使用大纲视图查看文档结构，然后分别在每个部分的前面插入分页符。

◆ 添加“反差型(奇数页)”样式的页眉，设置中文为“宋体”，西文为“Times New Roman”，字号为“五号”，行距为“单倍行距”，对齐方式为“居中”。

◆ 添加“边线型”页脚，设置中文为“宋体”，西文为“Times New Roman”，字号为“五号”，段落样式为“单倍行距，居中对齐”，页脚显示当前页码。

◆ 选择“毕业论文”文本，设置格式为“方正大标宋简体、小初、居中对齐”，选择“降低企业成本途径分析”文本，设置格式为“黑体、小二、加粗、居中对齐”。

◆ 分别选择“姓名”“学号”“专业”文本，设置格式为“黑体、小四”，然后利用“Space”键使其居中对齐。同样利用“Space”键使论文标题上下居中对齐。

◆ 提取目录。设置“制表符前导符”为第一个选项，“格式”为“正式”，撤销选中“使用超链接而不使用页码”复选框。

◆ 选择“文件”—“打印”命令，预览并打印文档。

4.6.1 添加题注

题注通常用于对文档中的图片或表格进行自动编号，从而节约手动编号的时间，其具体操作如下。

(1) 在“引用”—“题注”组中单击“插入题注”按钮，打开“题注”对话框，如图 4-106 所示。

(2) 在“标签”下拉列表框中选择需要设置的标签，也可以单击“新建标签(N)...”按钮，打开“新建标签”对话框，在“标签”文本框中输入自定义的标签名称。

(3) 单击“确定”按钮返回对话框，即可查看添加的新标签，单击“确定”按钮即可返回文档。

4.6.2 创建交叉引用

交叉引用可以将文档中的图片、表格与正文相关的说明文字创建对应的关系，从而为作者提供自动更新功能，其具体操作如下。

(1) 将插入点定位到需要使用交叉引用的位置，在“引用”—“题注”组中单击“交叉引用”按钮，打开“交叉引用”对话框，如图 4-107 所示。

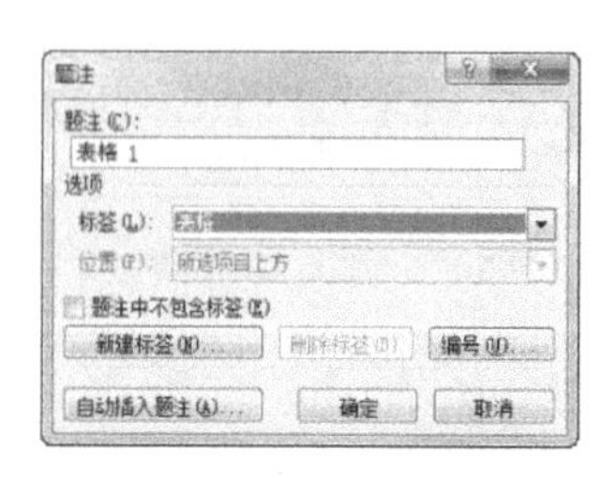

图 4-106 添加题注

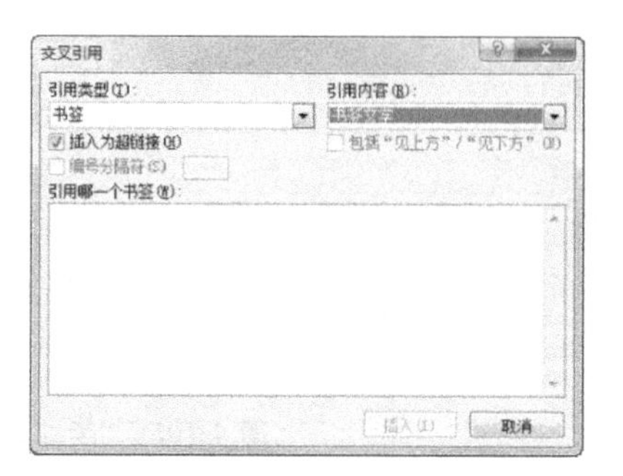

图 4-107 “交叉引用”对话框

(2) 在“引用类型”下拉列表框中选择需要引用的类型，然后在“引用哪一个书签”列表框中选择需要引用的选项，这里没有创建书签，故没有选项。单击 插入(I) 按钮即可创建交叉引用。在选择插入的文本范围时，插入的交叉引用的内容将显示为灰色底纹，若修改被引用的内容，返回引用时按“F9”键即可更新。

4.6.3 插入批注

批注用于在阅读时对文中的内容添加评语和注解，其具体操作如下。

(1) 选择要插入批注的文本，在“审阅”—“批注”组中单击“新建批注”按钮，此时选择的文本处将出现一条引至文档右侧的引线。

(2) 批注中用“[M1]”表示由姓名简写为“M”的用户添加的第一条批注，在批注文本框中输入文本内容。

(3) 使用相同的方法可以为文档添加多个批注，并且批注会自动编号排列，单击“上一条”按钮或“下一条”按钮，可查看添加的批注。

(4) 为文档添加批注后，若要删除，可在要删除的批注上单击鼠标右键，在弹出的快捷菜单中选择“删除批注”命令。

4.6.4 添加修订

对错误的内容添加修订，并将文档发送给制作人员予以确认，可减少文档出错率，其具体操作如下。

(1) 在“审阅”—“修订”组中单击“修订”按钮，进入修订状态，此时对文档的任何操作都将被记录下来。

(2) 对文档内容进行修改，在修改后原位置处会显示修订的结果，并在左侧出现一条竖线，表示该处进行了修订。

(3) 在“审阅”—“修订”组中单击 显示标记 按钮右侧的下拉按钮，在打开的下拉列表中选择“批注框”—“在批注框中显示修订”选项。

(4) 对文档修订结束后，必须再次单击“修订”按钮退出修订状态，否则文档中任何操作都会被作为修订操作。

4.6.5 接受与拒绝修订

对于文档中的修订，用户可根据需要选择接受或拒绝修订的内容，其具体操作如下。

(1) 在“审阅”—“更改”组中单击“接受”按钮接受修订，或单击“拒绝”按钮拒绝修订。

(2) 单击“接受”按钮下方的按钮，在打开的下拉列表中选择“接受对文档的所有修订”选项，可一次性接受文档的所有修订。

4.6.6 插入并编辑公式

当需要使用一些复杂的数学公式时，可使用 Word 中提供的公式编辑器快速、方便地编写数学公式，如根式公式或积分公式等，其具体操作如下。

(1) 在“插入”—“符号”组中单击“公式”按钮π下方的下拉按钮，在打开的下拉列表中选择“插入新公式”选项。

(2) 在文档中将出现一个公式编辑框，在“公式工具-设计”—“结构”组中单击“括号”按钮{()}，在打开的下拉列表的“事例和堆栈”栏中选择“事例(两条件)”选项。

(3) 单击括号上方的条件框，将插入点定位到其中，并输入数据，然后在"符号"组中单击"大于"按钮[>]。

(4) 单击括号下方的条件框，选择该条件框，然后在"公式工具-设计"—"结构"组中单击"分数"按钮，在打开的下拉列表的"分数"栏中选择"分数(竖式)"选项。

(5) 在插入的公式编辑框中输入数据，完成后在文档的任意处单击，退出公式编辑框。

4.6.7 设置文档格式

毕业论文在初步完成后需要为其设置相关的文本格式，使其结构分明，其具体操作如下。

(1) 将插入点定位到"提纲"文本中，打开"样式"任务窗格，单击"新建样式"按钮。

(2) 打开"新建样式"对话框，通过前面讲解的方法在对话框中设置样式，其中设置字体格式为"黑体、三号、加粗"，设置段落样式为居中对齐，段前段后均为 0 行，2 倍行距，如图 4-108所示。

(3) 通过应用样式的方法为其他一级标题应用样式，效果如图 4-109 所示。

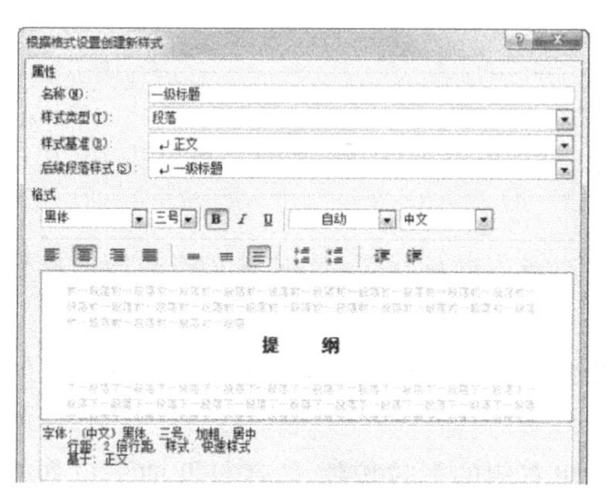

图 4-108　创建样式

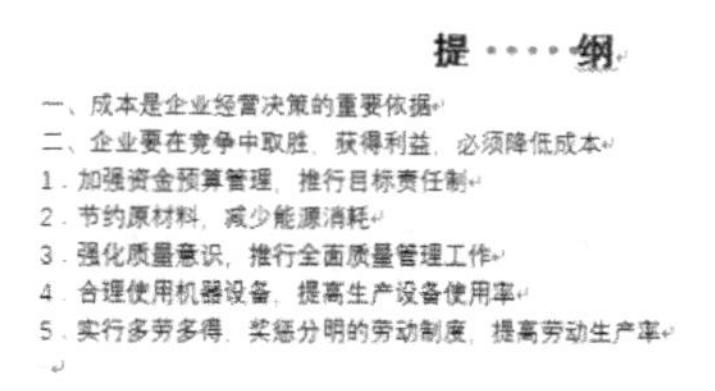

图 4-109　应用样式

(4) 使用相同的方法设置二级标题格式，其中，设置字体格式为"微软雅黑、四号、加粗"，设置段落格式为"左对齐、1.5 倍行距"，大纲级别为"一级"。

(5) 设置正文格式，中文为"宋体"，西文为"Times New Roman"，字号为"五号"，首行统一缩进 2 个字符，设置正文行距为"1.2 倍行距"，大纲级别为"二级"。完成后为文档应用相关的样式即可。

4.6.8 使用大纲视图

大纲视图适用于长文档中文本级别较多的情况，以便查看和调整文档结构，其具体操作如下。

(1) 在"视图"—"文档视图"组中单击 大纲视图 按钮，将视图模式切换到大纲视图，在"大纲"—"大纲工具"组中的"显示级别"下拉列表中选择"2 级"选项。

(2) 查看所有 2 级标题文本后，双击"降低企业成本途径分析"文本段落左侧的 ⊕ 标记，可展开下面的内容，如图 4-110 所示。

(3) 设置完成后，在"大纲"—"关闭"组中单击"关闭大纲视图"按钮或在"视图"—"文档视图"组中单击"页面视图"按钮，返回页面视图模式。

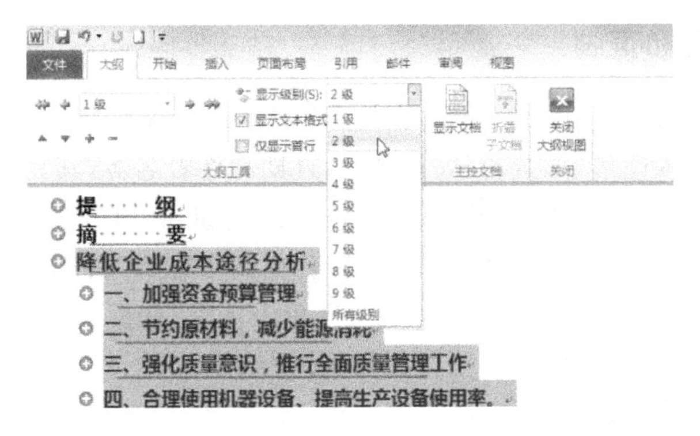

图 4-110　使用大纲视图

4.6.9　插入分隔符

分隔符主要用于标识文字分隔的位置，其具体操作如下。

(1) 将插入点定位到文本“提纲”之前，在“页面布局”—“页面设置”组中单击“分隔符”按钮，在打开的下拉列表中的“分页符”栏中选择“分页符”选项。

(2) 在插入点所在位置插入分页符，此时，“提纲”的内容将从下一页开始，如图 4-111 所示。

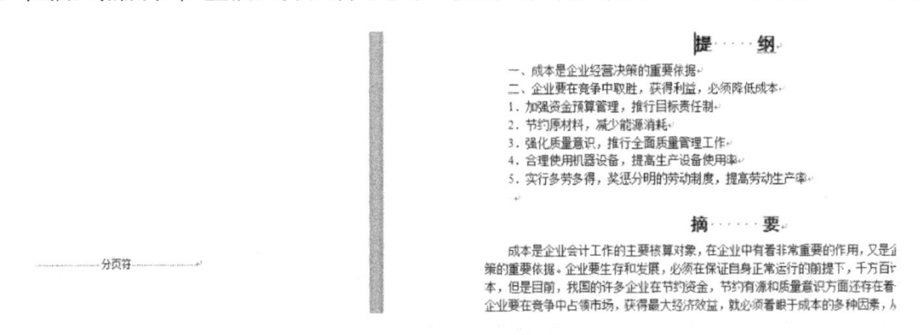

分页符

提····纲

一、成本是企业经营决策的重要依据
二、企业要在竞争中取胜，获得利益，必须降低成本
1. 加强资金预算管理，推行目标责任制
2. 节约原材料，减少能源消耗
3. 强化质量意识，推行全面质量管理工作
4. 合理使用机器设备，提高生产设备使用率
5. 实行多劳多得，奖惩分明的劳动制度，提高劳动生产率

摘······要

成本是企业会计工作的主要核算对象，在企业中有着非常重要的作用，又是企策的重要依据。企业要生存和发展，必须在保证自身正常运行的前提下，千方百计本，但是目前，我国的许多企业在节约资金，节约有源和质量意识方面还存在着企业要在竞争中占领市场，获得最大经济效益，就必须着眼于成本的多种因素，从

图 4-111　插入分页符后的效果

(3) 将插入点定位到文本“摘要”之前，在“页面布局”—“页面设置”组中单击“分隔符”按钮，在打开的下拉列表中的“分节符”栏中选择“下一页”选项。

(4) 此时，在“提纲”的结尾部分插入分节符，“摘要”的内容将从下一页开始，如图 4-112 所示。

(5) 使用相同的方法为“降低企业成本途径分析”设置分节符。

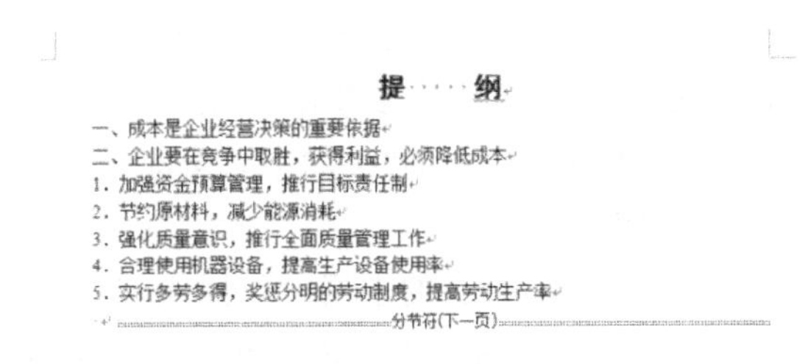

提····纲

一、成本是企业经营决策的重要依据
二、企业要在竞争中取胜，获得利益，必须降低成本
1. 加强资金预算管理，推行目标责任制
2. 节约原材料，减少能源消耗
3. 强化质量意识，推行全面质量管理工作
4. 合理使用机器设备，提高生产设备使用率
5. 实行多劳多得，奖惩分明的劳动制度，提高劳动生产率

分节符(下一页)

图 4-112　插入分节符后的效果

提示： 如果文档中的编辑标记并未显示，可在“开始”—“段落”组中单击“显示/隐藏编辑标记”按钮，使该按钮呈选中状态，此时隐藏的编辑标记将显示出来。

4.6.10 设置页眉和页脚

为了使页面更美观，便于阅读，许多文档都添加了页眉和页脚。在编辑文档时，可在页眉和页脚中插入文本或图形，如页码、公司徽标、日期和作者名等，其具体操作如下。

(1) 在“插入”—“页眉和页脚”组中单击 页眉 按钮，在打开的下拉列表中选择“反差型(奇数页)”选项，插入点自动插入页眉区，然后在其中输入“降低企业成本途径分析”文本，如图 4-113 所示，并设置格式为“宋体、五号”，单击选中“首页不同”复选框。

(2)在“页眉和页脚工具-设计”—“页眉和页脚”组中单击 页脚 按钮，在打开的下拉列表中选择“边线型”选项。

(3) 插入点自动插入页脚区，且自动插入页码，然后在“页眉和页脚工具-设计”—“关闭”组中单击“关闭页眉和页脚”按钮退出页眉和页脚视图。

(4) 返回文档中，可看到设置页眉和页脚后的效果，此时发现页眉中多了一条横线，双击进入页眉和页脚视图，拖动鼠标选择段落标记，在“开始”—“段落”组中单击“边框”按钮右侧的下拉按钮，在打开的下拉列表中选择“边框和底纹”选项，打开“边框和底纹”对话框，撤销其中的表格边框线，单击 确定 按钮，可删除页眉处多余的横线，完成后效果如图 4-114 所示。

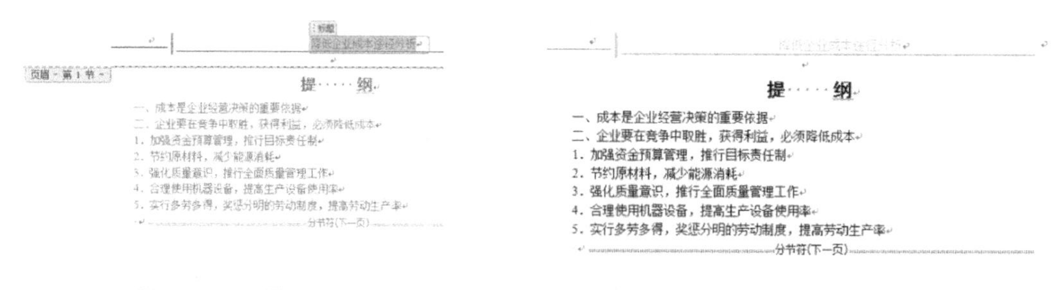

图 4-113 设置页眉　　图 4-114 删除页眉处多余的横线

(5) 使用相同的方法删除首页中的横线，完成页眉和页脚的设置。

4.6.11 创建目录

对于设置了多级标题样式的文档，可通过索引和目录功能提取目录，其具体操作如下。

(1) 在文档开始处选择“毕业论文”文本，设置格式为“方正大标宋简体、小初、居中对齐”，选择“降低企业成本途径分析”文本，设置格式为“黑体、小二、加粗、居中对齐”。

毕 业 论 文

降低企业成本途径分析

姓名：肖 雪

学号：2016036

专业：会 计

图 4-115 设置封面格式

(2) 分别选择“姓名”“学号”“专业”文本，设置格式为“黑体、小四”，然后利用“Space”键使其居中对齐。同样利用“Space”键使论文标题上下居中对齐，参考效果如图 4-115 所示。

(3) 选择摘要中的“关键字：”文本，设置字符格式为“微软雅黑、四号、加粗”。

(4) 在“提纲”页的末尾定位插入点，在“插入”—“页”组中单击 分页 按钮，插入分页符并创建新的空白页，按“Enter”键换行，在新页面第一行输入“目 录”，并应用一级标题格式。

(5) 将插入点定位于第二行左侧，在“引用”—“目录”组中单击“目录”按钮，在打开的下拉列表中选择“插入目录”选项，打开“目录”对话框，单击“目录”选项卡，在“制表符前导符”下拉列表中选择第一个选项，在“格式”下拉列表框中选择“正式”选项，在“显示级别”数值框中输入“2”，撤销选中“使用超链接而不使用页码”复选框，单击 确定 按钮，如图 4-116 所示。

(6) 返回文档编辑区即可查看插入的目录，效果如图 4-117 所示。

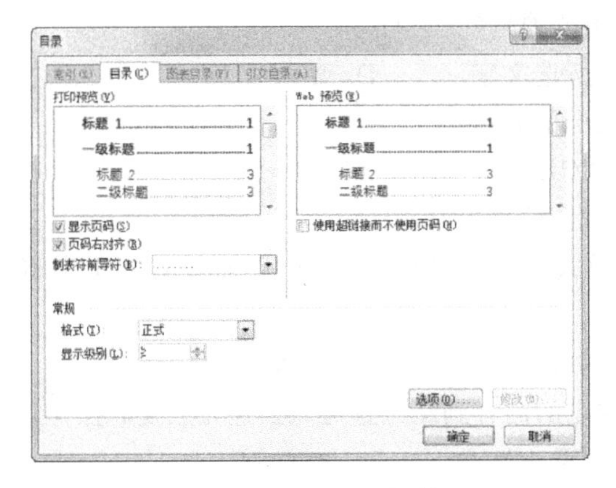

图 4-116 “目录”对话框

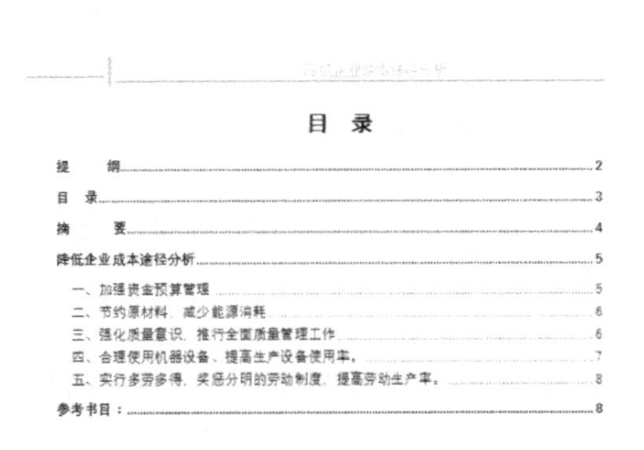

图 4-117 插入目录效果

4.6.12 预览并打印文档

在文档中对文本内容编辑完成后可将其打印出来，即把制作的文档内容输出到纸张上。但是为了使输出的文档内容效果更佳，及时发现文档中隐藏的错误排版样式，可在打印文档之前预览打印效果，其具体操作如下。

(1) 选择“文件”—“打印”命令，在窗口右侧预览打印效果。

(2) 对预览效果满意后，在 “打印”栏的“份数”数值框中设置打印份数，这里设置为“2”，然后单击“打印”按钮 开始打印即可。

提示：选择“文件”—“打印”命令，在窗口中间的“设置”栏中的第一个下拉列表框中选择“打印当前页面”选项，将只打印插入点所指定的页；若选择“打印自定义范围”选项，在其下的“页数”文本框中输入起始页码或页面范围（连续页码可以使用英文半角连字符“—”分隔，不连续的页码可以使用英文半角逗号“，”分隔），则可只打印指定范围内的页面。

Word 课后习题

一、单选题

1. 在 Word 窗口中编辑文档时，单击文档窗口标题栏右侧的 按钮后，会(   )。

A. 关闭窗口　　B. 最小化窗口

C. 使文档窗口独占屏幕　　D. 使当前窗口缩小

2. 在 Word 主窗口的右上角，可以同时显示的按钮是(   )。

A. “最小化\还原”和“最大化”　　B. “还原\最大化”和“关闭”

C. “最小化\还原”和“关闭”　　D. “还原”和“最大化”

3. 文档窗口利用水平标尺设置段落缩进，需要切换到(   )视图方式。

A. 页面　　B. Web 版式　　C. 阅读版式　　D. 大纲

4. 在 Word 编辑状态下，打开计算机的“日记. docx”文档，若要把编辑后的文档以文件名“旅行日记. htm”存盘，可以执行“文件”菜单中的(   )命令。

A. “保存”　　B. “另存为”　　C. “全部保存”　　D. “保存并发送”

5. 在快速访问工具栏中，↶ 按钮的功能是（　　）。

A. 撤销上次操作　　B. 恢复上次操作

C. 设置下划线　　D. 插入链接

6. 在 Word 中更改文字方向菜单命令的作用范围是（　　）。

A. 光标所在处　　B. 整篇文档　　C. 所选文字　　D. 整段文章

7. 在 Word 中按（　　）可将光标快速移至文档的开端。

A. “Ctrl＋Home”组合键　　B. “Ctrl＋Shift＋End”组合键

C. “Ctrl＋End”组合键　　D. “Ctrl＋Shift＋Home”组合键

8. 在 Word 2010 中输入文字时，在（　　）模式下输入新的文字时，后面原有的文字将会被覆盖。

A. 插入　　B. 改写　　C. 更正　　D. 输入

9. Word 2010 中按住（　　）键的同时拖动选定的内容到新位置可以快速完成复制操作。

A. “Ctrl”　　B. “Alt”　　C. “Shift”　　D. 空格键

10. 在 Word 中不能实现选中整篇文档的操作是（　　）。

A. 按“Ctrl＋A”组合键

B. 在“开始”—“编辑”组中单击“选择”按钮，在打开的下拉列表中选择“全选”选项

C. 在选定区域按住“Ctrl”键，然后单击

D. 在选定区域三击鼠标左键

11. 在 Word 2010 中，要一次全部保存正在编辑的多个文档，需执行的操作是（　　）。

A. 按住“Ctrl”键，并选择“文件”—“全部保存”命令

B. 按住“Shift”键，并选择“文件”—“全部保存”命令

C. 选择“文件”—“另存为”命令

D. 按住“Alt”键，并选择“文件”—“全部保存”命令

12. Word 2010 文档文件的扩展名为（　　）。

A. txt　　B. docx　　C. xlsx　　D. doc

13. 在 Word 窗口的编辑区，闪烁的一条竖线表示（　　）。

A. 鼠标位置　　B. 光标位置　　C. 拼写错误　　D. 文本位置

14. 在 Word 中选取某一个自然段落时，可将鼠标指针移到该段落区域内（　　）。

A. 单击　　B. 双击　　C. 右击　　D. 右击

15. 在 Word 中操作时，需要删除一个字，当光标在该字的前面时，应按（　　）。

A. 删除键　　B. 空格键　　C. 退格键　　D. 回车键

16. 在 Word 操作过程中能够显示总页数、页号、页数等信息的是（　　）。

A. 状态栏　　B. 菜单栏

C. 快速访问工具栏　　D. 标题栏

17. 要选定文档中的一个矩形区域，应在拖动鼠标前按（　　）。

A. “Ctrl”键　　B. “Alt”键　　C. “Shift”键　　D. 空格键

18. 在 Word 2010 中选定一行文本的方法是（　　）。

A. 将鼠标箭头置于目标处并单击

B. 将鼠标箭头置于此行左侧的选定栏，出现箭头形状的选定光标时单击

C. 用鼠标在此行的选定栏三击

D. 将鼠标箭头定位到该行中，当出现闪烁的光标时，连续三次单击

19. 将插入点定位于句子“风吹草低见牛羊”中的“草”与“低”之间，按“Delete”键，则该句子为(　　)。

A. 风吹草见牛羊　　B. 风吹见牛羊

C. 整句被删除　　D. 风吹低见牛羊

20. 在 Word 2010 中，不属于“开始”功能区的是(　　)。

A. 文本　　B. 字体　　C. 段落　　D. 样式

21. 如果要隐藏文档中的标尺，可以通过(　　)选项卡来实现。

A. “插入”　　B. “编辑”　　C. “视图”　　D. “开始”

22. 在 Word 2010 中，要将“中文”文本复制到插入点处，应先将“中文”选中，再(　　)。

A. 直接拖动文本到插入点

B. 在“开始”—“剪贴板”组中单击“剪切”按钮，然后在插入点处单击“粘贴”按钮

C. 在“开始”—“剪贴板”组中单击“复制”按钮，然后在插入点处单击“粘贴”按钮

D. 按“Ctrl＋C”组合键，然后按“Ctrl＋V”组合键

23. 单击“格式刷”按钮可以进行(　　)操作。

A. 复制文本格式　　B. 保存文本

C. 复制文本　　D. 清除文本格式

24. 选择文本，在“字体”组中单击“字符边框”按钮A，可(　　)。

A. 为所选文本添加默认边框样式

B. 为当前段落添加默认边框样式

C. 为所选文本所在的行添加边框样式

D. 自定义所选文本的边框样式

25. 为文本添加项目符号后，“项目符号库”栏下的“更改列表级别”选项将呈可用状态，此时，(　　)。

A. 在其子菜单中可调整当前项目符号的级别

B. 在其子菜单中可更改当前项目符号的样式

C. 在其子菜单中可自定义当前项目符号的级别

D. 在其子菜单中可自定义当前项目符号的样式

26. Word 中的格式刷可用于复制文本或段落的格式，若要将选中的文本或段落格式重复应用多次，应(　　)。

A. 单击格式刷　　B. 双击格式刷

C. 右击格式刷　　D. 拖动格式刷

27. 在 Word 2010 中，输入的文字默认的对齐方式是(　　)。

A. 左对齐　　B. 右对齐　　C. 居中对齐　　D. 两端对齐

28. “左缩进”和“右缩进”调整的是(　　)。

A. 非首行　　B. 首行　　C. 整个段落　　D. 段前距离

29. 修改字符间距的位置是(　　)。

A. “段落”对话框中的“缩进和间距”选项卡

B. 两端对齐

C. “字体”对话框中的“高级”选项卡

D. 分散对齐

30. 给文字加上着重符号，可通过(　　)实现。

A. “字体”对话框　　B. “段落”对话框

C. “字符”对话框　　D. “符号”对话框

31. 在 Word 2010 中，同时按住(　　)和“Enter”键可以不产生新的段落。

A. “Alt”键　　B. “Shift”键　　C. “Ctrl”键　　D. “Ctrl+Shift”组合键

32. Word 根据字符的大小自动调整行距，此行距称为(　　)行距。

A. 5 倍行距　　B. 单倍行距　　C. 固定值　　D. 最小值

33. Word 中插入图片的默认版式为(　　)。

A. 嵌入型　　B. 紧密型　　C. 浮于文字上方　　D. 四周型

34. 下列不属于 Word 2010 的文本效果的是(　　)。

A. 轮廓　　B. 阴影　　C. 发光　　D. 三维

35. 在 Word 2010 中使用标尺可以直接设置段落缩进，标尺顶部的三角形标记用于设置(　　)。

A. 首行缩进　　B. 悬挂缩进　　C. 左缩进　　D. 右缩进

36. 选择文本，按“Ctrl+B”组合键后，字体会(　　)。

A. 加粗　　B. 倾斜　　C. 加下划线　　D. 设置成上标

37. 在 Word 中进行段落设置，如果设置“右缩进 2 厘米”，则其含义是(　　)。

A. 对应段落的首行右缩进 2 厘米

B. 对应段落除首行外，其余行都右缩进 2 厘米

C. 对应段落的所有行在右页边距 2 厘米处对齐

D. 对应段落的所有行都右缩进 2 厘米

38. 在 Word 中，为文字设置上标和下标效果应在(　　)功能区中。

A. “字体”　　B. “格式”　　C. “插入”　　D. “开始”

39. 使图片按比例缩放的方法为(　　)。

A. 拖动中间的控制点　　B. 拖动四角的控制点

C. 拖动图片边框线　　D. 拖动边框线的控制点

40. 为了防止他人随意查看 Word 文档信息，可为文档添加密码保护，一般可通过(　　)来实现。

A. 选择“文件”—“信息”命令中的“保护文档”选项

B. 将文档设置为只读文件

C. 将文档设置为禁止编辑状态

D. 为文档添加数字签名

二、多选题

1. 下列操作中，可以打开 Word 文档的操作是(　　)。

A. 双击已有的 Word 文档

B. 选择“文件”—“打开”菜单命令

C. 按“Ctrl+O”组合键

D. 选择“文件”—“最近所用的文件”菜单命令

2. 在 Word 中能关闭文档的操作有(　　)。

A. 选择“文件”—“关闭”命令

B. 单击文档标题栏右端的按钮

C. 在标题栏上单击鼠标右键，在弹出的快捷菜单中选择“关闭”命令

D. 选择“文件”—“保存”命令

3. 关于“保存”与“另存为”说法中错误的有（　　）。

A. 在文件第一次保存时，两者功能相同

B. “另存为”是将文件另外再保存一份，但不可以重新命名文件

C. 用“另存为”保存的文件不能与原文件同名

D. 在保存旧文档时，两者功能相同

4. 保存正在编辑的文件可通过（　　）来实现。

A. 单击标题栏上的“保存”按钮

B. 选择“文件”—“保存”命令

C. 按“Ctrl＋S”组合键

D. 按“F12”键

5. Word 2010 中可隐藏（　　）。

A. 功能区　　B. 标尺　　C. 网格线　　D. 导航窗格

6. 在 Word 2010 中，文档可以保存为（　　）格式。

A. Web 页　　B. 纯文本　　C. PDF　　D. RTF

7. 拆分 Word 文档窗口的方法正确的有（　　）。

A. 按“Ctrl＋Alt＋S”组合键

B. 按“Ctrl＋Shift＋S”组合键

C. 拖动垂直滚动条上方的“拆分”按钮

D. 在“视图”—“窗口”组中单击“拆分”按钮

8. 在 Word 中，若需选定整个段落，可执行（　　）操作。

A. 用鼠标在行首单击，然后按住“Shift”键再单击段尾

B. 在段落左侧的空白处快速双击

C. 用鼠标在段内任意处快速三击

D. 按住“Ctrl”键在段内任意处单击

9. 在 Word 2010 中的“查找和替换”对话框中查找的内容包括（　　）。

A. 样式　　B. 字体　　C. 段落标记　　D. 图片

10. 插入手动分页符的方法有（　　）。

A. 在“页面布局”—“页面设置”组中单击“分隔符”按钮，在打开的下拉列表中选择“分页符”选项

B. 在“插入”—“页”组中单击“分页”按钮

C. 按“Ctrl＋Enter”组合键

D. 按“Shift＋Enter”组合键

11. Word 中，如果要设置段落缩进，下列操作中正确的是（　　）。

A. 在“开始”—“样式”组中进行设置

B. 在“开始”—“段落”组中进行设置

C. 移动标尺上的段落缩进游标

D. 在“段落”对话框的“缩进”栏中进行设置

12. 在 Word“段落”对话框中能完成的操作有（　　）。

A. 设置段落缩进　　B. 设置项目符号

C. 设置段落间距　　　　　　　　D. 设置字符间距

13. 下列段落缩进中，属于 Word 的缩进效果的是(　　)。

A. 左缩进　　　B. 右缩进　　　C. 悬挂缩进　　　D. 首行缩进

14. Word 2010 中，以下有关项目符号的说法正确的是(　　)。

A. 项目符号可以是英文字母

B. 项目符号可以改变格式

C. 项目符号可以是计算机中的图片

D. 项目符号可以自动顺序生成

15. 编号可以是(　　)。

A. 罗马数字　　　B. 汉字数字　　　C. 英文字母　　　D. 带圈数字

16. 在 Word 中，如果要在文档中层叠图形对象，应执行(　　)操作。

A. 在右键菜单中选择“叠放次序”命令

B. 在右键菜单中选择“组合”命令

C. 在“绘图工具-格式”—“排列”组中单击“上移一层”按钮或“下移一层”按钮

D. 在“绘图工具-格式”—“排列”组中单击“位置”按钮

17. 利用“带圈字符”命令可以给字符加上(　　)。

A. 圆形　　　B. 正方形　　　C. 三角形　　　D. 菱形

18. 在 Word 2010 中，可以将边框添加到(　　)。

A. 文字　　　B. 段落　　　C. 页面　　　D. 表格

19. 在 Word 中选择多个图形，可(　　)。

A. 按住“Ctrl”键，再依次选取　　　B. 按住“Shift”键，再依次选取

C. 按住“Alt”键，再依次选取　　　D. 按住“Shift＋Ctrl”键，再依次选取

20. 以下关于项目符号的说法正确的是(　　)。

A. 可以使用“项目符号”按钮来添加

B. 可以使用软键盘来添加

C. 可以使用格式刷来添加

D. 可以自定义项目符号样式

三、判断题

1. Word 可将正在编辑的文档另存为一个纯文本(.txt)文件。　(　　)

2. Word 允许同时打开多个文档。　(　　)

3. 第一次启动 Word 后系统将自动创建一个空白文档，并命名为“新文档.docx”。　(　　)

4. 使用“文件”菜单中的“打开”命令可以打开一个已存在的 Word 文档。　(　　)

5. 保存已有文档时，程序不会做任何提示，直接将修改保存下来。　(　　)

6. 默认情况下，Word 2010 是以可读写的方式打开文档的，为了保护文档不被修改，用户可以以只读的方式或以副本的方式打开文档。　(　　)

7. 在 Word 中向前滚动一页，可通过按“Page Down”键来完成。　(　　)

8. 按住“Ctrl”键的同时滚动鼠标滚轮可以调整显示比例，滚轮每滚动一格，显示比例增大或减小 100%。　(　　)

9. 在 Word 2010 中，滚动条的作用是控制文档内容在页面中的位置。　(　　)

10. Word 2010 的浮动工具栏只能设置字体的字形、字号和颜色。　(　　)

11. 当执行了误操作后，可以单击“撤销”按钮撤销当前操作，还可以从下拉列表中执行多次撤销或恢复多次撤销的操作。（ ）

12. 在 Word 2010 中，“剪切”和“复制”命令只有在选定对象后才能使用。（ ）

13. 可以同时打开多个文档窗口，但其中只有一个是活动窗口。（ ）

14. 如果需要对文本格式化，则必须先选择被格式化的文本，然后再对其进行操作。（ ）

15. 使用“Delete”键删除的图片，可以粘贴回来。（ ）

16. 从第二行开始，相对于第一行左侧的偏移量称为首行缩进。（ ）

17. Word 2010 提供的撤销功能，只能撤销最近的上一步操作。（ ）

18. Word 2010 中进行高级查找和替换操作时，常使用的通配符有“?”和“＊”，其中“＊”表示一个任意字符，“?”表示任意多个字符。（ ）

19. 在进行替换操作时，如果“替换为”文本框中未输入任何内容，则不会进行替换操作。（ ）

20. 在 Word 2010 中，使用“Ctrl＋H”组合键可以打开“查找和替换”对话框。（ ）

21. 使用“Ctrl＋D”组合键可以打开“段落”对话框。（ ）

22. 对 Word 2010 中的字符进行水平缩放时，应在“字体”对话框的“高级”选项卡中选择缩放的比例，缩放比例大于100％时，字体就趋于宽扁。（ ）

23. Word 2010 提供了横排和竖排两种类型的文本框。（ ）

24. 在文本框中不可以插入图片。（ ）

25. 通过改变文本框的文字方向不可以实现横排和竖排的转换。（ ）

26. Word 中不能插入剪贴画。（ ）

27. 在插入艺术字后，既能设置字体，又能设置字号。（ ）

28. Word 中被剪掉的图片可以恢复。（ ）

29. SmartArt 图形是信息和观点的视觉表示形式。（ ）

30. Word 2010 具有将用户需要的页面内容转化为图片的插入对象的功能。（ ）

第5章 Excel 2010

Excel 2010 是 Microsoft 公司推出的 Office 2010 系列办公软件中的一个电子表格处理软件，具有数据计算、数据统计、数据分析、图表制作等功能。

表格是管理的一种基本工具，也是办公的重要内容。与文字处理软件 Word 中的表格处理相比较，Excel 的功能出发点和侧重点完全不同。Excel 电子表格主要关注数据，表格只是其数据组织的形式。Word 中的表格处理主要偏向于对于表格外在形式的表现，提供强大的表格绘制、修饰美化与打印输出等功能，而对数据处理的功能很弱，只提供了非常基本的计算和排序功能。而 Excel 偏重于对表格内数据的处理，提供了完备、强大而精确的数据运算、分析、汇总、查询、分类管理等功能。因此，Word 和 Excel 在办公过程中可以分工协作，由 Excel 负责数据的运算和处理，然后将处理的结果利用 Word 的排版修饰功能以精致美观的形式打印输出。

5.1 制作学生成绩表

期末考试后，辅导员让班长刘行利用 Excel 制作一份本班同学的成绩表，并以“学生成绩表.xlsx”为名进行保存。刘行取得各位学生的成绩单后，利用 Excel 进行表格设置，以便班主任查看数据，参考效果如图 5-1 所示。

计算机应用4班学生成绩表

序号	学号	姓名	英语	高数	计算机基础	大学语文	上机实训
1	20150901401	张琴	90	80	74	89	优
2	20150901402	赵赤	***55***	65	87	75	优
3	20150901403	章熊	65	75	63	78	良
4	20150901404	王费	87	86	74	72	及格
5	20150901405	李艳	68	90	91	98	优
6	20150901406	熊思思	69	66	72	61	良
7	20150901407	李莉	89	75	83	68	优
8	20150901408	何梦	72	68	63	65	***不及格***
9	20150901409	于梦溪	78	61	81	81	优
10	20150901410	张潇	64	***43***	65	60	良
11	20150901411	程桥	***59***	***55***	78	82	及格

图 5-1 “学生成绩表.xlsx”工作簿最终效果

相关设计制作步骤如下：

◆ 新建一个空白工作簿，并将其以“学生成绩表.xlsx”为名进行保存。

◆ 在 A1 单元格中输入“计算机应用 4 班学生成绩表”文本，然后在 A2:H2 单元格中输入相关科目。

◆ 在 A3 单元格中输入 1，然后使用鼠标拖动，进行序列填充。

◆ 使用相同的方法输入学号列的数据，然后依次输入姓名，以及各科的成绩。

◆ 合并 A1:H1 单元格区域，设置单元格格式为“方正兰亭粗黑简体、18 号”。

◆ 选择 A2:H2 单元格区域，设置单元格格式为“方正中等线简体、12、居中”，设置底纹为“茶色，背景 2，深色 25%”。

◆ 选择 D3:G13 单元格区域，为其设置条件格式为“加粗倾斜、红色”。也为 H3:H13 单元格区域设置条件格式。

◆ 自动调整 F 列的列宽，手动设置第 2～13 行的行高为“15”。

◆ 为工作表设置图片背景。

5.1.1 熟悉 Excel 2010 工作界面

Excel 2010 的工作界面与 Word 2010 的工作界面基本相似，由快速访问工具栏、标题栏、文件选项卡、功能选项卡、功能区、编辑栏和工作表编辑区等部分组成，如图 5-2 所示。下面介绍编辑栏和工作表编辑区的作用。

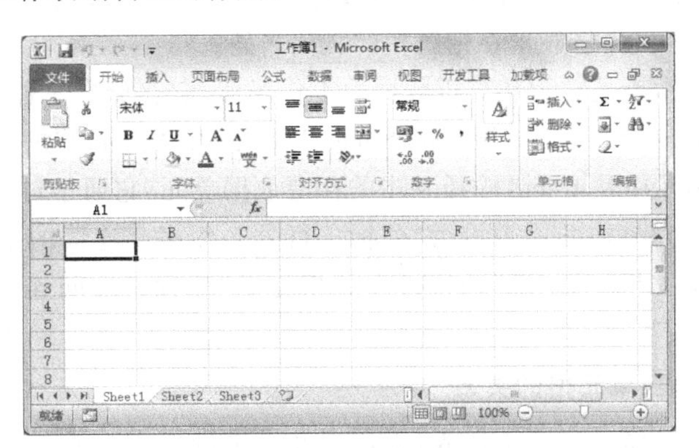

图 5-2 Excel 2010 工作界面

1. 编辑栏

编辑栏用来显示和编辑当前活动单元格中的数据或公式。默认情况下，编辑栏包括名称框、“插入函数”按钮 fx 和编辑框，但在单元格中输入数据或插入公式与函数时，编辑栏中的“取消”按钮 ✕ 和“输入”按钮 ✓ 就会显示出来。

（1）名称框。名称框用来显示当前单元格的地址或函数名称，如在名称框中输入“A3”后，按“Enter”键表示选择 A3 单元格。

（2）“取消”按钮 ✕。单击该按钮表示取消输入的内容。

（3）“输入”按钮 ✓。单击该按钮表示确定并完成输入的内容。

（4）“插入函数”按钮 fx。单击该按钮，将快速打开“插入函数”对话框，在其中可选择相应的函数插到表格中。

（5）编辑框。编辑框用于显示在单元格中输入或编辑的内容，并可在其中直接输入和编辑。

2. 工作表编辑区

工作表编辑区是 Excel 编辑数据的主要场所，它包括行号与列标、单元格和工作表标签等。

（1）行号与列标。行号用“1，2，3，…”阿拉伯数字标识，列标用“A，B，C，… ”大写英文字母标识。一般情况下，单元格地址表示为“列标＋行号”，如位于 A 列 1 行的单元格可表示为 A1 单元格。

（2）工作表标签。工作表标签用于显示工作表的名称，如“Sheet1”“Sheet2”“Sheet3”等。在工作表标签左侧单击 ◀ 或 ▶ 按钮，当前工作表标签将返回到最左侧或最右侧的工作表标签，单击 ◀ 或 ▶ 按钮将向前或向后切换一个工作表标签。若在工作表标签左侧的任意一个滚动显示按钮上单击鼠标右键，在弹出的快捷菜单中选择任意一个工作表也可切换工作表。

5.1.2 认识工作簿、工作表、单元格

在 Excel 中，工作簿、工作表和单元格是构成 Excel 的框架，同时它们之间存在着包含与

被包含的关系。了解其概念和相互之间的关系，有助于在Excel中执行相应的操作。

1. 工作簿、工作表和单元格的概念

下面首先了解工作簿、工作表和单元格的概念。

(1) 工作簿。工作簿即Excel文件，用来存储和处理数据的主要文档，也称为电子表格。默认情况下，新建的工作簿以"工作簿1"命名，若继续新建工作簿，将以"工作簿2""工作簿3"……命名，且工作簿名称将显示在标题栏的文档名处。

(2) 工作表。工作表是显示和分析数据的工作场所，它存储在工作簿中。默认情况下，一张工作簿中只包含3个工作表，分别以"Sheet1""Sheet2""Sheet3"进行命名。

(3) 单元格。单元格是Excel中最基本的存储数据单元，它通过对应的行号和列标进行命名和引用。单个单元格地址可表示为"列标＋行号"，而多个连续的单元格称为单元格区域，其地址表示为"单元格:单元格"，如A2单元格与C5单元格之间连续的单元格可表示为A2:C5单元格区域。

2. 工作簿、工作表、单元格的关系

工作簿中包含了一张或多张工作表，工作表又是由排列成行或列的单元格组成的。在计算机中工作簿以文件的形式独立存在，Excel 2010创建的文件扩展名为". xlsx"，而工作表依附在工作簿中，单元格则依附在工作表中，因此它们3者之间的关系是包含与被包含的关系。

5.1.3 切换工作簿视图

在Excel中，可根据需要在视图栏中单击视图按钮组中的相应按钮，或在"视图"—"工作簿视图"组中单击相应的按钮来切换工作簿视图。下面分别介绍各工作簿视图的作用。

(1) 普通视图。普通视图是Excel中的默认视图，用于正常显示工作表，在其中可以执行数据输入、数据计算和图表制作等操作。

(2) 页面布局视图。在页面布局视图中，每一页都会同时显示页边距、页眉和页脚，用户可以在此视图模式下编辑数据、添加页眉和页脚，并可以通过拖动标尺中上边或左边的滑块来设置页面边距。

(3) 分页预览视图。分页预览视图可以显示蓝色的分页符，用户可以用鼠标拖动分页符以改变显示的页数和每页的显示比例。

(4) 全屏显示视图。要在屏幕上尽可能多地显示文档内容，可以切换为全屏显示视图。单击"视图"—"工作簿视图"组中的"全屏显示"按钮，即可切换到全屏显示视图。在该模式下，Excel将不显示功能区和状态栏等部分。

5.1.4 选择单元格

要在表格中输入数据，首先应选择输入数据的单元格。在工作表中选择单元格的方法有以下6种。

(1) 选择单个单元格。单击单元格，或在名称框中输入单元格的行号和列号后按"Enter"键即可选择所需的单元格。

(2) 选择所有单元格。单击行号和列标左上角交叉处的"全选"按钮，或按"Ctrl＋A"组合键即可选择工作表中所有单元格。

（3）选择相邻的多个单元格。选择起始单元格后，按住鼠标左键不放拖曳鼠标到目标单元格，或按住“Shift”键的同时选择目标单元格，即可选择相邻的多个单元格。

（4）选择不相邻的多个单元格。按住“Ctrl”键的同时依次单击需要选择的单元格，即可选择不相邻的多个单元格。

（5）选择整行。将鼠标移动到需选择行的行号上，当鼠标光标变成➡形状时，单击即可选择该行。

（6）选择整列。将鼠标移动到需选择列的列标上，当鼠标光标变成⬇形状时，单击即可选择该列。

5.1.5 合并与拆分单元格

当默认的单元格样式不能满足实际需要时，可通过合并与拆分单元格的方法来设置表格。

1. 合并单元格

在编辑表格的过程中，为了使表格结构看起来更美观、层次更清晰，有时需要对某些单元格区域进行合并操作。选择需要合并的多个单元格，然后在“开始”—“对齐方式”组中单击“合并后居中”按钮。单击合并后居中按钮右侧的下拉按钮，在打开的下拉列表中可以选择“跨越合并”“合并单元格”“取消单元格合并”等选项。

2. 拆分单元格

拆分单元格的方法与合并单元格的方法完全相反，在拆分时选择合并的单元格，然后单击合并后居中按钮，或打开“设置单元格格式”对话框，在“对齐”选项卡下撤销选中“合并单元格”复选框即可。

5.1.6 插入与删除单元格

在表格中可插入和删除单个单元格，也可插入或删除一行或一列单元格。

1. 插入单元格

插入单元格的具体操作如下。

（1）选择单元格，在“开始”—“单元格”组中单击“插入”按钮右侧的下拉按钮，在打开的下拉列表中选择“插入工作表行”或“插入工作表列”选项，即可插入整行或整列单元格。此处选择“插入单元格”选项。

（2）打开“插入”对话框，单击选中对应的单选项后，单击确定按钮即可。

2. 删除单元格

删除单元格的具体操作如下。

（1）选择要删除的单元格，单击“开始”—“单元格”组中的“删除”按钮右侧的下拉按钮，在打开的下拉列表中选择“删除工作表行”或“删除工作表列”选项，即可删除整行或整列单元格。此处选择“删除单元格”选项。

（2）打开“删除”对话框，单击选中对应单选项后，单击确定按钮即可删除所选单元格。

5.1.7 查找与替换数据

在 Excel 表格中手动查找与替换某个数据将会非常麻烦，且容易出错，此时可利用查找与替换功能快速定位到满足查找条件的单元格，并将单元格中的数据替换为需要的数据。

1. 查找数据

利用 Excel 提供的查找功能查找数据的具体操作如下。

(1) 在“开始”—“编辑”组中单击“查找和选择”按钮，在打开的下拉列表中选择“查找”选项，打开“查找和替换”对话框，单击“查找”选项卡。

(2) 在“查找内容”下拉列表框中输入要查找的数据，单击[查找下一个(F)]按钮，便能快速查找到匹配条件的单元格。

(3) 单击[查找全部(I)]按钮，可以在“查找和替换”对话框下方列表中显示所有包含需要查找数据的单元格位置。单击[关闭]按钮关闭“查找和替换”对话框。

2. 替换数据

替换数据的具体操作如下。

(1) 在“开始”—“编辑”组中单击“查找和选择”按钮，在打开的下拉列表中选择“替换”选项，打开“查找和替换”对话框，单击“替换”选项卡。

(2) 在“查找内容”下拉列表框中输入要查找的数据，在“替换为”下拉列表框中输入需替换的内容。

(3) 单击[查找下一个(F)]按钮，查找符合条件的数据，然后单击[替换(R)]按钮进行替换，或单击[全部替换(A)]按钮，将所有符合条件的数据一次性全部替换。

5.1.8 新建并保存工作簿

启动 Excel 后，系统将自动新建名为“工作簿 1”的空白工作簿。为了满足需要，用户还可新建更多的空白工作簿，其具体操作如下。

(1) 选择“开始”—“所有程序”—“Microsoft Office”—“Microsoft Excel 2010”命令，启动 Excel 2010，然后选择“文件”—“新建”命令，在窗口中间的“可用模板”列表框中选择“空白工作簿”选项，单击右侧的“创建”按钮。

(2) 系统将新建名为“工作簿 2”的空白工作簿。

(3) 选择“文件”—“保存”命令，在打开的“另存为”对话框的地址栏下拉列表框中选择文件保存路径，在“文件名”下拉列表框中输入“学生成绩表. xlsx”，然后单击[保存(S)]按钮。

提示：按“Ctrl＋N”组合键可快速新建空白工作簿，在桌面或文件夹的空白位置处单击鼠标右键，在弹出的快捷菜单中选择“新建”—“Microsoft Excel 工作表”命令也可新建空白工作簿。

5.1.9 输入工作表数据

输入数据是制作表格的基础，Excel 支持各种类型数据的输入，如文本和数字等，其具体操作如下。

(1) 选择 A1 单元格，在其中输入“计算机应用 4 班学生成绩表”文本，然后按“Enter”键切换到 A2 单元格，在其中输入“序号”文本。

(2) 按“Tab”键或“→”键切换到 B2 单元格，在其中输入“学号”文本，再使用相同的方法依次在后面单元格输入“姓名”“英语”“高数”“计算机基础”“大学语文”“上机实训”等文本。

(3) 选择 A3 单元格，在其中输入“1”，将鼠标指针移动到单元格右下角，出现＋形状的控制柄，按住“Ctrl”键的同时在控制柄上按住鼠标左键不放拖动鼠标至 A13 单元格，此时 A4:A13 单元格区域将自动生成序号。

(4) 拖动鼠标选择 B3:B13 单元格区域，在“开始”—“数字”组中的“数字格式”下拉列表中选择“文本”选项，然后在 B3 单元格中输入学号“20150901401”，并拖动控制柄为 B4:B13 单元格区域创建自动填充，完成后效果如图 5-3 所示。

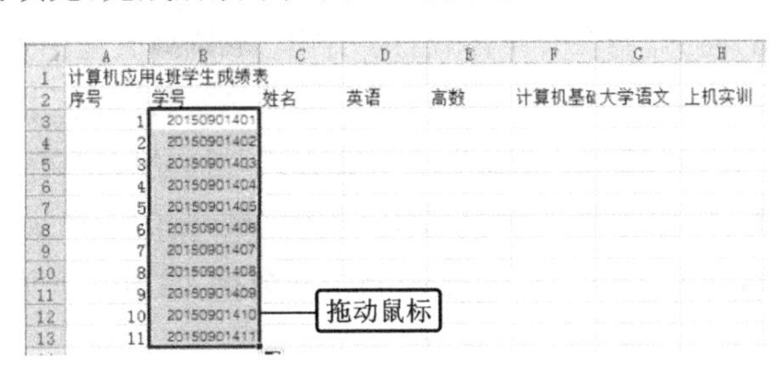

计算机应用4班学生成绩表							
序号	学号	姓名	英语	高数	计算机基础	大学语文	上机实训
1	20150901401						
2	20150901402						
3	20150901403						
4	20150901404						
5	20150901405						
6	20150901406						
7	20150901407						
8	20150901408						
9	20150901409						
10	20150901410						
11	20150901411						

图 5-3　自动填充数据

5.1.10　设置数据有效性

为单元格设置数据有效性后，可保证输入的数据在指定的范围内，从而减少出错率，其具体操作如下。

(1) 在 C3:C13 单元格区域中输入学生名字，然后选择 D3:G13 单元格区域。

(2) 在“数据”—“数据工具”组中单击“数据有效性”按钮，打开“数据有效性”对话框，在“允许”下拉列表中选择“整数”选项，在“数据”下拉列表中选择“介于”选项，在“最大值”和“最小值”文本框中分别输入 100 和 0，如图 5-4 所示。

(3) 单击“输入信息”选项卡，在“标题”文本框中输入“注意”文本，在“输入信息”文本框中输入“请输入 0～100 之间的整数”文本。

(4) 单击“出错警告”选项卡，在“标题”文本框中输入“出错”文本，在“错误信息”文本框中输入“输入的数据不在正确范围内，请重新输入”文本，完成后单击 确定 按钮。

(5) 在单元格中依次输入相关课程的学生成绩，选择 H3:H13 单元格区域，打开“数据有效性”对话框，在“设置”选项卡的“允许”下拉列表中选择“序列”选项，在“来源”文本框中输入“优，良，及格，不及格”文本。

(6) 选择 H3:H13 单元格区域任意单元格，然后单击单元格右侧的下拉按钮，在打开的下拉列表中选择需要的选项即可，如图 5-5 所示。

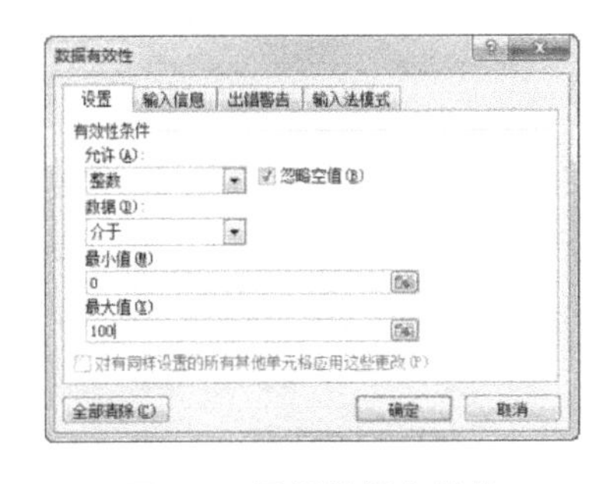

图 5-4　设置数据有效性

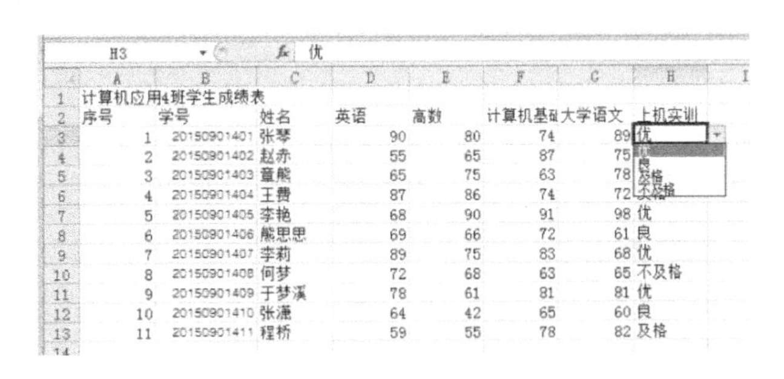

计算机应用4班学生成绩表							
序号	学号	姓名	英语	高数	计算机基础	大学语文	上机实训
1	20150901401	张琴	90	80	74	89	优
2	20150901402	赵赤	55	65	87	75	
3	20150901403	童熊	65	75	63	78	
4	20150901404	王费	87	86	74	72	
5	20150901405	李艳	68	90	91	98	优
6	20150901406	熊思思	69	66	72	61	良
7	20150901407	李莉	89	75	83	68	优
8	20150901408	何梦	72	68	63	65	不及格
9	20150901409	于梦溪	78	61	81	81	优
10	20150901410	张潇	64	42	65	60	良
11	20150901411	程桥	59	55	78	82	及格

图 5-5　选择输入的数据

5.1.11　设置单元格格式

输入数据后通常还需要对单元格设置相关的格式，美化表格，其具体操作如下。

(1) 选择 A1:H1 单元格区域，在“开始”—“对齐方式”组中单击“合并后居中”按钮或单击该按钮右侧的下拉按钮，在打开的下拉列表中选择“合并后居中”选项。

(2) 返回工作表中可看到所选的单元格区域合并为一个单元格，且其中的数据自动居中显示。

(3) 保持选择状态，在“开始”—“字体”组的“字体”下拉列表框中选择“方正兰亭粗黑简体”选项，在“字号”下拉列表框中选择“18”选项。选择 A2:H2 单元格区域，设置其字体为“方正中等线简体”，字号为“12”，在“开始”—“对齐方式”组中单击“居中”按钮。

(4) 在“开始”—“字体”组中单击“填充颜色”按钮右侧的下拉按钮，在打开的下拉列表中选择“茶色，背景 2，深色 25%”选项，选择剩余的数据，设置对齐方式为“居中”，完成后的效果如图 5-6 所示。

	A	B	C	D	E	F	G	H
1	计算机应用4班学生成绩表							
2	序号	学号	姓名	英语	高数	计算机基础	大学语文	上机实训
3	1	20150901401	张琴	90	80	74	89	优
4	2	20150901402	赵赤	55	65	87	75	优
5	3	20150901403	章熊	65	75	63	78	良

图 5-6 设置单元格格式

5.1.12 设置条件格式

通过设置条件格式，用户可以将不满足或满足条件的数据单独显示出来，其具体操作如下。

(1) 选择 D3:G13 单元格区域，在“开始”—“样式”组中单击“条件格式”按钮，在打开的下拉列表中选择“新建规则”选项，打开“新建格式规则”对话框。

(2) 在“选择规则类型”列表框中选择“只为包含以下内容的单元格设置格式”选项，在“编辑规则说明”栏中的条件格式下拉列表中选择“小于”选项，并在右侧的数据框中输入“60”，如图 5-7 所示。

(3) 单击 格式(F)... 按钮，打开“设置单元格格式”对话框，在“字体”选项卡中设置字形为“加粗倾斜”，将颜色设置为标准色中的“红色”，如图 5-8 所示。

(4) 依次单击 确定 按钮返回工作界面。使用相同的方法为 H3:H13 单元格区域设置条件格式。

图 5-7 新建格式规则

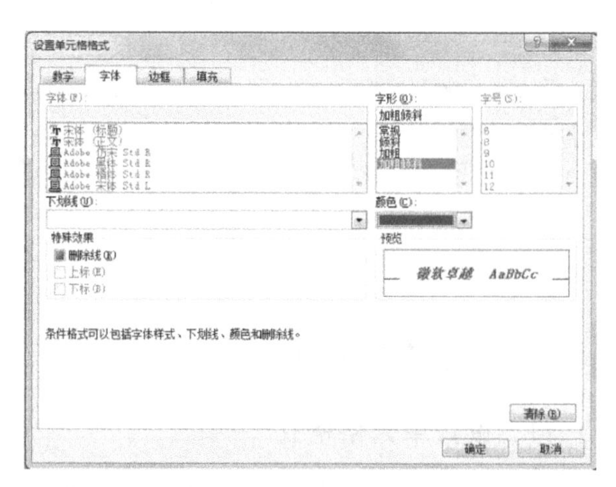

图 5-8 设置条件格式

5.1.13 调整行高与列宽

默认状态下，单元格的行高和列宽是固定不变的，但是当单元格中的数据太多不能完全显示其内容时，则需要调整单元格的行高或列宽使其符合单元格大小，其具体操作如下。

（1）选择 F 列，在“开始”—“单元格”组中单击“格式”按钮，在打开的下拉列表中选择“自动调整列宽”选项，返回工作表中可看到 F 列变宽且其中的数据完整显示出来，如图 5-9 所示。

（2）将鼠标指针移到第 1 行行号间的间隔线上时，鼠标指针变为形状，按住鼠标左键不放向下拖动，此时鼠标指针右侧将显示具体的数据，待拖动至适合的距离后释放鼠标。

（3）选择第 2～13 行，在“开始”—“单元格”组中单击“格式”按钮，在打开的下拉列表中选择“行高”选项，在打开的“行高”对话框的数值框中默认显示为“13.5”，这里输入 “15”，单击 确定 按钮，此时，在工作表中可看到第 2～13 行的行高增大，如图 5-10 所示。

计算机应用4班学生成绩表

序号	学号	姓名	英语	高数	计算机基础	大学语文	上机实训
1	20150901401	张琴	90	80	74	89	优
2	20150901402	赵赤	55	65	87	75	优
3	20150901403	章熊	65	75	63	78	良
4	20150901404	王费	87	86	74	72	及格
5	20150901405	李艳	68	90	91	98	优
6	20150901406	熊思思	69	66	72	61	良
7	20150901407	李莉	89	75	83	68	优
8	20150901408	何梦	72	68	63	65	不及格
9	20150901409	于梦溪	78	61	81	81	优
10	20150901410	张潇	64	42	65	60	良
11	20150901411	程桥	59	55	78	82	及格

图 5-9　自动调整列宽

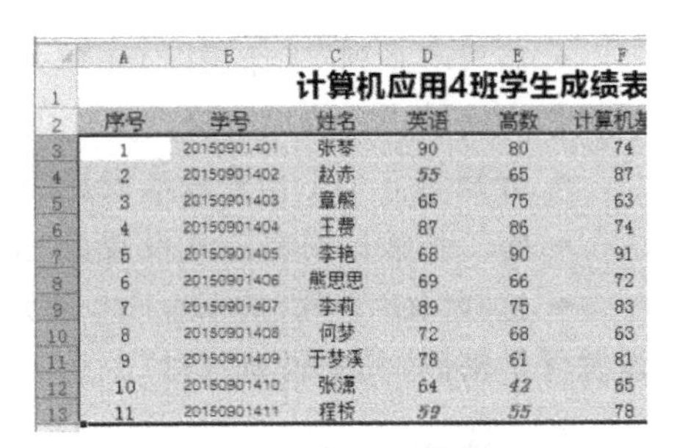

计算机应用4班学生成绩表

序号	学号	姓名	英语	高数	计算机基
1	20150901401	张琴	90	80	74
2	20150901402	赵赤	55	65	87
3	20150901403	章熊	65	75	63
4	20150901404	王费	87	86	74
5	20150901405	李艳	68	90	91
6	20150901406	熊思思	69	66	72
7	20150901407	李莉	89	75	83
8	20150901408	何梦	72	68	63
9	20150901409	于梦溪	78	61	81
10	20150901410	张潇	64	42	65
11	20150901411	程桥	59	55	78

图 5-10　设置行高后的效果

5.1.14 设置工作表背景

默认情况下，Excel 工作表中的数据呈白底黑字显示。为使工作表更美观，除了为其填充颜色外，还可插入喜欢的图片作为背景，其具体操作如下。

（1）在“页面布局”—“页面设置”组中单击 背景 按钮，打开“工作表背景”对话框，在地址栏下拉列表框中选择背景图片的保存路径，在工作区选择“背景.jpg”图片，单击 确定 按钮。

（2）返回工作表中可看到将图片设置为工作表背景后的效果，如图 5-11 所示。

计算机应用4班学生成绩表

序号	学号	姓名	英语	高数	计算机基础	大学语文	上机实训
1	20150901401	张琴	90	80	74	89	优
2	20150901402	赵赤	55	65	87	75	优
3	20150901403	章熊	65	75	63	78	良
4	20150901404	王费	87	86	74	72	及格
5	20150901405	李艳	68	90	91	98	优
6	20150901406	熊思思	69	66	72	61	良
7	20150901407	李莉	89	75	83	68	优
8	20150901408	何梦	72	68	63	65	不及格
9	20150901409	于梦溪	78	61	81	81	优
10	20150901410	张潇	64	42	65	60	良
11	20150901411	程桥	59	55	78	82	及格

图 5-11　设置工作表背景后的效果

5.2 编辑产品价格表

李涛是某商场护肤品专柜的库管，由于季节的原因，最近需要新进一批产品，经理让李涛制作一份产品价格表，用于比对产品成本。经过一番调查，李涛利用 Excel 2010 的功能完成了制作，完成后的参考效果如图 5-12 所示。

B3　　f_x　美白洁面乳

	A	B	C	D	E	F
1	LR-MB系列产品价格表					
2	货号	产品名称	净含量	包装规格	价格（元）	备注
12	MB010	美白精华	30ml	48瓶/箱	128	
13	MB011	美白去黑	105g	48支/箱	110	
14	MB012	美白深层	105ml	48支/箱	99	
15	MB013	美白还原	1片装	288片/箱	15	
16	MB014	美白晶莹	25ml	72支/箱	128	
17	MB015	美白再生	2片装	1152袋/箱	10	
18	MB016	美白祛皱	35g	48支/箱	135	
19	MB017	美白黑眼	35g	48支/箱	138	
20	MB018	美白焕采	1片装	288片/箱	20	
21						

图 5-12 “产品价格表”工作簿最终效果

相关设计制作步骤如下：

◆ 打开素材工作簿，并先插入一个工作表，然后再删除“Sheet2”“Sheet3”“Sheet4”工作表。

◆ 复制两次“Sheet1”工作表，并分别将所有工作表重命名为“BS 系列”“MB 系列”和“RF 系列”。

◆ 将“BS 系列”工作表以 C4 单元格为中心拆分为 4 个窗格，将“MB 系列”工作表 B3 单元格作为冻结中心冻结表格。

◆ 分别将 3 个工作表依次设置为“红色、黄色、深蓝”。

◆ 将工作表的对齐方式设置为“垂直居中”，横向打印 5 份。

◆ 选择“RF 系列”的 E3:E20 单元格区域，为其设置保护，最后为工作表和工作簿分别设置保护密码，其密码为“123”。

5.2.1 选择工作表

选择工作表的实质是选择工作表标签，主要有以下 4 种方法。

（1）选择单张工作表。单击工作表标签，可选择对应的工作表。

（2）选择连续多张工作表。单击选择第一张工作表，按住“Shift”键不放的同时选择其他工作表。

（3）选择不连续的多张工作表。单击选择第一张工作表，按住“Ctrl”键不放的同时选择其他工作表。

（4）选择全部工作表。在任意工作表上单击鼠标右键，在弹出的快捷菜单中选择“选定全部工作表”命令。

5.2.2 隐藏与显示工作表

在工作簿中当不需要显示某个工作表时，可将其隐藏，当需要时再将其重新显示出来，其具体操作如下。

（1）选择需要隐藏的工作表，在其上单击鼠标右键，在弹出的快捷菜单中选择“隐藏”命令，即可隐藏所选的工作表。

（2）在工作簿的任意工作表上单击鼠标右键，在弹出的快捷菜单中选择“取消隐藏”命令。

（3）在打开的“取消隐藏”对话框的列表框中选择需显示的工作表，如图 5-13 所示，然后单击 确定 按钮即可将隐藏的工作表显示出来。

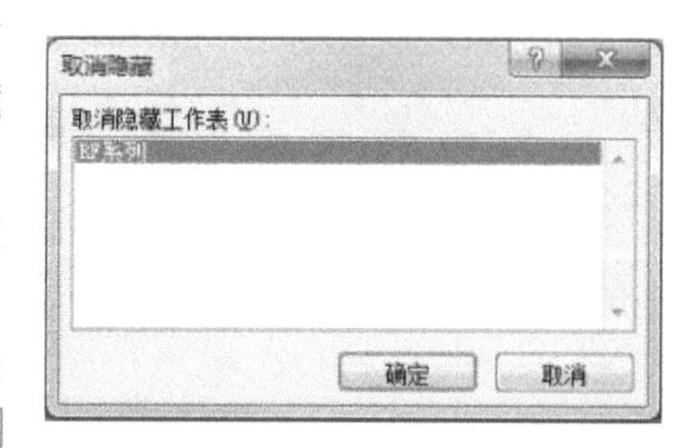

图 5-13 “取消隐藏”对话框

5.2.3 设置超链接

在制作电子表格时，可根据需要为相关的单元格设置超链接，其具体操作如下。

（1）单击选择需要设置超链接的单元格，在“插入”—“链接”组中单击“超链接”按钮，打开“插入超链接”对话框。

（2）在打开的对话框中可根据需要设置链接对象的位置等，如图 5-14 所示，完成后单击确定按钮。

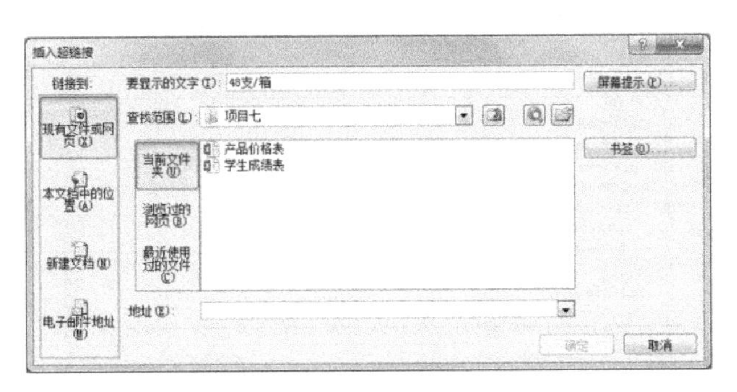

图 5-14 “插入超链接”对话框

5.2.4 套用表格格式

如果用户希望工作表更美观，但又不想浪费太多的时间设置工作表格式，可利用套用工作表格式功能直接调用系统中已设置好的表格格式，这样不仅可提高工作效率，还可保证表格格式的美观。其具体操作如下。

（1）选择需要套用表格格式的单元格区域，在“开始”—“样式”组中单击“套用表格格式”按钮，在打开的下拉列表中选择一种表格样式选项。

（2）由于已选择了套用范围的单元格区域，这里只需在打开的“套用表格式”对话框中单击确定按钮即可，如图 5-15 所示。

（3）套用表格格式后，将激活“表格工具-设计”选项卡，在其中可重新设置表格样式和表格样式选项。另外，在“表格工具-设计”—“工具”组中单击转换为区域按钮，可将套用的表格格式转换为区域，即转换为普通的单元格区域。

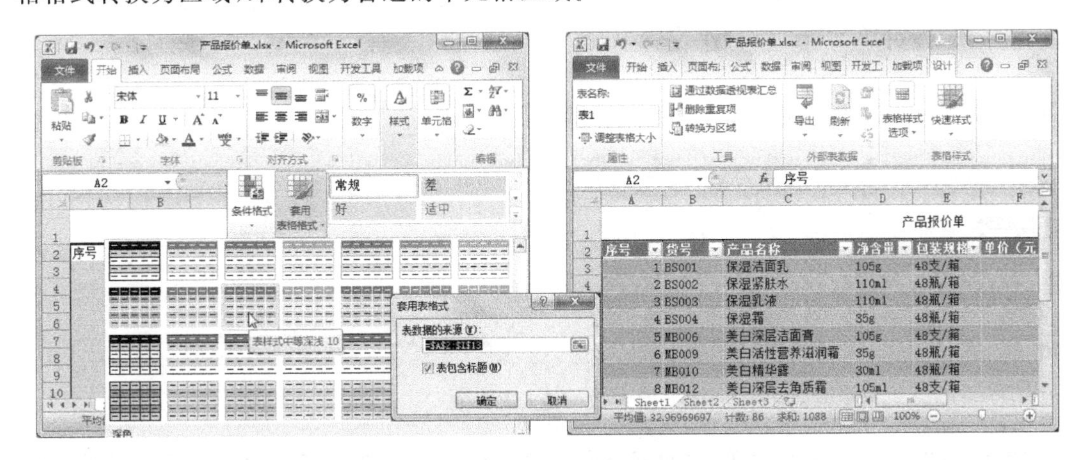

图 5-15 套用表格格式

5.2.5 打开工作簿

要查看或编辑保存在计算机中的工作簿，首先要打开该工作簿，其具体操作如下。

(1) 启动 Excel 2010 程序，选择“文件”—“打开”命令。

(2) 打开“打开”对话框，在地址栏下拉列表框中选择文件路径，在工作区选择“产品价格表.xlsx”工作簿，单击 打开(O) 按钮即可打开选择的工作簿，如图 5-16 所示。

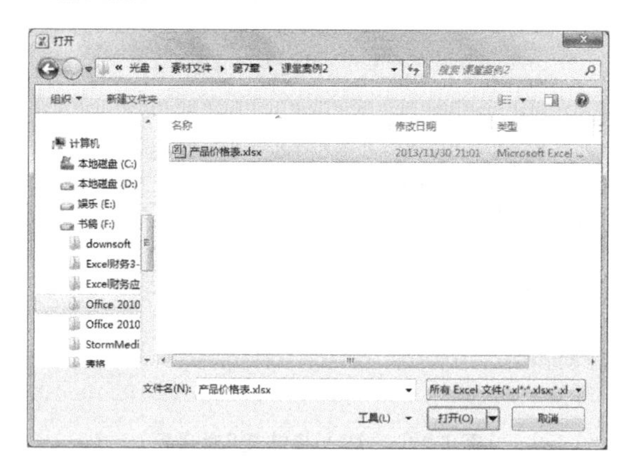

图 5-16 “打开”对话框

提示：按“Ctrl+O”组合键，也可打开“打开”对话框，在其中选择文件路径和所需的文件；另外，在计算机中双击需打开的 Excel 文件也可打开所需的工作簿。

5.2.6 插入与删除工作表

在 Excel 中当工作表的数量不够使用时，可通过插入工作表来增加工作表的数量；若插入了多余的工作表，则可将其删除，以节省系统资源。

1. 插入工作表

默认情况下，Excel 工作簿中有 3 张工作表，但用户可以根据需要插入更多工作表。下面在“产品价格表.xlsx”工作簿中通过“插入”对话框插入空白工作表，其具体操作如下。

(1) 在“Sheet1”工作表标签上单击鼠标右键，在弹出的快捷菜单中选择“插入”命令。

(2) 在打开的“插入”对话框的“常用”选项卡的列表框中选择“工作表”选项，然后单击 确定 按钮，即可插入新的空白工作表，如图 5-17 所示。

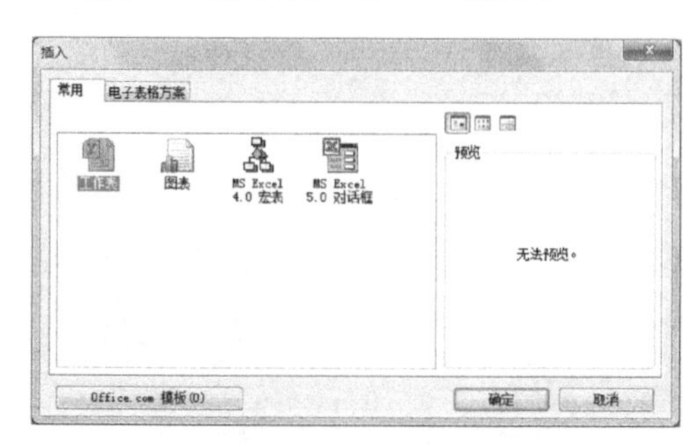

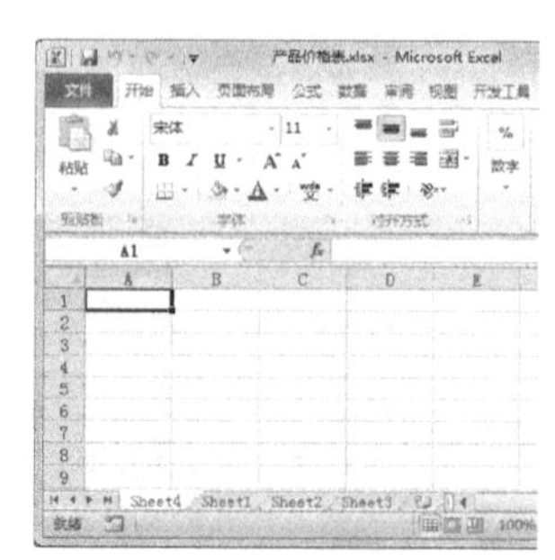

图 5-17 插入工作表

提示：在“插入”对话框中单击“电子表格方案”选项卡，在其中可以插入基于模板的工作表。另外，在工作表标签后单击“插入工作表”按钮，或在“开始”—“单元格”组中单击“插入”按钮下方的按钮，在打开的下拉列表中选择“插入工作表”选项，都可快速插入空白工作表。

2. 删除工作表

当工作簿中存在多余的工作表或不需要的工作表时，可以将其删除。下面将删除“产品价格表.xlsx”工作簿中的“Sheet2”“Sheet3”和“Sheet4”工作表，其具体操作如下。

(1) 按住“Ctrl”键不放，同时选择“Sheet2”“Sheet3”和“Sheet4”工作表，在其上单击鼠标右键，在弹出的快捷菜单中选择“删除”命令。

(2) 返回工作簿中可看到“Sheet2”“Sheet3”和“Sheet4”工作表已被删除，如图 5-18 所示。

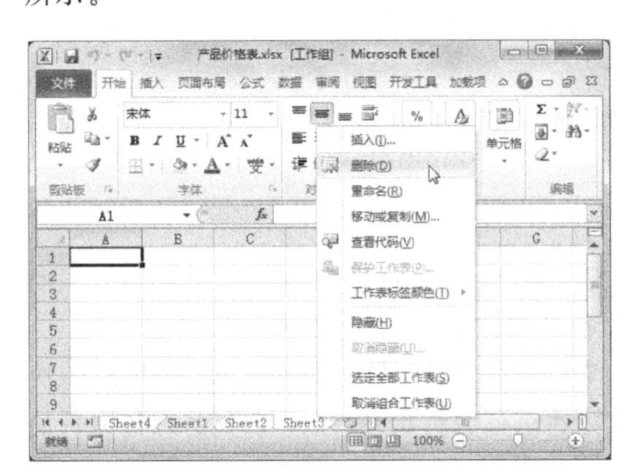

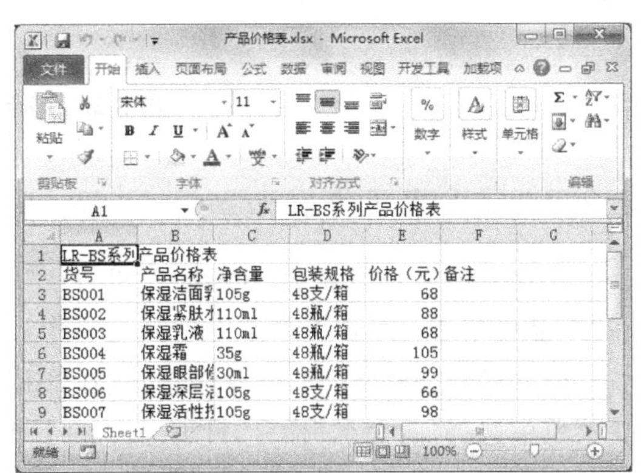

图 5-18 删除工作表

提示：若要删除有数据的工作表，将打开询问是否永久删除这些数据的提示对话框，单击 删除 按钮将删除工作表和工作表中的数据，单击 取消 按钮将取消删除工作表的操作。

5.2.7 移动与复制工作表

在 Excel 中工作表的位置并不是固定不变的，为了避免重复制作相同的工作表，用户可根据需要移动或复制工作表，即在原表格的基础上改变表格位置或快速添加多个相同的表格。下面将在“产品价格表.xlsx”工作簿中移动并复制工作表，其具体操作如下。

(1) 在“Sheet1”工作表上单击鼠标右键，在弹出的快捷菜单中选择“移动或复制”命令。

(2) 在打开的“移动或复制工作表”对话框的“下列选定工作表之前”列表框中选择移动工作表的位置，这里选择“(移至最后)”选项，然后单击选中“建立副本”复选框，完成后单击 确定 按钮即可移动并复制“Sheet1”工作表，如图 5-19 所示。

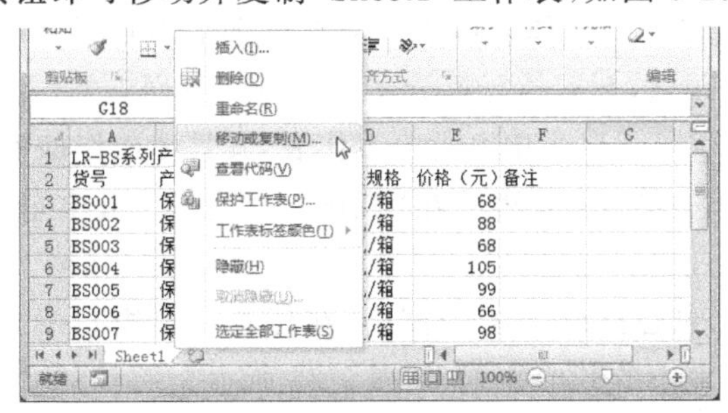

图 5-19 设置移动位置并复制工作表

提示：将鼠标指针移动到需移动或复制的工作表标签上，按住鼠标右键不放并进行拖动或按住“Ctrl”键不放的同时按住鼠标左键进行拖动，此时鼠标指针变成或形状，将其拖动到目标工作表之后释放鼠标，此时工作表标签上有一个▼符号将随鼠标指针移动，释放鼠标后在目标工作表中可看到移动或复制的工作表。

(3) 使用相同的方法在“Sheet1 (2)”工作表后继续移动并复制工作表，如图 5-20 所示。

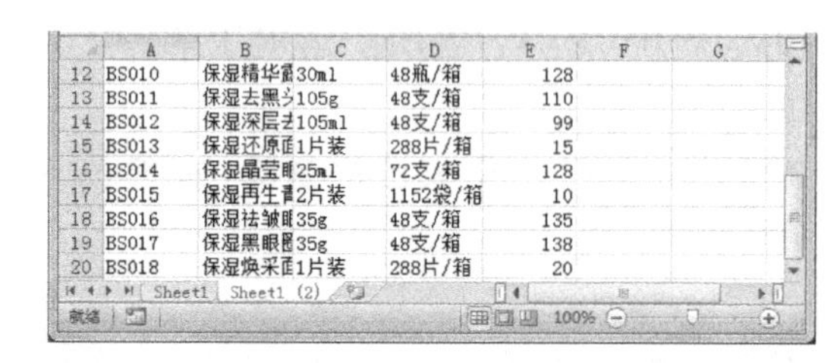

图 5-20　移动并复制工作表

5.2.8　重命名工作表

工作表的名称默认为“Sheet1”“Sheet2”…，为了便于查询，可重命名工作表名称。下面在“产品价格表.xlsx”工作簿中重命名工作表，其具体操作如下。

(1) 双击“Sheet1”工作表标签，或在“Sheet1”工作表标签上单击鼠标右键，在弹出的快捷菜单中选择“重命名”命令，此时选择的工作表标签呈可编辑状态，且该工作表的名称自动呈黑底白字显示。

(2) 直接输入文本“BS 系列”，然后按“Enter”键或在工作表的任意位置单击退出编辑状态。

(3) 使用相同的方法将 Sheet1(2)和 Sheet1(3)工作表标签重命名为“MB 系列”和“RF 系列”，完成后再在相应的工作表中双击单元格，修改其中的数据，如图 5-21 所示。

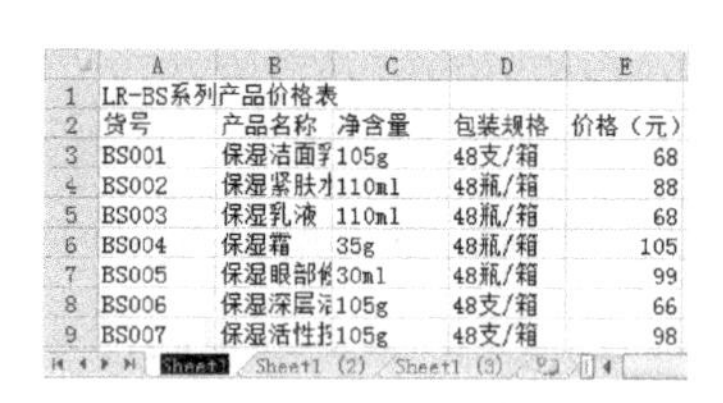

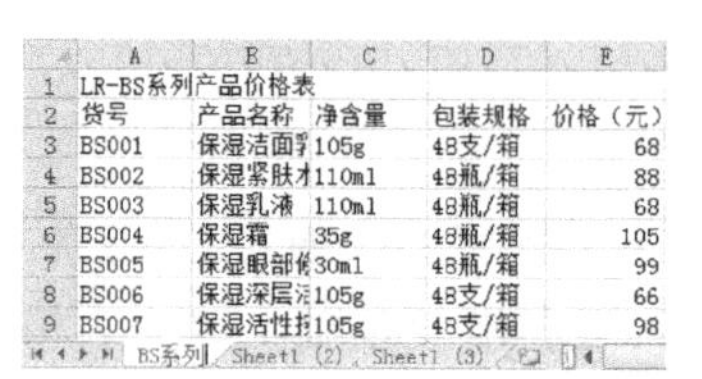

图 5-21　重命名工作表

5.2.9　拆分工作表

在 Excel 中可以使用拆分工作表的方法将工作表拆分为多个窗格，每个窗格中都可进行单独的操作，这样有利于在数据量比较大的工作表中查看数据的前后对照关系。要拆分工作表，首先应选择作为拆分中心的单元格，然后执行拆分命令即可。下面在“产品价格表.xlsx”工作簿的“BS 系列”工作表中以 C4 单元格为中心拆分工作表，其具体操作如下。

(1) 在“BS 系列”工作表中选择 C4 单元格，然后在“视图”—“窗口”组中单击 拆分 按钮。

(2) 此时工作簿将以 C4 单元格为中心拆分为 4 个窗格，在任意一个窗口中选择单元格，然后滚动鼠标滚轴即可显示出工作表中的其他数据，如图 5-22 所示。

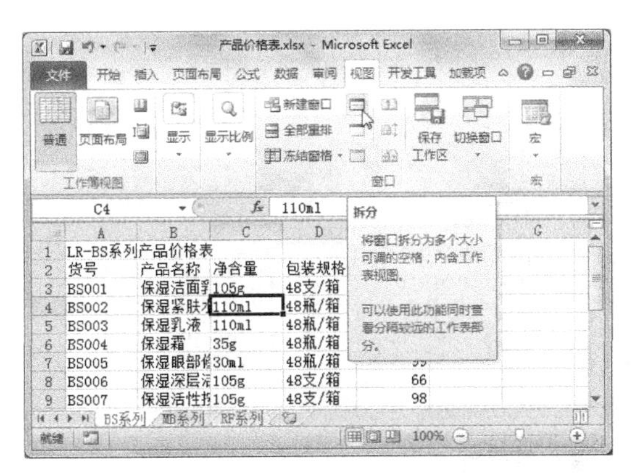

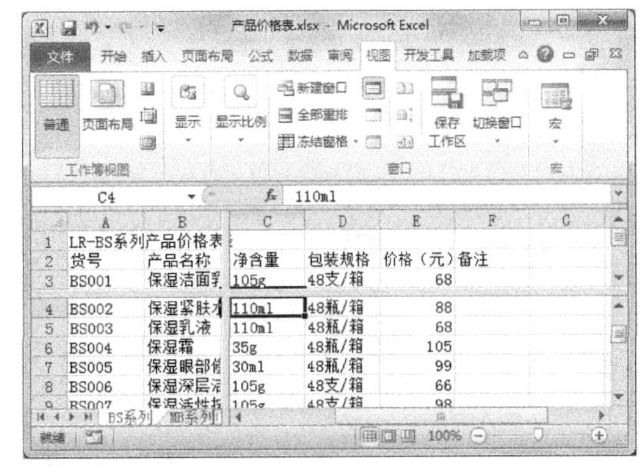

图 5-22　拆分工作表

5.2.10　冻结窗格

在数据量比较大的工作表中为了方便查看表头与数据的对应关系，可通过冻结工作表窗格随意查看工作表的其他部分而不移动表头所在的行或列。下面在“产品价格表. xlsx”工作簿的“MB 系列”工作表中以 B3 单元格为冻结中心冻结窗格，其具体操作如下。

(1) 选择“MB 系列”工作表，在其中选择 B3 单元格作为冻结中心，然后在“视图”—“窗口”组中单击 冻结窗格 按钮，在打开的下拉列表中选择“冻结拆分窗格”选项。

(2)返回工作表中，保持 B3 单元格上方和左侧的行和列位置不变，然后拖动水平滚动条或垂直滚动条，即可查看工作表其他部分的行或列，如图 5-23 所示。

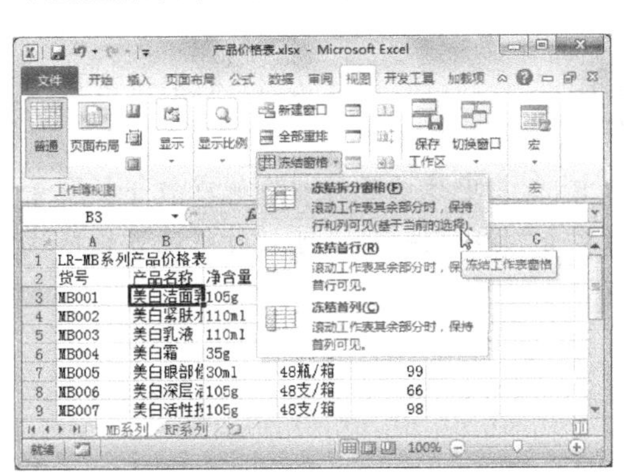

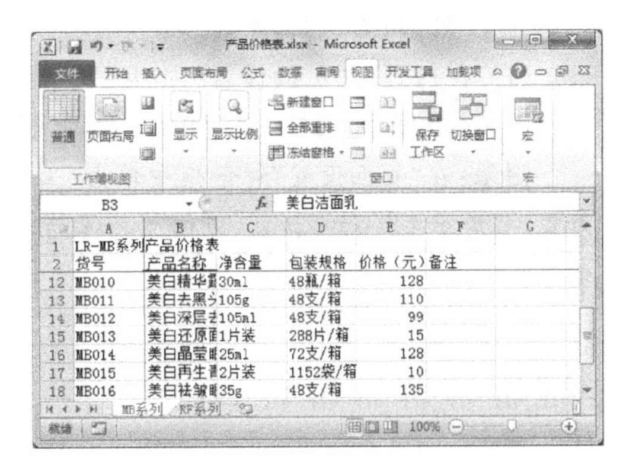

图 5-23　冻结拆分窗格

5.2.11　设置工作表标签颜色

默认状态下，工作表标签的颜色呈白底黑字显示，为了让工作表标签更美观醒目，可设置工作表标签的颜色。下面在“产品价格表. xlsx”工作簿中分别设置工作表标签颜色，其具体操作如下。

(1) 在工作簿的工作表标签滚动显示按钮上单击 ◀ 按钮，显示出“BS 系列”工作表，然后在其上单击鼠标右键，在弹出的快捷菜单中选择“工作表标签颜色”—“红色，强调文字颜色 2”命令。

(2) 返回工作表中可查看设置的工作表标签颜色，单击其他工作表标签，然后使用相同的方法分别为“MB 系列”和“RF 系列”工作表设置工作表标签颜色为“黄色”和“深蓝”，如图 5-24 所示。

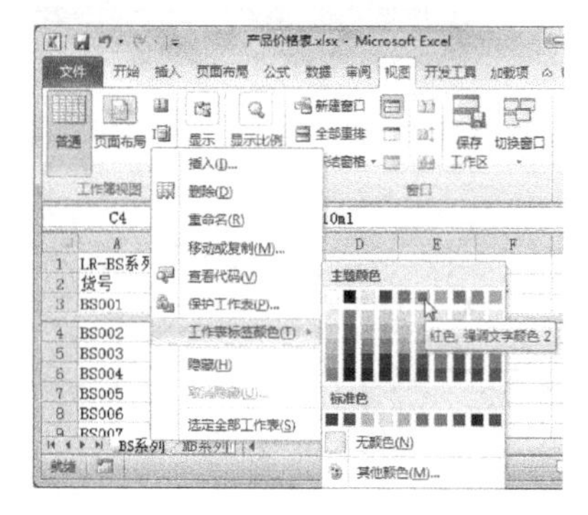
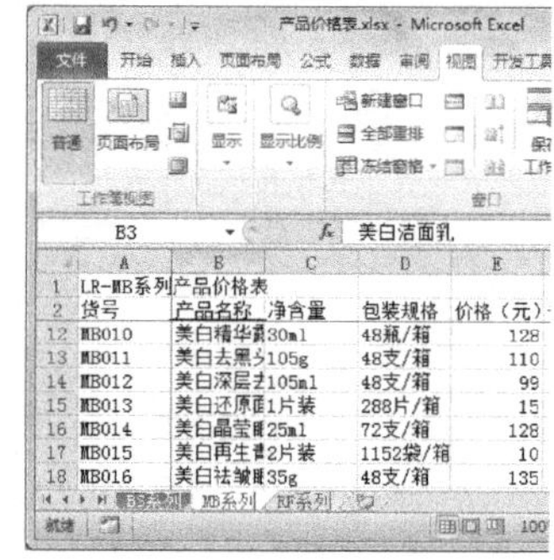

图 5-24 设置工作表标签颜色

5.2.12 预览并打印表格数据

在打印表格之前需先预览打印效果，当对表格内容的设置满意后再开始打印。在 Excel 中根据打印内容的不同，可分为两种情况：一是打印整个工作表；二是打印区域数据。

1. 设置打印参数

选择需打印的工作表，预览其打印效果后，若对表格内容和页面设置不满意，可重新进行设置，如设置纸张方向和纸张页边距等，直至设置满意后再打印。下面在“产品价格表.xlsx”工作簿中预览并打印工作表，其具体操作如下。

（1）选择“文件”—“打印”命令，在窗口右侧预览工作表的打印效果，在窗口中间列表框的“设置”栏的“纵向”下拉列表框中选择“横向”选项，再在窗口中间列表框的下方单击页面设置按钮，如图 5-25 所示。

（2）在打开的“页面设置”对话框中单击“页边距”选项卡，在“居中方式”栏中单击选中“水平”和“垂直”复选框，然后单击确定按钮，如图 5-26 所示。

提示：*在“页面设置”对话框中单击“工作表”选项卡，在其中可设置打印区域或打印标题等内容，然后单击确定按钮，返回工作簿的打印窗口，单击“打印”按钮可只打印设置的区域数据。*

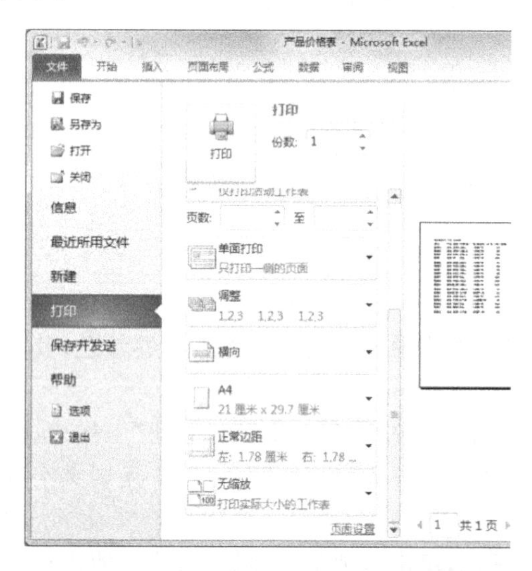

图 5-25 预览打印效果并设置纸张方向

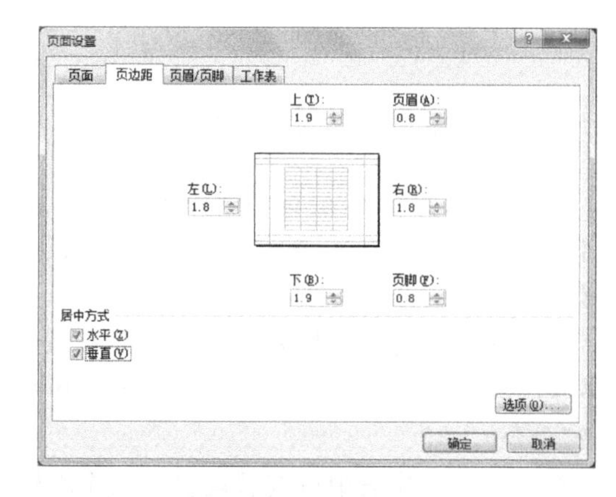

图 5-26 设置居中方式

（3）返回打印窗口，在窗口中间的“打印”栏的“份数”数值框中可设置打印份数，这里输入“5”，设置完成后单击“打印”按钮 打印表格。

2. 设置打印区域数据

当只需打印表格中的部分数据时，可通过设置工作表的打印区域打印表格数据。下面在“产品价格表.xlsx”工作簿中设置打印的区域为A1:F4单元格区域，其具体操作如下。

（1）选择A1:F4单元格区域，在“页面布局”—“页面设置”组中单击 打印区域 按钮，在打开的下拉列表中选择“设置打印区域”选项，所选区域四周将出现虚线框，表示该区域将被打印。

（2）选择“文件”—“打印”命令，单击“打印”按钮 即可，如图5-27所示。

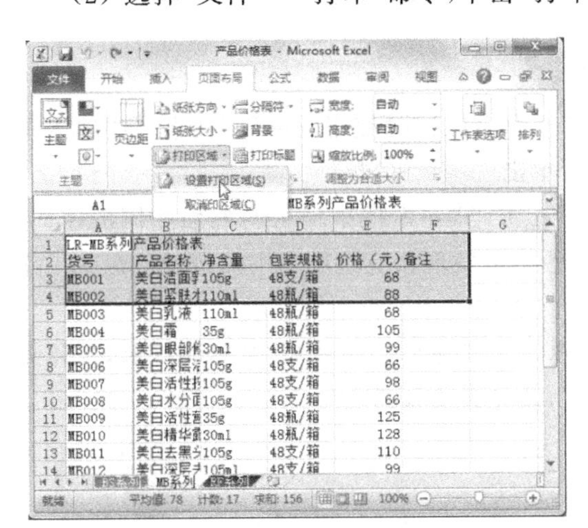

图5-27　设置打印区域数据

5.2.13　保护表格数据

在Excel表格中可能会存放一些重要的数据，因此，利用Excel提供的保护单元格、保护工作表和保护工作簿等功能对表格数据进行保护，能够有效地避免他人查看或恶意更改表格数据。

1. 保护单元格

为防止他人更改单元格中的数据，可锁定一些重要的单元格，或隐藏单元格中包含的计算公式。设置锁定单元格或隐藏公式后，还需设置保护工作表功能。下面在“产品价格表.xlsx”工作簿中为“RF系列”工作表的E3:E20单元格区域设置保护功能，其具体操作如下。

（1）选择“RF系列”工作表，选择E3:E20单元格区域，在其上单击鼠标右键，在弹出的快捷菜单中选择“设置单元格格式”命令。

（2）在打开的“设置单元格格式”对话框中单击“保护”选项卡，单击选中“锁定”和“隐藏”复选框，然后单击 确定 按钮完成单元格的保护设置，如图5-28所示。

2. 保护工作表

设置保护工作表功能后，其他用户只能查看表格数据，不能修改工作表中的数据，这样可避免他人恶意更改表格数据。下面在“产品价格表.xlsx”工作簿中设置工作表的保护功能，其具体操作如下。

（1）在“审阅”—“更改”组中单击 保护工作表 按钮。

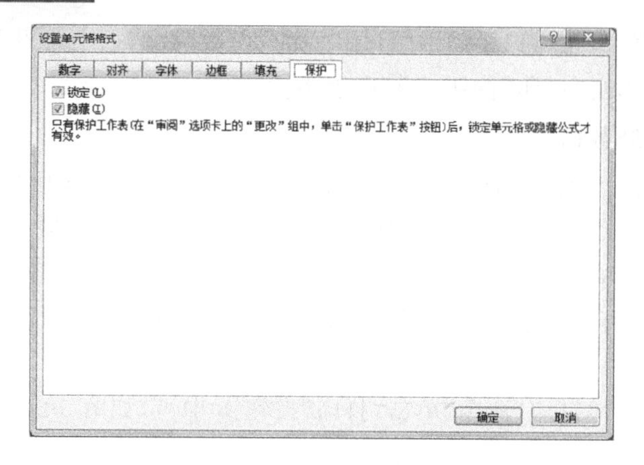

图 5-28 保护单元格

（2）在打开的“保护工作表”对话框的“取消工作表保护时使用的密码”文本框中输入取消保护工作表的密码，这里输入密码“123”，然后单击 确定 按钮。

（3）在打开的“确认密码”对话框的“重新输入密码”文本框中输入与前面相同的密码，然后单击 确定 按钮，如图 5-29 所示，返回工作簿中可发现相应选项卡中的按钮或命令呈灰色状态显示。

提示：设置工作表或工作簿的保护密码时，应设置容易记忆的密码，且不能过长，可以设置数字和字母组合的密码，这样不易丢失或忘记，且安全性较高。

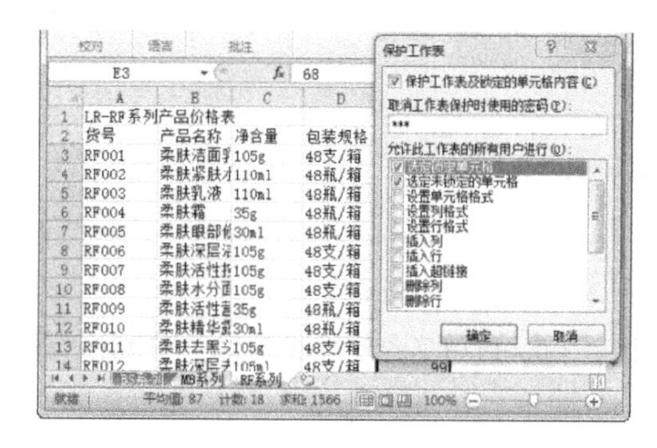

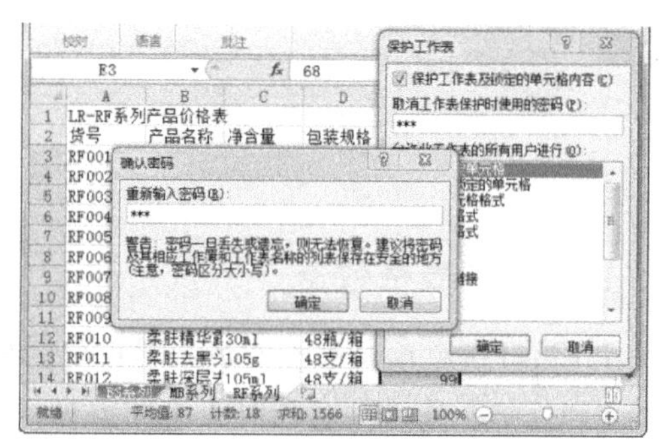

图 5-29 保护工作表

3. 保护工作簿

若不希望工作簿中的重要数据被他人使用或查看，可使用工作簿的保护功能保证工作簿的结构和窗口不被他人修改。下面在“产品价格表.xlsx”工作簿中设置工作簿的保护功能，其具体操作如下。

（1）在“审阅”—“更改”组中单击 保护工作簿 按钮。

（2）在打开的“保护结构和窗口”对话框中单击选中“窗口”复选框，表示在每次打开工作簿时工作簿窗口大小和位置都相同，然后在“密码(可选)”文本框中输入密码“123”，单击 确定 按钮。

（3）在打开的“确认密码”对话框的“重新输入密码”文本框中，输入与前面相同的密码，单击 确定 按钮，如图 5-30 所示，返回工作簿中，完成后再保存并关闭工作簿。

提示：要撤销工作表或工作簿的保护功能，可在“审阅”—“更改”组中单击 撤消工作表保护 按钮，或单击 保护工作簿 按钮，在打开的对话框中输入撤销工作表或工作簿的保护密码，完成后单击 确定 按钮即可。

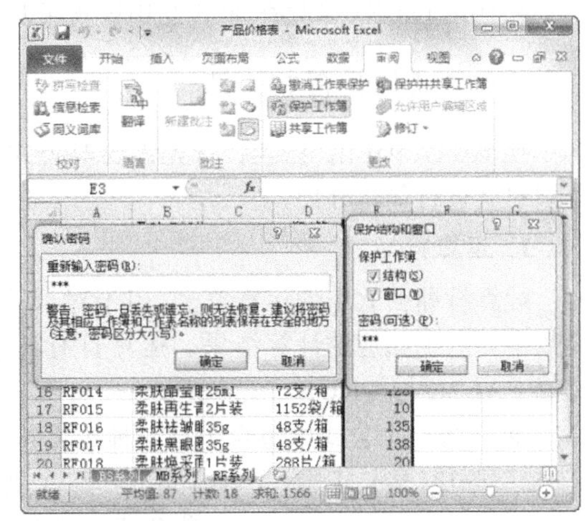

图 5-30　保护工作簿

 5.3　制作产品销售测评表

公司总结了上半年旗下各门店的营业情况，李总让肖雪针对各门店每个月的营业额进行统计，统计后制作一份“产品销售测评表. xlsx”，以便了解各门店的营业情况，并评出优秀门店予以奖励。肖雪根据李总提出的要求，利用 Excel 制作上半年产品销售测评表，参考效果如图 5-31 所示。

上半年产品销售测评表										
店名	营业额（万元）						月营业总额	月平均营业额	名次	是否优秀
	一月	二月	三月	四月	五月	六月				
A店	95	85	85	90	89	84	528	88	1	优秀
B店	92	84	85	85	88	90	524	87	2	优秀
D店	85	88	87	84	84	83	511	85	4	优秀
E店	80	82	86	88	81	80	497	83	6	合格
F店	87	89	86	84	83	88	517	86	3	优秀
G店	86	84	85	81	80	82	498	83	5	合格
H店	71	73	69	74	69	77	433	72	11	合格
I店	69	74	76	72	76	65	432	72	12	合格
J店	76	72	72	77	72	80	449	75	9	合格
K店	72	77	80	82	86	88	485	81	7	合格
L店	88	70	80	79	77	75	469	78	8	合格
M店	74	65	78	77	68	73	435	73	10	合格
月最高营业额	95	89	87	90	89	90	528	88		
月最低营业额	69	65	69	72	68	65	432	72		

查询B店二月营业额	84
查询B店五月营业额	84

图 5-31　“产品销售测评表. xlsx”工作簿效果

相关设计制作步骤如下：

- 使用求和函数 SUM 计算各门店月营业额。
- 使用平均值函数 AVERAGE 计算月平均营业额。
- 使用最大值函数 MAX 和最小值函数 MIN 计算各门店的月最高和最低营业额。
- 使用排名函数 RANK 计算各个门店的销售排名情况。
- 使用 IF 嵌套函数计算各个门店的月营业总额是否达到评定优秀门店。

◆ 使用INDEX函数查询“产品销售测评表.xlsx”中“B店二月营业额”和“D店五月营业额”。

5.3.1 公式运算符和语法

在Excel中使用公式前，首先需要对公式中的运算符和公式的语法有大致的了解，下面分别对其进行简单介绍。

1. 运算符

运算符即公式中的运算符号，用于对公式中的元素进行特定计算。运算符主要用于连接数字并产生相应的计算结果。运算符有算术运算符(如加、减、乘、除)、比较运算符(如逻辑值FALSE与TRUE)、文本运算符(如&)、引用运算符(如冒号与空格)和括号运算符(如())5种。当一个公式中包含了这5种运算符时，应遵循从高到低的优先级进行计算，如负号(－)、百分比(%)、求幂(^)、乘和除(*和/)、加和减(＋和－)、文本连接符(&)、比较运算符(＝,＜,＞,＜＝,＞＝,＜＞)；若公式中还包含括号运算符，一定要注意每个左括号必须配一个右括号。

2. 语法

Excel中的公式是按照特定的顺序进行数值运算的，这一特定顺序即为语法。Excel中的公式遵循特定的语法，最前面是等号，后面是参与计算的元素和运算符。如果公式中同时用到了多个运算符，则需按照运算符的优先级别进行运算。如果公式中包含了相同优先级别的运算符。则先进行括号里面的运算，然后再从左到右依次计算。

5.3.2 单元格引用和单元格引用分类

在使用公式计算数据前要了解单元格引用和单元格引用分类的基础知识。

1. 单元格引用

在Excel中是通过单元格的地址来引用单元格的，单元格地址是指单元格的行号与列标的组合。如“＝193800＋123140＋146520＋152300”，数据“193800”位于B3单元格，其他数据依次位于C3、D3和E3单元格中，通过单元格引用，可以将公式输入为“＝B3＋C3＋D3＋E3”，可以获得相同的计算结果。

2. 单元格引用分类

在计算数据表中的数据时，通常会通过复制或移动公式来实现快速计算，因此会涉及不同的单元格引用方式。Excel中包括相对引用、绝对引用和混合引用3种引用方法，不同的引用方式，得到的计算结果不相同。

(1) 相对引用。相对引用是指输入公式时直接通过单元格地址来引用单元格。相对引用单元格后，如果复制或剪切公式到其他单元格，那么公式中引用的单元格地址会根据复制或剪切的位置而发生相应改变。

(2) 绝对引用。绝对引用是指无论引用单元格的公式的位置如何改变，所引用的单元格均不会发生变化。绝对引用的形式是在单元格的行列号前加上符号“$”。

(3) 混合引用。混合引用包含了相对引用和绝对引用。混合引用有两种形式：一种是行绝对、列相对，如“B$2”表示行不发生变化，但是列会随着新的位置发生变化；另一种是行相对、列绝对，如“$B2”表示列保持不变，但是行会随着新的位置发生变化。

5.3.3 使用公式计算数据

Excel中的公式是对工作表中的数据进行计算的等式，它以“＝(等号)”开始，其后是公式的表达式。公式的表达式可包含运算符、常量数值、单元格引用和单元格区域引用。

1. 输入公式

在 Excel 中输入公式的方法与输入数据的方法类似，只需将公式输入到相应的单元格中，即可计算出结果。输入公式的方法为选择要输入公式的单元格，在单元格或编辑栏中输入“=”，接着输入公式内容，完成后按“Enter”键或单击编辑栏上的“输入”按钮✓即可。

在单元格中输入公式后，按“Enter”键可在计算出公式结果的同时选择同列的下一个单元格；按“Tab”键可在计算出公式结果的同时选择同行的下一个单元格；按“Ctrl+Enter”组合键则在计算出公式结果后，仍保持当前单元格的选择状态。

2. 编辑公式

编辑公式与编辑数据的方法相同。选择含有公式的单元格，将插入点定位在编辑栏或单元格中需要修改的位置，按“Backspace”键删除多余或错误的内容，再输入正确的内容。完成后按“Enter”键即可完成公式的编辑，Excel 自动对新公式进行计算。

3. 复制公式

在 Excel 中复制公式是快速计算数据的最佳方法，因为在复制公式的过程中，Excel 会自动改变引用单元格的地址，可避免手动输入公式的麻烦，提高工作效率。通常使用“常用”工具栏或菜单进行复制粘贴；也可通过拖动控制柄进行复制；还可选择添加了公式的单元格，按“Ctrl+C”组合键进行复制，然后再将插入点定位到要复制到的单元格，按“Ctrl+V”组合键进行粘贴就可完成公式的复制。

5.3.4 Excel 中的常用函数

Excel 2010 提供了多种函数，每个函数的功能、语法结构及其参数的含义各不相同，除 SUM 函数和 AVERAGE 函数外，常用的函数还有 IF 函数、COUNT 函数、MAX/MIN 函数、SIN 函数、PMT 函数和 SUMIF 函数等。

(1) SUM 函数。SUM 函数的功能是对选择的单元格或单元格区域进行求和计算，其语法结构为 SUM(number1,number2,…)，其中 number1,number2,…表示若干个需要求和的参数。填写参数时，可以使用单元格地址(如 E6,E7,E8)，也可以使用单元格区域(如 E6:E8)，甚至混合输入(如 E6,E7:E8)。

(2) AVERAGE 函数。AVERAGE 函数的功能是求平均值，计算方法是：将选择的单元格或单元格区域中的数据先相加，再除以单元格个数，其语法结构为 AVERAGE(number1,number2,…)，其中 number1,number2,…表示需要计算的若干个参数的平均值。

(3) IF 函数。IF 函数是一种常用的条件函数，它能执行真假值判断，并根据逻辑计算的真假值返回不同结果，其语法结构为 IF(logical_test,value_if_true,value_if_false)，其中，logical_test 表示计算结果为 true 或 false 的任意值或表达式。value_if_true 表示 logical_test 为 true 时要返回的值，可以是任意数据；value_if_false 表示 logical_test 为 false 时要返回的值，也可以是任意数据。

(4) COUNT 函数。COUNT 函数的功能是返回包含数字及包含参数列表中的数字的单元格的个数，通常利用它来计算单元格区域或数字数组中数字字段的输入项个数，其语法结构为 COUNT(value1,value2,…)，其中 value1,value2,…为包含或引用各种类型数据的参数(1 到 30 个)，但只有数字类型的数据才被计算。

(5) MAX/MIN 函数。MAX 函数的功能是返回所选单元格区域中所有数值的最大值，MIN 函数则用来返回所选单元格区域中所有数值的最小值。其语法结构为 MAX/MIN(number1,number2,…)，其中 number1,number2,…表示要筛选的若干个数值或引用。

（6）SIN 函数。SIN 函数的功能是返回给定角度的正弦值，其语法结构为 SIN(number)，number 为需要计算正弦的角度，以弧度表示。

（7）PMT 函数。PMT 函数的功能是基于固定利率及等额分期付款方式，返回贷款的每期付款额，其语法结构为 SUM(rate,nper,pv,fv,type)，其中：rate 为贷款利率；nper 为该项贷款的付款总数；pv 为现值，或一系列未来付款的当前值的累积和，也称为本金；fv 为未来值，或在最后一次付款后希望得到的现金余额，如果省略 fv，则假设其值为零，也就是一笔贷款的未来值为零；type 为数字 0 或 1，用以指定各期的付款时间是在期初还是期末。

（8）SUMIF 函数。SUMIF 函数的功能是根据指定条件对若干单元格求和，其语法结构为 SUMIF(range,criteria,sum_range)，其中：range 为用于条件判断的单元格区域；criteria 为确定哪些单元格将被作为相加求和的条件，其形式可以为数字、表达式或文本；sum_range 为需要求和的实际单元格。

5.3.5 使用求和函数 SUM

求和函数主要用于计算某一单元格区域中所有数字之和，其具体操作如下。

（1）打开“产品销售测评表.xlsx”工作簿，选择 H4 单元格，在“公式”—“函数库”组中单击 Σ 自动求和 ▾ 按钮。

（2）此时，便在 H4 单元格中插入求和函数“SUM”，同时 Excel 将自动识别函数参数“B4:G4”，如图 5-32 所示。

（3）单击编辑栏中的“输入”按钮 ✓，完成求和的计算，将鼠标指针移动到 H4 单元格右下角，当其变为 ✚ 形状时，按住鼠标左键不放向下拖曳，至 H15 单元格释放鼠标左键，系统将自动填充各门店月营业总额，如图 5-33 所示。

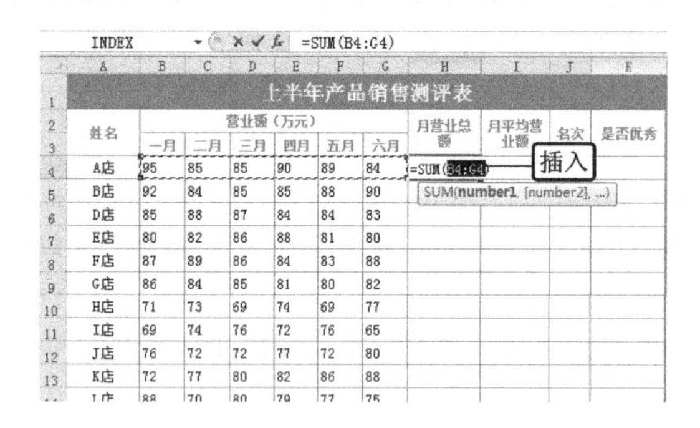

图 5-32　插入求和函数

图 5-33　自动填充月营业总额

5.3.6 使用平均值函数 AVERAGE

AVERAGE 函数用来计算某一单元格区域中的数据平均值，即先将单元格区域中的数据相加再除以单元格个数，其具体操作如下。

（1）选择 I4 单元格，在“公式”—“函数库”组中单击 Σ 自动求和 ▾ 按钮右侧的下拉按钮 ▾，在打开的下拉列表中选择“平均值”选项。

（2）此时，系统将自动在 I4 单元格中插入平均值函数“AVERGE”，同时 Excel 将自动识别函数参数“B4:H4”，再将自动识别的函数参数手动更改为“B4:G4”，如图 5-34 所示。

（3）单击编辑栏中的“输入”按钮 ✓，显示函数的计算结果。

（4）将鼠标指针移动到 I4 单元格右下角，当其变为 ✚ 形状时，按住鼠标左键不放向下拖曳，至 I15 单元格释放鼠标左键，系统将自动填充各门店月平均营业额，如图 5-35 所示。

INDEX =AVERAGE(B4:G4)

上半年产品销售测评表										
姓名	营业额（万元）						月营业总额	月平均营业额	名次	是否优秀
	一月	二月	三月	四月	五月	六月				
A店	95	85	85	90	89	84	528	=AVERAGE(B4:G4)		
B店	92	84	85	85	88	90	524			
D店	85	88	87	84	84	83	511			
E店	80	82	86	88	81	80	497			
F店	87	89	86	84	83	88	517			
G店	86	84	85	81	80	82	498			
H店	71	73	69	74	69	77	433			
I店	69	74	76	72	76	65	432			
J店	76	72	72	77	72	80	449			
K店	72	77	80	82	86	88	485			
L店	88	70	80	79	77	75	469			
M店	74	65	78	77	68	73	435			
月最高营业额										

图 5-34　更改函数参数

上半年产品销售测评表										
姓名	营业额（万元）						月营业总额	月平均营业额	名次	是否优秀
	一月	二月	三月	四月	五月	六月				
A店	95	85	85	90	89	84	528	88		
B店	92	84	85	85	88	90	524	87		
D店	85	88	87	84	84	83	511	85		
E店	80	82	86	88	81	80	497	83		
F店	87	89	86	84	83	88	517	86		
G店	86	84	85	81	80	82	498	83		
H店	71	73	69	74	69	77	433	72		
I店	69	74	76	72	76	65	432	72		
J店	76	72	72	77	72	80	449	75		
K店	72	77	80	82	86	88	485	81		
L店	88	70	80	79	77	75	469	78		
M店	74	65	78	77	68	73	435	73		
月最高营业额										

图 5-35　自动填充月平均营业额

5.3.7　使用最大值函数 MAX 和最小值函数 MIN

MAX 函数和 MIN 函数用于返回一组数据中的最大值或最小值，其具体操作如下。

（1）选择 B16 单元格，在“公式”—“函数库”组中单击 Σ 自动求和 按钮右侧的下拉按钮，在打开的下拉列表中选择“最大值”选项，如图 5-36 所示。

（2）此时，系统将自动在 B16 单元格中插入最大值函数“MAX”，同时 Excel 将自动识别函数参数“B4:B15”，如图 5-37 所示。

（3）单击编辑栏中的“输入”按钮，确认函数的应用，显示计算结果，将鼠标指针移动到 B16 单元格右下角，当其变为十形状时，按住鼠标左键不放向右拖曳。直至 I16 单元格，释放鼠标，将自动计算出各门店月最高营业额、月最高营业总额和月最高平均营业额。

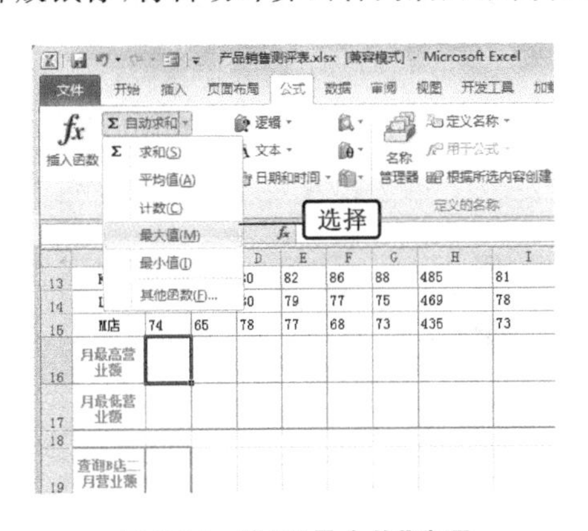

图 5-36　选择“最大值”选项

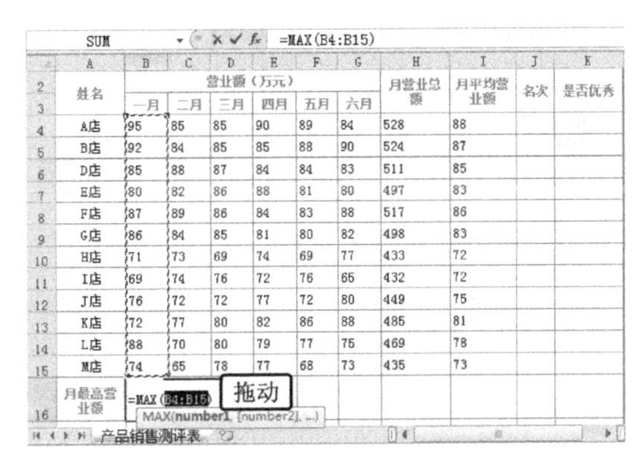

图 5-37　插入最大值函数

（4）选择 B17 单元格，在“公式”—“函数库”组中单击 Σ 自动求和 按钮右侧的下拉按钮，在打开的下拉列表中选择“最小值”选项。

（5）此时，系统自动在 B17 单元格中插入最小值函数“MIN”，同时 Excel 将自动识别函数参数“B4:B16”，手动将其更改为“B4:B15”。

（6）单击编辑栏中的“输入”按钮，显示函数的计算结果，如图 5-38 所示。

（7）将鼠标指针移动到 B17 单元格右下角，当其变为十形状时，按住鼠标左键不放向右拖曳，至 I17 单元格，释放鼠标左键，将自动计算出各门店月最低营业额和月最低营业总额、月最低平均营业额，如图 5-39 所示。

	A	B	C	D	E	F	G	H	I	J
11	I店	69	74	76	72	76	65	432	72	
12	J店	76	72	72	77	72	80	449	75	
13	K店	72	77	80	82	86	88	485	81	
14	L店	88	70	80	79	77	75	469	78	
15	M店	74	65	78	77	68	73	435	73	
16	月最高营业额	95	89	87	90	89	90	528	88	
17	月最低营业额	69								
18										
19	查询B店二月营业额									
20	查询D店五月营业额									

计算

产品销售测评表

图 5-38　插入最小值

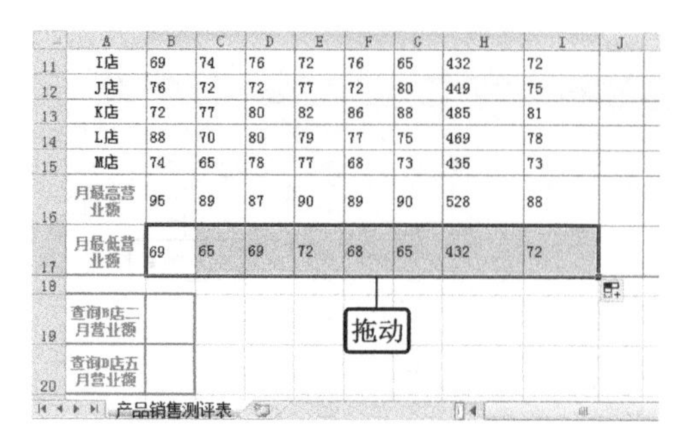

	A	B	C	D	E	F	G	H	I	J
11	I店	69	74	76	72	76	65	432	72	
12	J店	76	72	72	77	72	80	449	75	
13	K店	72	77	80	82	86	88	485	81	
14	L店	88	70	80	79	77	75	469	78	
15	M店	74	65	78	77	68	73	435	73	
16	月最高营业额	95	89	87	90	89	90	528	88	
17	月最低营业额	69	65	69	72	68	65	432	72	
18										
19	查询B店二月营业额									
20	查询D店五月营业额									

图 5-39　自动填充月最低营业额

5.3.8　使用排名函数 RANK

RANK 函数用来返回某个数字在数字列表中的排位，其具体操作如下。

(1) 选择 J4 单元格，在“公式”—“函数库”组中单击“插入函数”按钮 *fx* 或按“Shift＋F3”组合键，打开“插入函数”对话框。

(2) 在“或选择类别”下拉列表框中选择“常用函数”选项，在“选择函数”列表框中选择“RANK”选项，单击 确定 按钮，如图 5-40 所示。

(3) 打开“函数参数”对话框，在“Number”文本框中输入“H4”，单击“Ref”文本框右侧的“收缩”按钮。

(4) 此时该对话框呈收缩状态，拖曳鼠标选择要计算的 H4:H15 单元格区域，单击右侧的“拓展”按钮。

(5) 返回到“函数参数”对话框，利用“F4”键将“Ref”文本框中的单元格的引用地址转换为绝对引用，单击 确定 按钮，如图 5-41 所示。

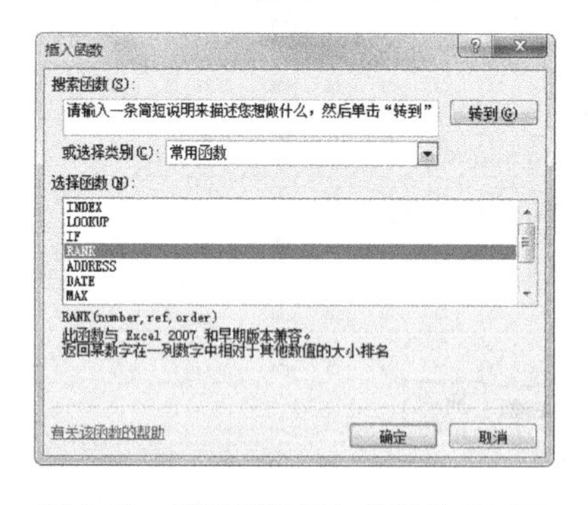

图 5-40　选择需要插入的函数 RANK

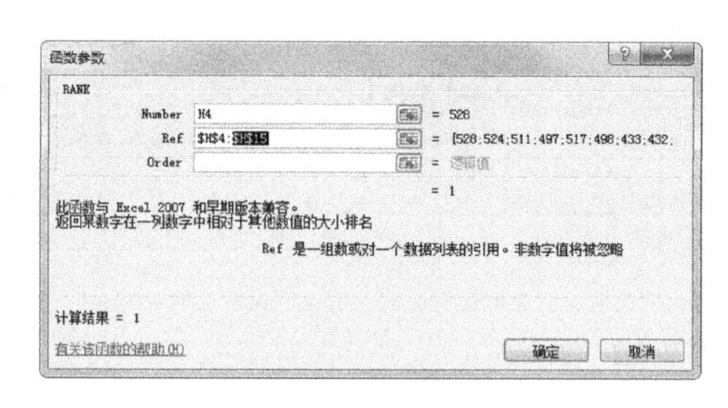

图 5-41　设置函数参数

(6) 返回到工作界面，即可查看排名情况，将鼠标指针移动到 J4 单元格右下角。当其变为➕形状时，按住鼠标左键不放向下拖曳，直至 J15 单元格，释放鼠标左键，即可显示出每个门店的名次。

5.3.9　使用 IF 嵌套函数

嵌套函数 IF 用于判断数据表中的某个数据是否满足指定条件，如果满足则返回特定值，不满足则返回其他值，其具体操作如下。

(1) 选择 K4 单元格，单击编辑栏中的“插入函数”按钮 *fx* 或按“Shift＋F3”组合键，打开“插入函数”对话框。

(2) 在“或选择类别”下拉列表框中选择“逻辑”选项，在“选择函数”列表框中选择“IF”选项，单击 确定 按钮，如图 5-42 所示。

(3) 打开“函数参数”对话框，分别在 3 个文本框中输入判断条件和返回逻辑值，单击 确定 按钮，如图 5-43 所示。

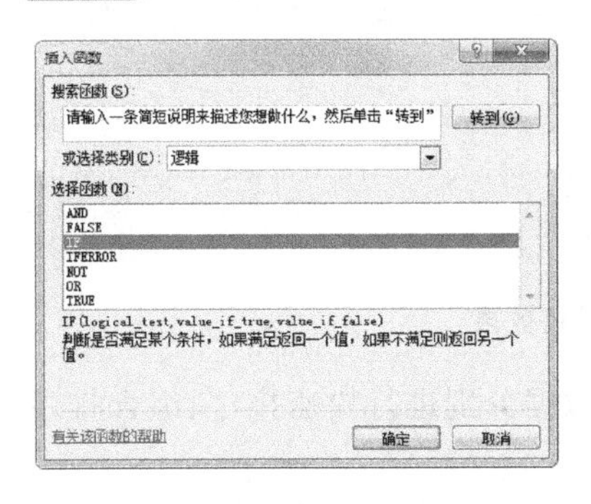

图 5-42　选择需要插入的函数 IF

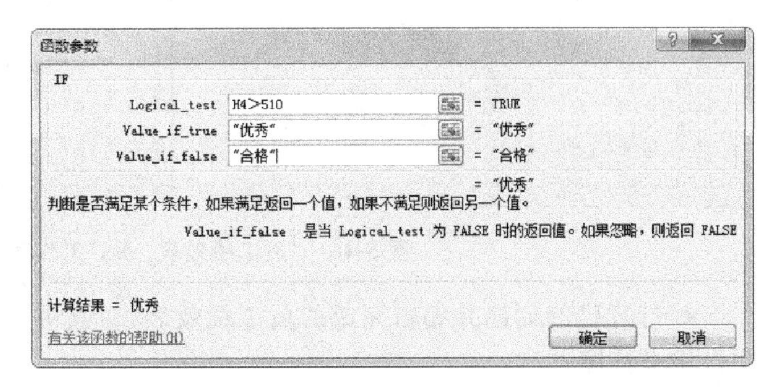

图 5-43　设置判断条件和返回逻辑值

(4) 返回到工作界面，由于 H4 单元格中的值大于“510”，因此 K4 单元格显示为“优秀”，将鼠标指针移动到 K4 单元格右下角，当其变为＋形状时，按住鼠标左键不放向下拖曳。至 K15 单元格处释放鼠标，分析其他门店是否满足优秀门店条件，若低于“510”则返回“合格”。

5.3.10　使用 INDEX 函数

INDEX 函数用于返回表或区域中的值或对值的引用，其具体操作如下。

(1) 选择 B19 单元格，在编辑栏中输入“=INDEX(”，编辑栏下方将自动提示 INDEX 函数的参数输入规则，拖曳鼠标选择 A4:G15 单元格区域，编辑栏中将自动录入“A4:G15”。

(2) 继续在编辑栏中输入参数“,2,3)”，单击编辑栏中的“输入”按钮✓，如图 5-44 所示，确认函数的计算结果。

(3) 选择 B20 单元格，在编辑栏中输入“=INDEX(”，拖曳鼠标选择 A4:G15 单元格区域，编辑栏中将自动录入“A4:G15”，如图 5-45 所示。

(4) 继续在编辑栏中输入参数“,3,6)”，按“Ctrl+Enter”组合键确认函数的应用并计算结果。

IF　=INDEX(A4:G15,2,3)

INDEX(array, row_num, [column_num])
INDEX(reference, row_num, [column_num], [area_num])

	A	B	C	D	E						
8	F店	87	89	86	84						
9	G店	86	84	85	81	80	82	498	83	5	合格
10	H店	71	73	69	74	69	77	433	72	11	合格
11	I店	69	74	76	72	76	65	432	72	12	合格
12	J店	76	72	72	77	72	80	449	75	9	合格
13	K店	72	77	80	82	86	88	485	81	7	合格
14	L店	88	70	80	79	77	75	469	78	8	合格
15	M店	74	65	78	77	68	73	435	73	10	合格
16	月最高营业额	95	89	87	90	89	90	528	88		
17	月最低营业额	69	65	69	72	68	65	432	72		
18											
19	查询B店二月营业额	2,3)									
20	查询B店五月营业额										

图 5-44　确认函数的应用

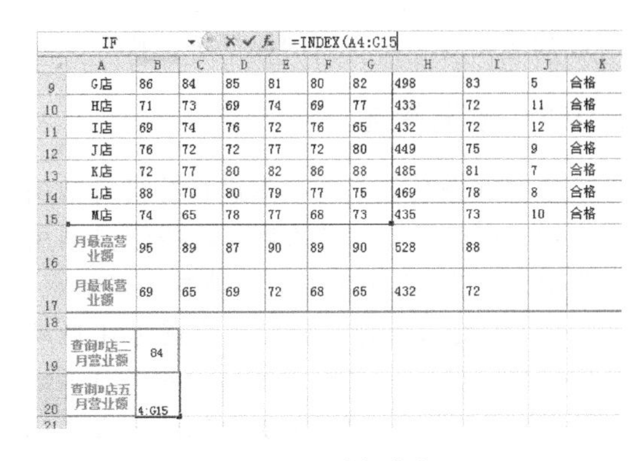

IF　=INDEX(A4:G15

	A	B	C	D	E	F	G	H	I	J	K
9	G店	86	84	85	81	80	82	498	83	5	合格
10	H店	71	73	69	74	69	77	433	72	11	合格
11	I店	69	74	76	72	76	65	432	72	12	合格
12	J店	76	72	72	77	72	80	449	75	9	合格
13	K店	72	77	80	82	86	88	485	81	7	合格
14	L店	88	70	80	79	77	75	469	78	8	合格
15	M店	74	65	78	77	68	73	435	73	10	合格
16	月最高营业额	95	89	87	90	89	90	528	88		
17	月最低营业额	69	65	69	72	68	65	432	72		
18											
19	查询B店二月营业额	84									
20	查询B店五月营业额	4:G15									

图 5-45　选择参数

5.4　统计分析员工绩效表

公司要对下属工厂的员工进行绩效考评，李亮为财政部的一名员工，部长让李亮对该工厂一季度的员工绩效表进行统计分析。李亮利用 Excel 2010 完成了统计分析，参考效果如图 5-46 所示。相关设计制作步骤如下。

一季度员工绩效表

编号	姓名	工种	1月份	2月份	3月份	季度总产量
CJ-0112	程建茹	装配	500	502	530	1532
CJ-0111	张敏	检验	480	526	524	1530
CJ-0110	林琳	装配	520	528	519	1567
CJ-0109	王潇妃	检验	515	514	527	1556
CJ-0118	韩柳	运输	500	520	498	1518
CJ-0113	王冬	检验	570	500	486	1556
CJ-0123	郭永新	运输	535	498	508	1541
CJ-0116	吴明	检验	530	485	505	1520
CJ-0121	黄鑫	流水	521	508	515	1544
CJ-0115	程旭	运输	516	510	528	1554
CJ-0119	赵菲菲	流水	528	505	520	1553
CJ-0124	刘松	流水	533	521	499	1553

一季度员工绩效表

编号	姓名	工种	1月份	2月份	3月份	季度总产量
CJ-0111	张敏	检验	480	526	524	1530
CJ-0109	王潇妃	检验	515	514	527	1556
CJ-0113	王冬	检验	570	500	486	1556
CJ-0116	吴明	检验	530	485	505	1520
		检验 平均值				1540.5
		检验 汇总				6162
CJ-0121	黄鑫	流水	521	508	515	1544
CJ-0119	赵菲菲	流水	528	505	520	1553
CJ-0124	刘松	流水	533	521	499	1553
		流水 平均值				1550
		流水 汇总				4650
CJ-0118	韩柳	运输	500	520	498	1518
CJ-0123	郭永新	运输	535	498	508	1541
CJ-0115	程旭	运输	516	510	528	1554
		运输 平均值				1537.6667
		运输 汇总				4613
CJ-0112	程建茹	装配	500	502	530	1532
CJ-0110	林琳	装配	520	528	519	1567
		装配 平均值				1549.5
		装配 汇总				3099
		总计平均值				1543.6667

图 5-46 “员工绩效表.xlsx”工作簿最终效果

◆ 打开已经创建并编辑完成的员工绩效表，对其中的数据分别进行快速排序、组合排序和自定义排序。

◆ 对表中的数据按照不同的条件进行自动筛选、自定义筛选和高级筛选，并在表格中使用条件格式。

◆ 按照不同的设置字段，为表格中的数据创建分类汇总、嵌套分类汇总，然后查看分类汇总的数据。

◆ 首先创建数据透视表，然后再创建数据透视图。

5.4.1 数据排序

数据排序是统计工作中的一项重要内容，在 Excel 中可将数据按照指定的顺序规律进行排序。一般情况下，数据排序分为以下 3 种情况。

（1）单列数据排序。单列数据排序是指在工作表中以一列单元格中的数据为依据，对工作表中的所有数据进行排序。

（2）多列数据排序。在对多列数据进行排序时，需要按某个数据进行排列，该数据称为“关键字”。以关键字进行排序，其他列中的单元格数据将随之发生变化。对多列数据进行排序时，首先需要选择多列数据对应的单元格区域，然后选择关键字，排序时就会自动以该关键字进行排序，未选择的单元格区域将不参与排序。

（3）自定义排序。使用自定义排序可以通过设置多个关键字对数据进行排序，并可以通过其他关键字对相同的数据进行排序。

5.4.2 数据筛选

数据筛选功能是对数据进行分析时常用的操作之一。数据排序分为以下 3 种情况。

（1）自动筛选。自动筛选数据即根据用户设定的筛选条件，自动将表格中符合条件的数据显示出来，而表格中的其他数据将隐藏。

（2）自定义筛选。自定义筛选是在自动筛选的基础上进行操作的，即单击自动筛选后的需自定义的字段名称右侧的下拉按钮▾，在打开的下拉列表中选择相应的选项确定筛选条件，然后在打开的“自定义自动筛选方式”对话框中进行相应的设置。

（3）高级筛选。若需要根据自己设置的筛选条件对数据进行筛选，则需要使用高级筛选功能。高级筛选功能可以筛选出同时满足两个或两个以上约束条件的记录。

5.4.3 排序员工绩效表数据

使用 Excel 中的数据排序功能对数据进行排序，有助于快速直观地显示并理解、组织和查找所需的数据,其具体操作如下。

(1) 打开“员工绩效表. xlsx”工作簿,选择 G 列任意单元格,在“数据”—“排序和筛选”组中单击“升序”按钮,此时即可将选择的数据表按照“季度总产量”由低到高进行排序。

(2) 选择 A2:G14 单元格区域,在“排序和筛选”组中单击“排序”按钮。

(3) 打开“排序”对话框,在“主要关键字”下拉列表框中选择“季度总产量”选项,在“排序依据”下拉列表框中选择“数值”选项,在“次序”下拉列表框中选择“降序”选项,如图 5-47 所示。

(4) 单击“添加条件(A)”按钮,在“次要关键字”下拉列表框中选择“3 月份”选项,在“排序依据”下拉列表框中选择“数值”选项,在“次序”下拉列表框中选择“降序”选项,单击“确定”按钮。

(5) 此时即可对数据表先按照“季度总产量”序列降序排列,对于“季度总产量”列中相同的数据,则按照“3 月份”序列进行降序排列,效果如图 5-48 所示。

图 5-47　设置主要排序条件

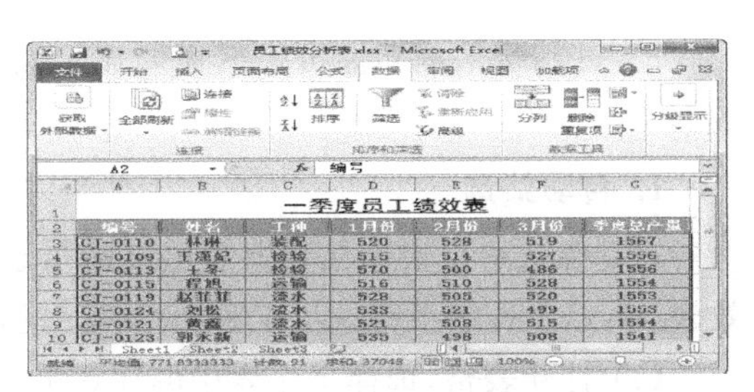

图 5-48　查看排序结果

提示:数据表中的数据较多,很可能出现数据相同的情况,此时可以单击“添加条件(A)”按钮,添加更多排序条件,这样就能解决相同数据排序的问题。另外,在 Excel 2010 中,除了可以对数字进行排序外,还可以对字母或日期进行排序。对于字母而言,升序是从 A 到 Z 排列;对于日期来说,降序是日期按最早的日期到最晚的日期进行排序,升序则相反。

(6) 选择“文件”—“选项”命令,打开“Excel 选项”对话框,在左侧的列表中单击“高级”选项卡,在右侧列表框的“常规”栏中单击“编辑自定义列表(O)...”按钮。

(7) 打开“自定义序列”对话框,在“输入序列”列表框中输入序列字段“流水,装配,检验,运输”,单击“添加(A)”按钮,将自定义字段添加到左侧的“自定义序列”列表框中。

提示:在 Excel 2010 中,必须先建立自定义字段,然后才能进行自定义排序。输入自定义序列时,各个字段之间必须使用逗号或分号隔开(英文符号),也可换行输入。自定义序列时,首先须确定排序依据,即存在多个重复项,如果序列中无重复项,则排序的意义不大。

(8) 单击“确定”按钮,关闭“Excel 选项”对话框,返回到数据表,选择任意一个单元格,在“排序和筛选”组中单击“排序”按钮,打开“排序”对话框。

(9) 在“主要关键字”下拉列表框中选择“工种”选项,在“次序”下拉列表框中选择“自定义序列”选项,打开“自定义序列”对话框,在“自定义序列”列表框中选择前面创建的序列,单击“确定”按钮。

(10) 返回到“排序”对话框,在“次序”下拉列表中将显示设置的自定义序列,单击“确定”按钮,如图 5-49 所示。

(11) 此时即可将数据表按照“工种”序列中的自定义序列进行排序,效果如图 5-50 所示。

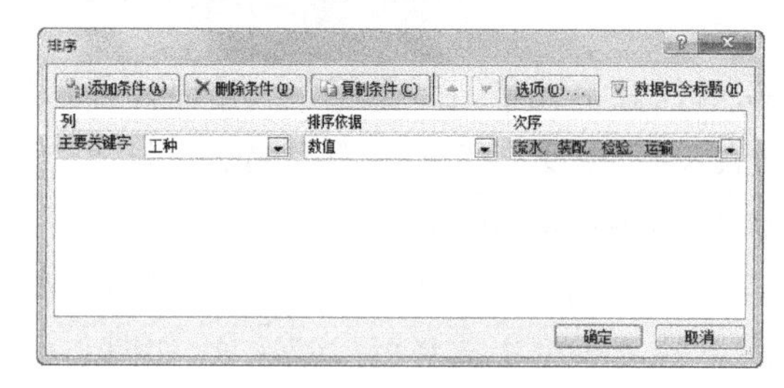

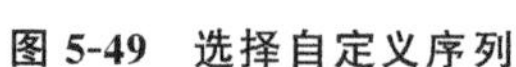
图 5-49　选择自定义序列

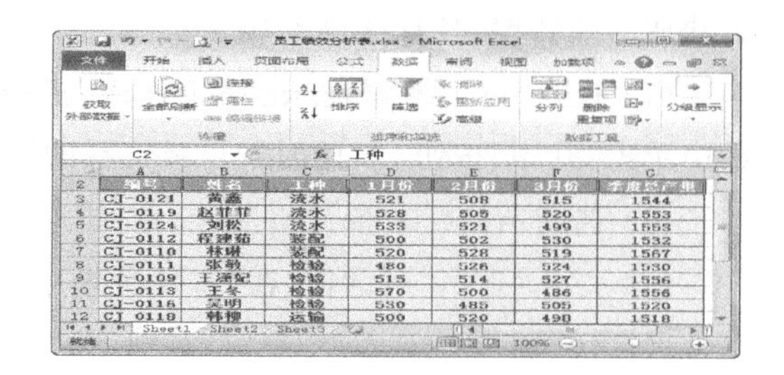
图 5-50　查看按自定义序列排序的效果

提示：对数据进行排序时，如果打开提示对话框，显示“此操作要求合并单元格都具有相同大小”，则表示当前数据表中包含合并的单元格，由于 Excel 中无法识别合并单元格数据的方法并对其进行正确排序，因此，需要用户手动选择规则的排序区域，再进行排序。

5.4.4　筛选员工绩效表数据

Excel 筛选数据功能可根据需要显示满足某一个或某几个条件的数据，而隐藏其他的数据。

1. 自动筛选

自动筛选可以快速在数据表中显示指定字段的记录并隐藏其他记录。下面在“员工绩效表. xlsx”工作簿中筛选出工种为“装配”的员工绩效数据，其具体操作如下。

(1) 打开表格，选择工作表中的任意单元格，在“数据”—“排序和筛选”组中单击“筛选”按钮，进入筛选状态，列标题单元格右侧显示出“筛选”按钮。

(2) 在 C2 单元格中单击“筛选”下拉列表框右侧的下拉按钮，在打开的下拉列表框中撤销选中“检验”“流水”和“运输”复选框，仅单击选中“装配”复选框，单击确定按钮。

(3) 此时将在数据表中显示工种为“装配”的员工数据，而将其他员工数据全部隐藏。

提示：通过选择字段可以同时筛选多个字段的数据。单击“筛选”按钮后，将打开设置筛选条件的下拉列表框，只需在其中单击选中对应的复选框即可。在 Excel 2010 中还能通过颜色、数字和文本进行筛选，但是这类筛选方式都需要提前对表格中的数据进行设置。

2. 自定义筛选

自定义筛选多用于筛选数值数据，通过设定筛选条件可以将满足指定条件的数据筛选出来，而将其他数据隐藏。下面在“员工绩效表. xlsx”工作簿中筛选出季度总产量大于“1540”的相关信息，其具体操作如下。

(1) 打开“员工绩效表. xlsx”工作簿，单击“筛选”按钮进入筛选状态，在“季度总产量”单元格中单击按钮，在打开的下拉列表框中选择“数字筛选”—“大于”选项。

(2) 打开“自定义自动筛选方式”对话框，在“季度总产量”栏的“大于”下拉列表框右侧的下拉列表框中输入“1540”，单击确定按钮，如图 5-51 所示。

提示：筛选并查看数据后，在“排序和筛选”组中单击清除按钮，可清除筛选结果，但仍保持筛选状态；单击“筛选”按钮，可直接退出筛选状态，返回到筛选前的数据表。

3. 高级筛选

使用高级筛选功能，可以自定义筛选条件，在不影响当前数据表的情况下显示出筛选结果，而对于较复杂的筛选，可以使用高级筛选来进行。下面在“员工绩效表. xlsx”工作簿中筛选出 1 月份产量大于“510”，季度总产量大于“1556”的数据，其具体操作如下。

图 5-51　自定义筛选

(1) 打开“员工绩效表.xlsx”工作簿,在C16单元格中输入筛选序列“1月份”,在C17单元格中输入条件“>510”,在D16单元格中输入筛选序列“季度总产量”,在D17单元格中输入条件“>1556”,在表格中选择任意的单元格,在“数据”—“排序和筛选”组中单击高级按钮。

(2) 打开“高级筛选”对话框,单击选中“将筛选结果复制到其他位置”单选项,将“列表区域”设置为“$A$2:$G$14”,在“条件区域”文本框中输入“$C$16:$D$17”,在“复制到”文本框中输入“$A$18:$G$25”,单击确定按钮。

(3) 此时即可在原数据表下方的A18:G19单元格区域中单独显示出筛选结果。

4. 使用条件格式

条件格式用于将数据表中满足指定条件的数据以特定的格式显示出来,从而便于直观地查看与区分数据。下面在“员工绩效表.xlsx”工作簿中将月产量大于“500”的数据以浅红色填充显示,其具体操作如下。

(1) 选择D3:G14单元格区域,在“开始”—“样式”组中单击“条件格式”按钮,在打开的下拉列表中选择“突出显示单元格规则”—“大于”选项。

(2) 打开“大于”对话框,在数值框中输入“500”,在“设置为”下拉列表框中选择“浅红色填充”选项,单击确定按钮,如图5-52所示。

(3) 此时即可将D3:G14单元格区域中所有数据大于“500”的单元格以浅红色填充显示,如图5-53所示。

图 5-52　设置条件格式

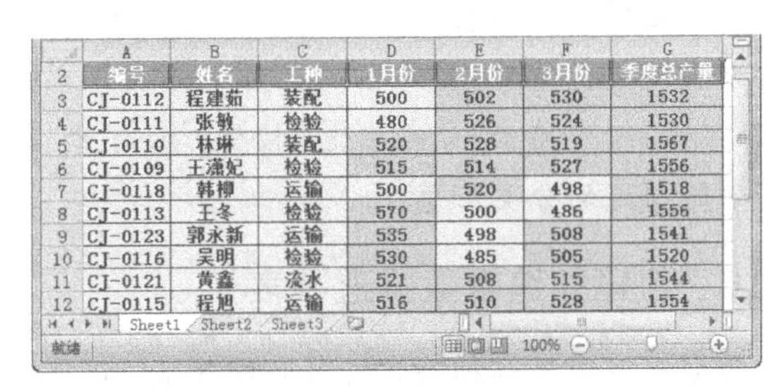

	A	B	C	D	E	F	G
2	编号	姓名	工种	1月份	2月份	3月份	季度总产量
3	CJ-0112	程建茹	装配	500	502	530	1532
4	CJ-0111	张敏	检验	480	526	524	1530
5	CJ-0110	林琳	装配	520	528	519	1567
6	CJ-0109	王潇妃	检验	515	514	527	1556
7	CJ-0118	韩柳	运输	500	520	498	1518
8	CJ-0113	王冬	检验	570	500	486	1556
9	CJ-0123	郭永新	运输	535	498	508	1541
10	CJ-0116	吴明	检验	530	485	505	1520
11	CJ-0121	黄鑫	流水	521	508	515	1544
12	CJ-0115	程旭	运输	516	510	528	1554

图 5-53　应用条件格式效果

5.4.5　对数据进行分类汇总

运用Excel的分类汇总功能可对表格中同一类数据进行统计运算,使工作表中的数据变得更加清晰、直观,其具体操作如下。

(1) 打开表格,选择C列的任意一个单元格,在“数据”—“排序和筛选”组中单击“升序”按钮,对数据进行排序。

(2) 单击“分级显示”按钮,在“数据”—“分级显示”组中单击“分类汇总”按钮,打开“分类汇总”对话框,在“分类字段”下拉列表框中选择“工种”选项,在“汇总方式”下拉列表框中选择“求和”选项，在“选定汇总项”列表框中单击选中“季度总产量”复选框，单击[确定]按钮，如图 5-54 所示。

（3）此时即可对数据表进行分类汇总，同时直接在表格中显示汇总结果。

（4）在 C 列中选择任意单元格，使用相同的方法打开“分类汇总”对话框，在“汇总方式”下拉列表框中选择“平均值”选项，在“选定汇总项”列表框中单击选中“季度总产量”复选框，撤销选中“替换当前分类汇总”复选框，单击[确定]按钮。

（5）在汇总数据表的基础上继续添加分类汇总，即可同时查看不同工种每季度的平均产量，效果如图 5-55 所示。

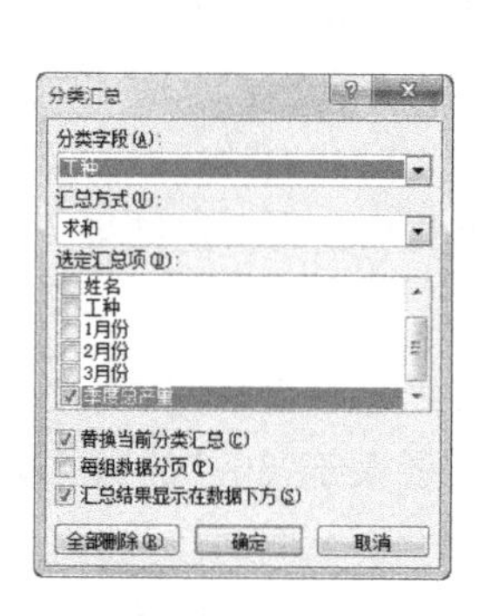

图 5-54　设置分类汇总

一季度员工绩效表

行	编号	姓名	工种	1月份	2月份	3月份	季度总产量
3	CJ-0111	张敏	检验	480	526	524	1530
4	CJ-0109	王潇妃	检验	515	514	527	1556
5	CJ-0113	王冬	检验	570	500	486	1556
6	CJ-0116	吴明	检验	530	485	505	1520
7			检验 平均值				1540.5
8			检验 汇总				6162
9	CJ-0121	黄鑫	流水	521	508	515	1544
10	CJ-0119	赵菲菲	流水	528	505	520	1553
11	CJ-0124	刘松	流水	533	521	499	1553
12			流水 平均值				1550
13			流水 汇总				4650
14	CJ-0118	韩柳	运输	500	520	498	1518
15	CJ-0123	郭永新	运输	535	498	508	1541
16	CJ-0115	程旭	运输	516	510	528	1554
17			运输 平均值				1537.6667
18			运输 汇总				4613
19	CJ-0112	程建茹	装配	500	502	530	1532
20	CJ-0110	林琳	装配	520	528	519	1567
21			装配 平均值				1549.5
22			装配 汇总				3099
23			总计平均值				1543.6667
24			总计				18524

图 5-55　查看嵌套分类汇总结果

提示：分类汇总实际上就是分类加汇总，其操作过程首先是通过排序功能对数据进行分类排序，然后再按照分类进行汇总。如果没有进行排序，汇总的结果就没有意义。所以，在分类汇总之前，必须先将数据表进行排序，再进行汇总操作，且排序的条件最好是需要分类汇总的相关字段，这样汇总的结果将更加清晰。

并不是所有数据表都能够进行分类汇总，必须保证数据表中具有可以分类的序列，才能进行分类汇总。另外，打开已经进行了分类汇总的工作表，在表中选择任意单元格，然后在“分级显示”组中单击“分类汇总”按钮，打开“分类汇总”对话框，直接单击[全部删除(R)]按钮即可删除创建的分类汇总。

5.4.6　创建并编辑数据透视表

数据透视表是一种交互式的数据报表，可以快速汇总大量的数据，同时对汇总结果进行各种筛选以查看源数据的不同统计结果。下面为“员工绩效表. xlsx”工作簿创建数据透视表，其具体操作如下。

（1）打开“员工绩效表. xlsx”工作簿，选择 A2:G14 单元格区域，在“插入”—“表格”组中单击“数据透视表”按钮，打开“创建数据透视表”对话框。

（2）由于已经选定了数据区域，因此只需设置放置数据透视表的位置，这里单击选中“新工作表”单选项，单击[确定]按钮，如图 5-56 所示。

（3）此时将新建一张工作表，并在其中显示空白数据透视表，右侧显示出“数据透视表字段列表”任务窗格。

（4）在“数据透视表字段列表”任务窗格中将“工种”字段拖动到“报表筛选”下拉列表框

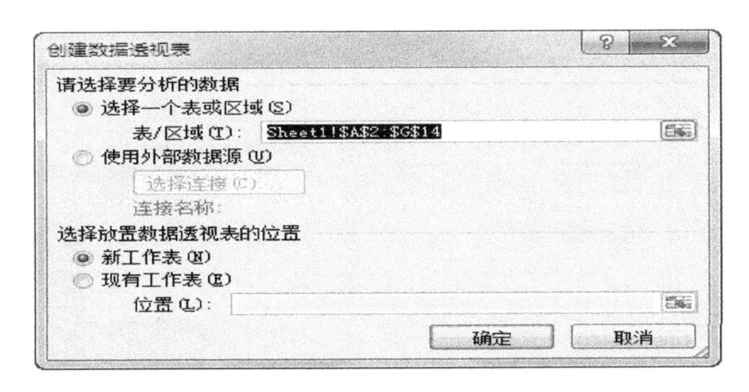

图 5-56　设置数据透视表的放置位置

中,数据表中将自动添加筛选字段。然后用同样的方法将“姓名”和“编号”字段拖动到“报表筛选”下拉列表框中。

(5) 使用同样的方法按顺序将“1 月份～季度总产量”字段拖到“数值”下拉列表框中,如图 5-57 所示。

(6) 在创建好的数据透视表中单击“工种”字段后的▾按钮,在打开的下拉列表框中选择“流水”选项,如图 5-58 所示,单击 确定 按钮,即可在表格中显示该工种下所有员工的汇总数据。

图 5-57　添加字段

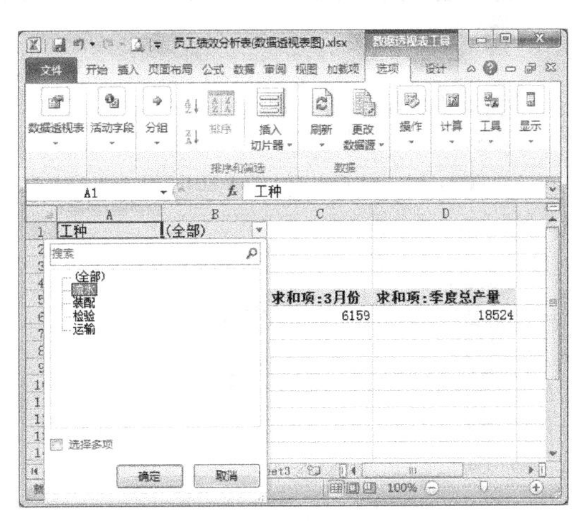

图 5-58　对汇总结果进行筛选

5.4.7　创建数据透视图

通过数据透视表分析数据后,为了直观地查看数据情况,还可以根据数据透视表制作数据透视图。下面根据“员工绩效表.xlsx”工作簿中的数据透视表创建数据透视图,其具体操作如下。

(1) 在“员工绩效表.xlsx”工作簿中创建数据透视表后,在“数据透视表工具-选项”—“工具”组中单击“数据透视图”按钮,打开“插入图表”对话框。

(2) 在左侧的列表中单击“柱形图”选项卡,在右侧列表框的“柱形图”栏中选择“三维簇状柱形图”选项,单击 确定 按钮,即可在数据透视表的工作表中添加数据透视图,如图 5-59 所示。

提示:数据透视图和数据透视表是相互联系的,即改变数据透视表,则数据透视图将发生相应的变化;反之,若改变数据透视图,则数据透视表也发生相应变化。另外,数据透视表中的字段可拖动到 4 个区域,各区域作用介绍如下:报表筛选区域,作用类似于自动筛选,是

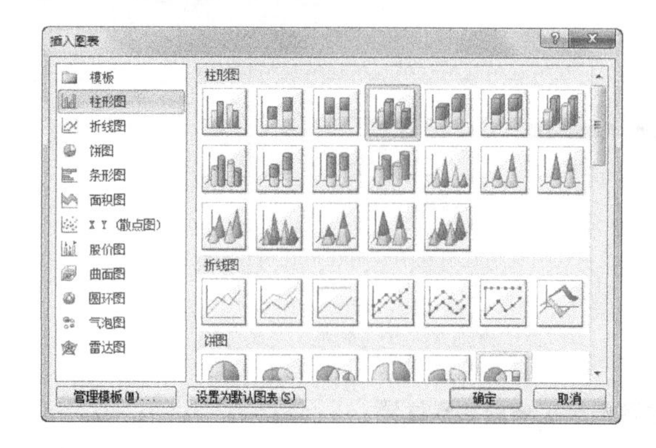
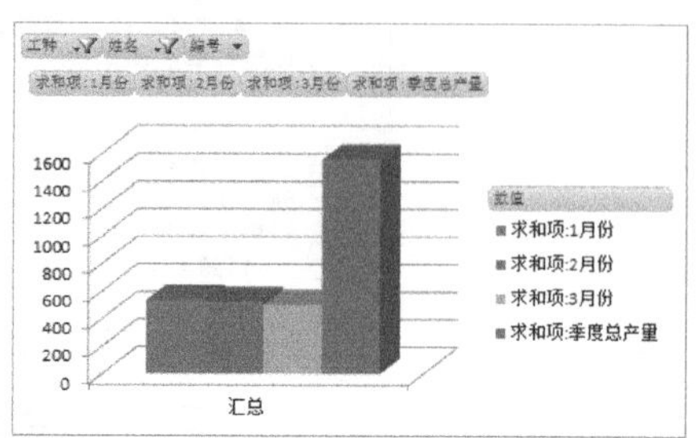

图 5-59　创建数据透视图

所在数据透视表的条件区域，在该区域内的所有字段都将作为筛选数据区域内容的条件；行标签和列标签两个区域用于将数据横向或纵向显示，与分类汇总选项的分类字段作用相同；数值区域的内容主要是数据。

（3）在创建好的数据透视图中单击 姓名 按钮，在打开的下拉列表框中单击选中"（全部）"复选框，单击 确定 按钮，即可在数据透视图中看到所有流水工种员工的数据求和项，如图 5-60 所示。

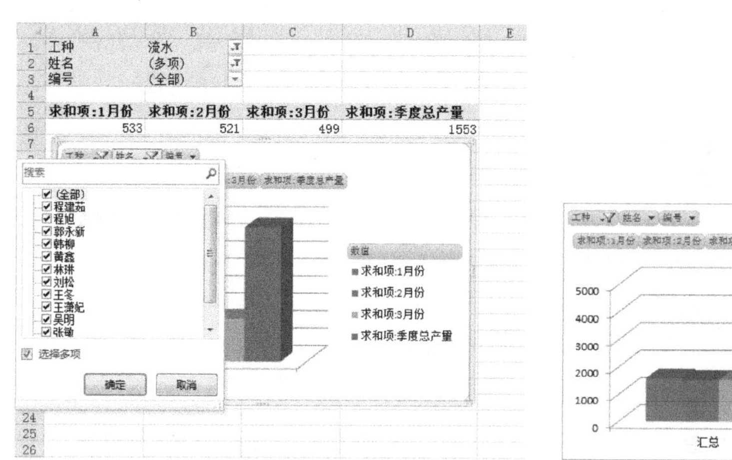
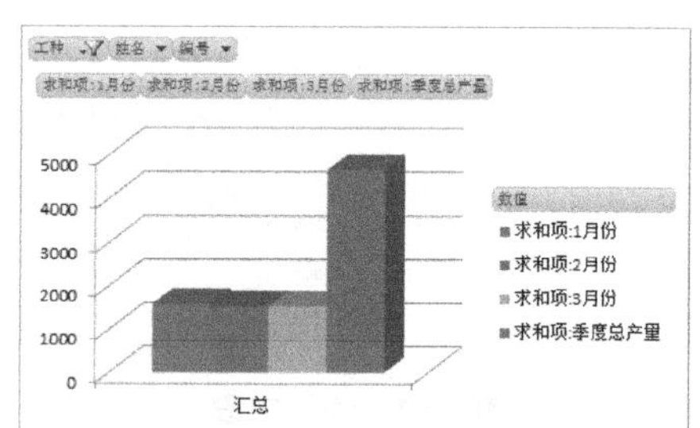

图 5-60　查看数据透视图中的数据

5.5　制作销售分析表

年关将至，总经理需要在年终总结会议上制定来年的销售方案，因此，需要一份数据差异和走势明显及能够辅助预测发展趋势的电子表格。总经理让小夏在下周之前制作一份销售分析图表，制作完成后的效果如图 5-61 所示。相关设计制作步骤如下。

◆ 打开已经创建并编辑好的素材表格，根据表格中的数据创建图表，并将其移动到新的工作表中。

◆ 对图表进行相应编辑，包括修改图表数据、更改图表类型、设置图表样式、调整图表布局、设置图表格式、调整图表对象的显示与分布和使用趋势线等。

◆ 为表格中的数据插入迷你图，并对其进行设置和美化。

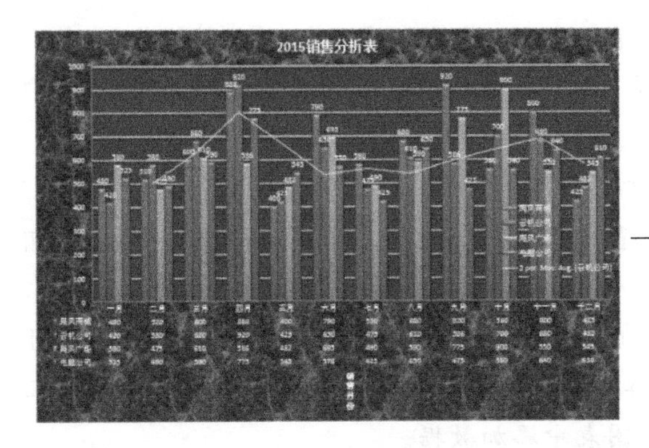

主要分公司销售分析表

单位：万元

列1	飓风商城	云帆公司	飓风广场	电脑公司	出版公司
一月	480	420	580	525	360
二月	520	580	475	490	380
三月	600	680	610	590	605
四月	888	920	586	775	490
五月	400	425	482	545	320
六月	790	650	695	570	340
七月	580	475	490	425	482
八月	680	610	590	650	695
九月	920	586	775	475	490
十月	560	700	900	560	685
十一月	800	680	550	640	694
十二月	425	482	545	610	590

图 5-61 “销售分析表.xlsx”工作簿最终效果

5.5.1 图表的类型

图表是 Excel 重要的数据分析工具。Excel 提供了多种图表类型，包括柱形图、条形图、折线图和饼图等，用户可根据不同的情况选用不同类型的图表。下面介绍 5 个常用图表的类型及其适用情况。

（1）柱形图。柱形图常用于进行几个项目之间数据的对比。

（2）条形图。条形图与柱形图的用法相似，但数据位于 y 轴，值位于 x 轴，位置与柱形图相反。

（3）折线图。折线图多用于显示等时间间隔数据的变化趋势，它强调的是数据的时间性和变动率。

（4）饼图。饼图用于显示一个数据系列中各项的大小与各项总和的比例。

（5）面积图。面积图用于显示每个数值的变化量，强调数据随时间变化的幅度，还能直观地体现整体和部分的关系。

5.5.2 使用图表的注意事项

制作的图表除了要具备必要的图表元素，还需让人一目了然，在制作图表前应该注意以下 6 点。

（1）在制作图表前如需先制作表格，应根据前期收集的数据制作出相应的电子表格，并对表格进行一定的美化。

（2）根据表格中某些数据项或所有数据项创建相应形式的图表。选择电子表格中的数据时，可根据图表的需要视情况而定。

（3）检查创建的图表中的数据有无遗漏，及时对数据进行添加或删除。然后对图表形状样式和布局等内容进行相应的设置，完成图表的创建与修改。

（4）不同的图表类型能够进行的操作可能不同，如二维图表和三维图表就具有不同的格式设置。

（5）图表中的数据较多时，应该尽量将所有数据都显示出来，所以一些非重点的部分，如图表标题、坐标轴标题和数据表格等都可以省略。

（6）办公文件讲究简单明了，对于图表的格式和布局等，最好使用 Excel 自带的格式，除非有特定的要求，否则没有必要设置复杂的格式影响图表的阅读。

5.5.3 创建图表

图表可以将数据表以图例的方式展现出来。创建图表时，首先需要创建或打开数据表，然后根据数据表创建图表。下面为“销售分析表.xlsx”工作簿创建图表，其具体操作如下。

(1) 打开“销售分析表.xlsx”工作簿，选择 A3:F15 单元格区域，在“插入”—“图表”组中单击“柱形图”按钮，在打开的下拉列表的“二维柱形图”栏中选择“簇状柱形图”选项。

(2) 此时即可在当前工作表中创建一个柱形图，图表中显示了各公司每月的销售情况。将鼠标指针移动到图表中的某一系列，即可查看该系列对应的分公司在该月的销售数据，如图 5-62 所示。

提示：在 Excel 2010 中，如果不选择数据直接插入图表，则图表中将显示空白。这时可以在“图表工具-设计”—“数据”组中单击“选择数据”按钮，打开“选择数据源”对话框，在其中设置图表数据对应的单元格区域，即可在图表中添加数据。

(3) 在“图表工具-设计”—“位置”组中单击“移动图表”按钮，打开“移动图表”对话框，单击选中“新工作表”单选项，在后面的文本框中输入工作表的名称，这里输入“销售分析图表”，单击 确定 按钮。

(4) 此时图表将移动到新工作表中，同时图表将自动调整为适合工作表区域的大小，如图 5-63 所示。

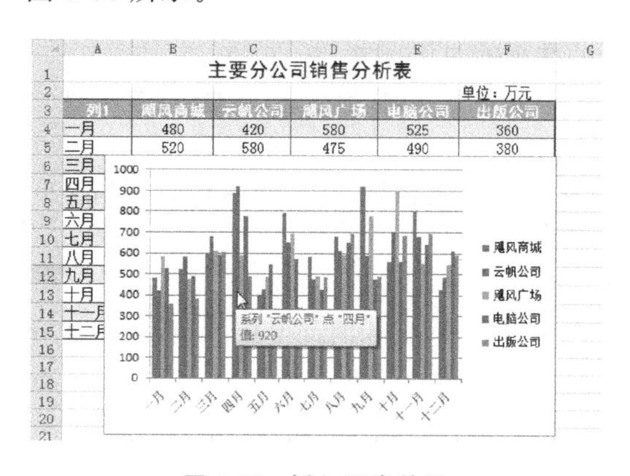

图 5-62 插入图表效果

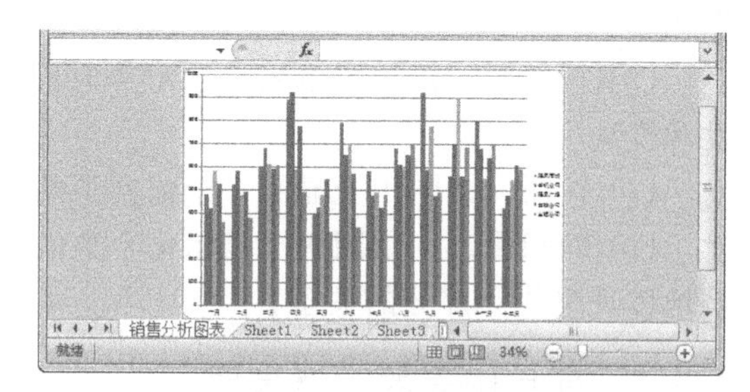

图 5-63 移动图表效果

5.5.4 编辑图表

编辑图表包括修改图表数据、修改图表类型、设置图表样式、调整图表布局、设置图表格式、调整图表对象的显示以及分布和使用趋势线等操作。其具体操作如下。

(1) 选择创建好的图表，在“图表工具-设计”—“数据”组中单击“选择数据”按钮，打开“选择数据源”对话框，单击“图表数据区域”文本框右侧的按钮。

(2) 对话框将折叠，在工作表中选择 A3:E15 单元格区域，单击按钮打开“选择数据源”对话框，在“图例项(系列)”和“水平(分类)轴标签”列表框中即可看到修改的数据区域，如图 5-64 所示。

(3) 单击 确定 按钮，返回图表，可以看到图表所显示的序列发生了变化，如图 5-65 所示。

(4) 在“图表工具-设计”—“类型”组中单击“更改图表类型”按钮，打开“更改图表类型”对话框，在左侧的列表框中单击“条形图”选项卡，在右侧列表框的“条形图”栏中选择“三维簇状条形图”选项，如图 5-66 所示，单击 确定 按钮。

(5) 更改所选图表的类型与样式，更改后，图表中展现的数据并不会发生变化，如图 5-67 所示。

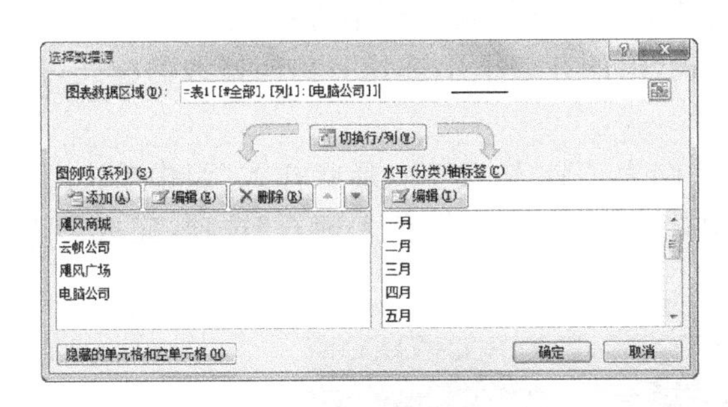

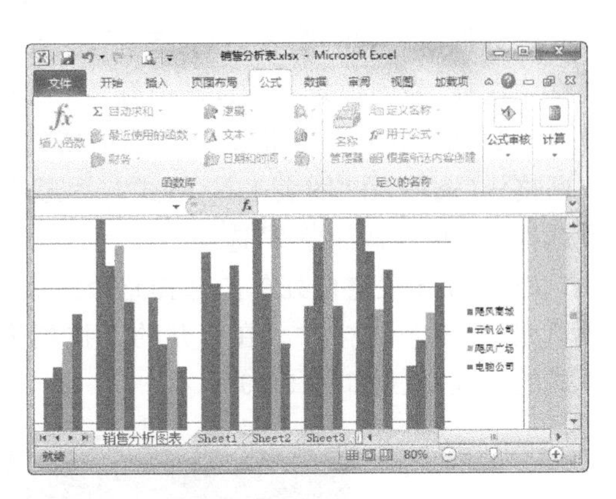

图 5-64　选择数据源　　　图 5-65　修改图表数据区域后的效果

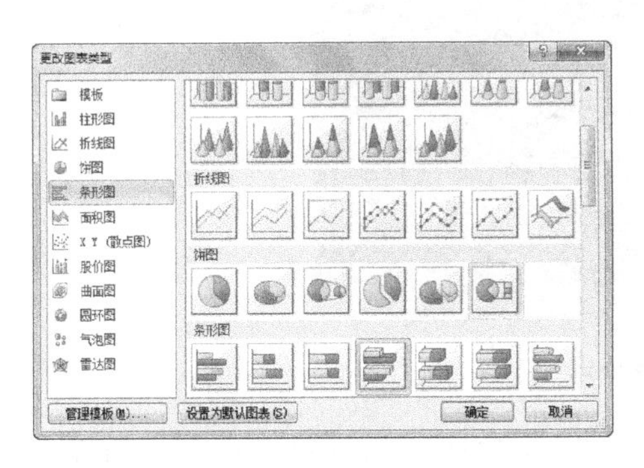

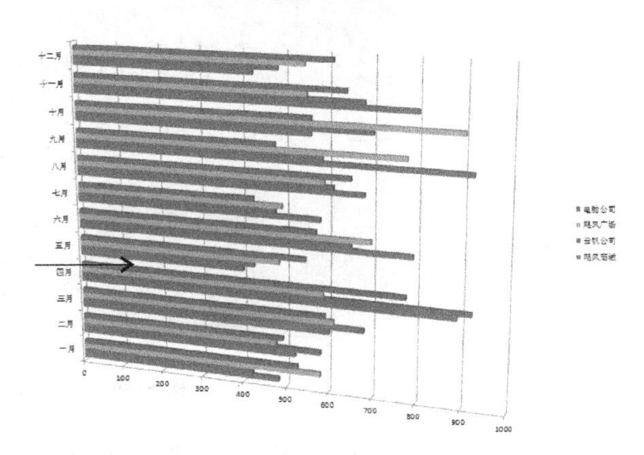

图 5-66　选择图表类型　　　图 5-67　修改图表类型后的效果

(6) 在“图表工具-设计”—“图表样式”组中单击“快速样式”按钮，在打开的下拉列表框中选择“样式 42”选项，此时即可更改所选图表样式。

(7) 在“图表工具-设计”—“图表布局”组中单击“快速布局”按钮，在打开的下拉列表框中选择“布局 5”选项。

(8) 此时即可更改所选图表的布局为同时显示数据表与图表，效果如图 5-68 所示。

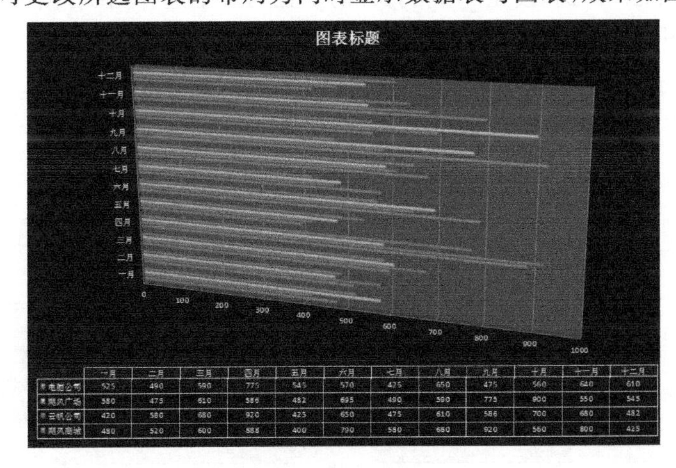

	一月	二月	三月	四月	五月	六月	七月	八月	九月	十月	十一月	十二月
电脑公司	525	490	590	775	545	570	425	650	475	560	640	610
飓风广场	380	475	610	586	482	695	490	590	775	900	550	545
云帆公司	420	580	680	920	425	650	475	610	586	700	680	482
飓风商城	480	520	600	888	400	790	580	680	920	560	800	425

图 5-68　更改图表布局

(9) 在图表区中单击任意一条绿色数据条(“飓风广场”系列)，Excel 将自动选择图表中所有该数据系列，在“图表工具-格式”—“形状样式”组中单击“其他”按钮，在打开的下拉列表框中选择“强烈效果-橙色，强调颜色 6”选项，图表中该序列的样式将随之变化。

(10) 在“图表工具-格式”—“当前所选内容”组中的下拉列表框中选择“水平(值)轴 主要网格线”选项，在“图表工具-格式”—“形状样式”组的列表框中选择一种网格线的样式，这里选择“粗线-强调颜色 3”选项。

(11) 在图表空白处单击选择整个图表，在“图表工具-格式”—“形状样式”组中单击“形状填充”按钮，在打开的下拉列表中选择“纹理”—“绿色大理石”选项，完成图表样式的设置，效果如图 5-69 所示。

图 5-69 设置图表格式

(12) 在“图表工具-布局”—“标签”组中单击“图表标题”按钮，在打开的下拉列表中选择“图表上方”选项，此时在图表上方显示图表标题文本框，单击后输入图表标题内容，这里输入“2015 销售分析表”。

(13) 在“图表工具-布局”—“标签”组中单击“坐标轴标题”按钮，在打开的下拉列表中选择“主要纵坐标轴标题”—“竖排标题”选项，如图 5-70 所示。

(14) 在水平坐标轴下方显示出坐标轴标题框，单击后输入“销售月份”，在“图表工具-布局”—“标签”组中单击“图例”按钮，在打开的下拉列表中选择“在右侧覆盖图例”选项，即可将图例显示在图表右侧并不改变图表的大小，如图 5-71 所示。

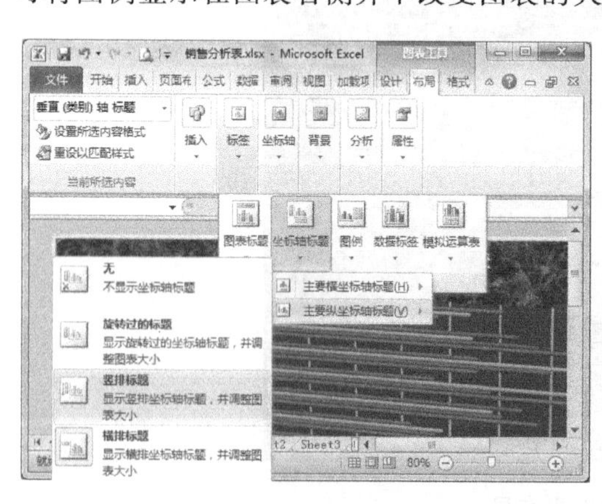

图 5-70 选择坐标轴标题的显示位置

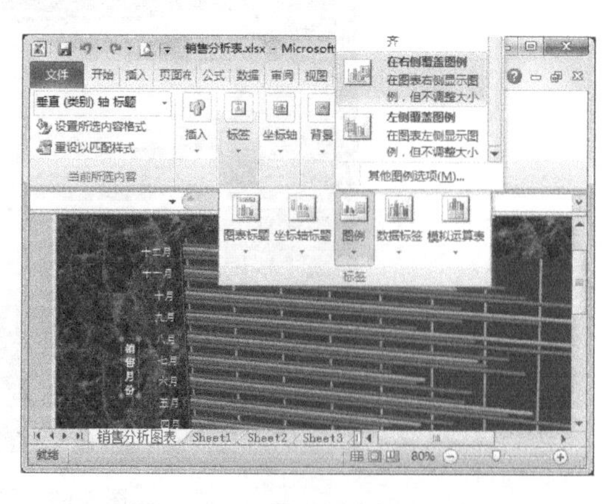

图 5-71 设置图例的显示位置

(15) 在“图表工具-布局”—“标签”组中单击“数据标签”按钮，在打开的下拉列表中选择“显示”选项，即可在图表的数据序列上显示数据标签。

5.5.5 使用趋势线

趋势线用于对图表数据的分布与规律进行标识，从而使用户能够直观地了解数据的变化趋势，或对数据进行预测分析。下面为“销售分析表.xlsx”工作簿中的图表添加趋势线，其具体操作如下。

(1) 在“图表工具-设计”—“类型”组中单击“更改图表类型”按钮，打开“更改图表类型”对话框，在左侧的列表框中单击“柱形图”选项卡，在右侧列表框的“柱形图”栏中选择“簇状柱形图”选项，单击 确定 按钮，如图 5-72 所示。

(2) 在图表中单击需要设置趋势线的数据系列，这里单击“云帆公司”系列；在“图表工具-布局”—“分析”组中单击“趋势线”按钮，在打开的下拉列表中选择“线性预测趋势线”选项，此时即可为图表中的“云帆公司”数据系列添加趋势线，右侧图例下方将显示出趋势线信息，效果如图 5-73 所示。

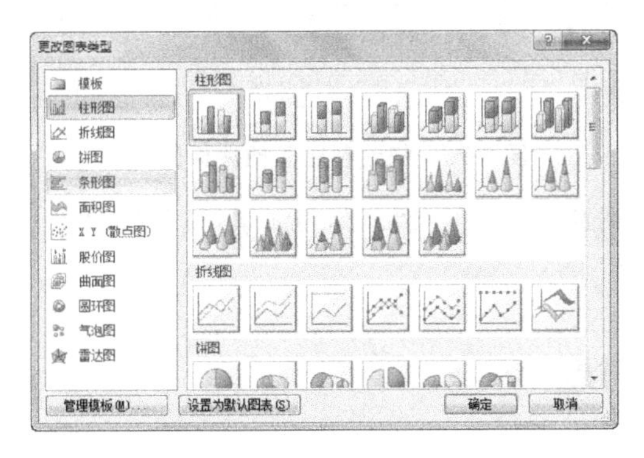

图 5-72 更改图表类型

图 5-73 添加趋势线

提示：这里再次对图表类型进行了更改，是因为更改前的图表类型不支持设置趋势线。要查看图表是否支持趋势线，只需单击图表，在“图表工具-布局”—“分析”组中查看“趋势线”按钮是否可用。

5.5.6 插入迷你图

迷你图不但简洁美观，而且可以清晰地展现数据的变化趋势，并且占用空间也很小，因此为数据分析工作提供了极大的便利。插入迷你图的具体操作如下。

(1) 选择 B16 单元格，在“插入”—“迷你图”组中单击“折线图”按钮，打开“创建迷你图”对话框，在“选择所需的数据”栏的“数据范围”文本框中输入飓风商城的数据区域“B4:B15”，单击 确定 按钮即可看到插入的迷你图，如图 5-74 所示。

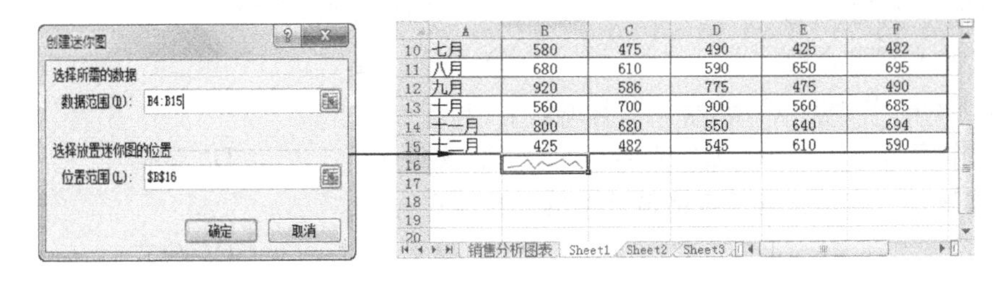

	A	B	C	D	E	F
10	七月	580	475	490	425	482
11	八月	680	610	590	650	695
12	九月	920	586	775	475	490
13	十月	560	700	900	560	685
14	十一月	800	680	550	640	694
15	十二月	425	482	545	610	590

图 5-74 创建迷你图

(2) 选择 B16 单元格，在“迷你图工具-设计”—“显示”组中单击选中“高点”和“低点”复选框，在“样式”组中单击“标记颜色”按钮，在打开的下拉列表中选择“高点”—“红色”选项，如图 5-75 所示。

(3) 用同样的方法将低点设置为“绿色”，拖动单元格控制柄为其他数据序列快速创建迷你图，如图 5-76 所示。

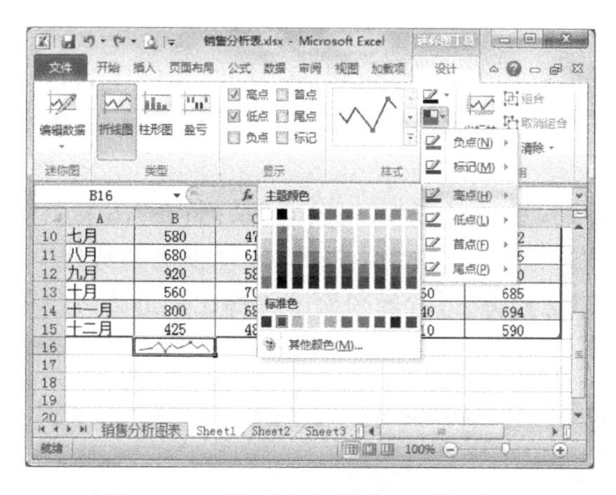

图 5-75 设置高点和低点并标记颜色

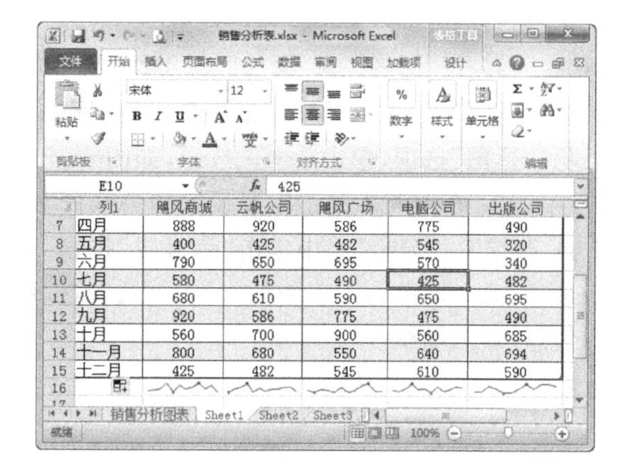

图 5-76 快速创建其他迷你图

提示：迷你图无法使用“Delete”键删除，正确的删除方法是：在“迷你图工具-设计”—“分组”组中单击“清除”按钮 清除。

Excel 课后习题

一、单选题

1. Excel 的主要功能是(　　)。

A. 表格处理、文字处理、文件管理

B. 表格处理、网络通信、图形处理

C. 表格处理、数据库处理、图形处理

D. 表格处理、数据处理、网络通信

2. Excel 是一种常用的(　　)软件。

A. 文字处理　　B. 电子表格　　C. 打印印刷　　D. 办公应用

3. Excel 2010 工作簿文件的扩展名为(　　)。

A. xlsx　　B. docx　　C. pptx　　D. xls

4. 按(　　)可执行保存 Excel 工作簿的操作。

A. “Ctrl+C”组合键　　B. “Ctrl+E”组合键

C. “Ctrl+S”组合键　　D. “Esc”键

5. 在 Excel 中，Sheet1、Sheet2 等表示(　　)。

A. 工作簿名　　B. 工作表名　　C. 文件名　　D. 数据

6. 在 Excel 中，组成电子表格最基本的单位是(　　)。

A. 数字　　B. 文本　　C. 单元格　　D. 公式

7. 工作表是用行和列组成的表格，其行、列分别用(　　)表示。

A. 数字和数字　　B. 数字和字母

C. 字母和字母　　D. 字母和数字

8. 工作表标签显示的内容是(　　)。

A. 工作表的大小　　B. 工作表的属性

C. 工作表的内容　　D. 工作表名称

9. 在 Excel 中存储和处理数据的文件是(　　)。

A. 工作簿　　B. 工作表　　C. 单元格　　D. 活动单元格

10. 在 Excel 中打开"打开"对话框,可按快捷键(　　)。

A. "Ctrl+N"　　B. "Ctrl+S"　　C. "Ctrl+O"　　D. "Ctrl+Z"

11. 一个 Excel 工作簿中含有(　　)个默认工作表。

A. 1　　B. 3　　C. 16　　D. 256

12. Excel 文档包括(　　)。

A. 工作表　　B. 工作簿　　C. 编辑区域　　D. 以上都是

13. 下列关于工作表的描述,正确的是(　　)。

A. 工作表主要用于存取数据

B. 工作表的名称显示在工作簿顶部

C. 工作表无法修改名称

D. 工作表的默认名称为"Sheet1,Sheet2,…"

14. Excel 中第二列第三行单元格使用标号表示为(　　)。

A. C2　　B. B3　　C. C3　　D. B2

15. 在 Excel 工作表中,按钮的功能为(　　)。

A. 复制文字　　B. 复制格式

C. 重复打开文件　　D. 删除当前所选内容

16. 在 Excel 工作表中,如果要同时选取若干个连续的单元格,可以(　　)。

A. 按住"Shift"键,依次单击所选单元格

B. 按住"Ctrl"键,依次单击所选单元格

C. 按住"Alt"键,依次单击所选单元格

D. 按住"Tab"键,依次单击所选单元格

17. 在默认情况下,Excel 工作表中的数据呈白底黑字显示。为了使工作表更加美观,可以为工作表填充颜色,此时一般可通过(　　)进行操作。

A. "页面布局"—"背景设置"组

B. "页面布局"—"主题"组

C. "页面布局"—"页面设置"组

D. "页面布局"—"排列"组

18. 快速新建新的工作簿,可按快捷键(　　)。

A. "Shift+O"　　B. "Ctrl+O"　　C. "Ctrl+N"　　D. "Alt+O"

19. 在 Excel 中,A1 单元格设定其数字格式为整数,当输入"11.15"时,显示为(　　)。

A. 11.11　　B. 11　　C. 12　　D. 11.2

20. 当输入的数据位数太长,一个单元格放不下时,数据将自动改为(　　)。

A. 科学计数　　B. 文本数据　　C. 备注类型　　D. 特殊数据

21. 在 Excel 2010 中,输入"(2)",单元格将显示(　　)。

A. (2)　　B. 2　　C. 2　　D. 0、2

22. 在默认状态下，单元格中数字的对齐方式是(　　)。

A. 左对齐　　B. 右对齐　　C. 居中　　D. 两边对齐

23. Excel 中默认的单元格宽度是(　　)。

A. 9.38　　B. 8.38　　C. 7.38　　D. 6.38

24. 在 Excel 中，单元格中的换行可以按(　　)键。

A. “Ctrl+Enter”　　B. “Alt+Enter”

C. “Shift+Enter”　　D. “Enter”

25. 在 Excel 中，不可以通过“清除”命令清除的是(　　)。

A. 表格批注　　B. 拼写错误　　C. 表格内容　　D. 表格样式

26. 在 Excel 中，先选择 A1 单元格，然后按住“Shift”键，并单击 B4 单元格，此时所选单元格区域为(　　)。

A. A1:B4　　B. A1:B5　　C. B1:C4　　D. B1:C5

27. 将所选的多列单元格按指定数字调整为等列宽的最快捷的方法为(　　)。

A. 直接在列标处拖动到等列宽

B. 选择多列单元格拖动

C. 选择“开始”—“单元格”—“格式”—“单元格大小”—“列宽”命令

D. 选择“开始”—“单元格”—“格式”—“单元格大小”—“自动调整列宽”命令

28. 在 Excel 中，删除单元格与清除单元格的操作(　　)。

A. 不一样　　B. 一样　　C. 不确定　　D. 确定

29. 在输入邮政编码、电话号码和产品代号等文本时，只要在输入时加上一个(　　)，Excel 就会把该数字作为文本处理，使其沿单元格左边对齐。

A. 双撇号　　B. 单撇号　　C. 分号　　D. 逗号

30. 在单元格中输入公式时，完成输入后单击编辑栏上的✔按钮，该操作表示(　　)。

A. 取消　　B. 确认　　C. 函数向导　　D. 拼写检查

31. 在 Excel 中，编辑栏中的✖按钮相当于(　　)键。

A. “Enter”　　B. “Esc”　　C. “Tab”　　D. “Alt”

32. 当 Excel 单元格中的数值长度超出单元格长度时，将显示为(　　)。

A. 普通计数法　　B. 分数计数法

C. 科学计数法　　D. ########

33. 在编辑工作表时，隐藏的行或列在打印时将(　　)。

A. 被打印出来　　B. 不被打印出来

C. 不确定　　D. 以上都不正确

34. 在 Excel 2010 中移动或复制公式单元格时，以下说法正确的是(　　)。

A. 公式中的绝对地址和相对地址都不变

B. 公式中的绝对地址和相对地址都会自动调整

C. 公式中的绝对地址不变，相对地址自动调整

D. 公式中的绝对地址自动调整，相对地址不变

35. 下列属于 Excel 2010 提供的主题样式的是(　　)。

A. 字体　　B. 颜色　　C. 效果　　D. 以上都正确

36. Excel 2010 图表中的水平 X 轴通常用来作为(　　)。

A. 排序轴　　B. 分类轴　　C. 数值轴　　D. 时间轴

37. 对数据表进行自动筛选后,所选数据表的每个字段名旁都对应着一个(　　)。

A. 下拉按钮　　B. 对话框　　C. 窗口　　D. 工具栏

38. 在对数据进行分类汇总之前,必须先对数据(　　)。

A. 按分类汇总的字段排序,使相同的数据集中在一起

B. 自动筛选

C. 按任何一字段排序

D. 格式化

39. 在单元格中计算“2789+12345”的和时,应该输入(　　)。

A. “2789+12345”　　B. “=2789+12345”

C. “278912345”　　D. “2789,1234”

40. 在 Excel 2010 中,除了可以直接在单元格中输入函数外,还可以单击编辑栏上的(　　)按钮来输入函数。

A. “∑”　　B. “fx”　　C. “SUM”　　D. “查找与引用”

41. 单元格引用随公式所在单元格位置的变化而变化,这属于(　　)。

A. 相对引用　　B. 绝对引用　　C. 混合引用　　D. 直接引用

42. 在下列选项中,不属于 Excel 视图模式的是(　　)。

A. 普通视图　　B. 页面布局视图

C. 分页预览视图　　D. 演示视图

43. Excel 日期格式默认为“年/月/日”,若要将日期格式改为“×年×月×日”,可通过选择(　　)功能组,打开“设置单元格格式”对话框进行选择。

A. “开始”—“数字”　　B. “开始”—“样式”

C. “开始”—“编辑”　　D. “开始”—“单元格”

44. 在下列操作中,可以在选定的单元格区域中输入相同数据的是(　　)。

A. 在输入数据后按“Ctrl+空格”键

B. 在输入数据后按回车键

C. 在输入数据后按“Ctrl+回车”键

D. 在输入数据后按“Shift+回车”键

45. 如果要在 B2:B11 区域中输入数字序号 1,2,3,…,10,可先在 B2 单元格中输入数字 1,再选择单元格 B2,按住(　　)键不放,用鼠标拖动填充柄至 B11。

A. “Alt”　　B. “Ctrl”　　C. “Shift”　　D. “Insert”

46. 合并单元格是指将选定的连续单元格区域合并为(　　)。

A. 1 个单元格　　B. 1 行 2 列　　C. 2 行 2 列　　D. 任意行和列

47. 如果将选定单元格(或区域)的内容消除,单元格依然保留,称为(　　)。

A. 重写　　B. 删除　　C. 改变　　D. 清除

48. 为所选单元格区域快速套用表格样式,应通过(　　)。

A. 选择“开始”—“编辑”组

B. 选择“开始”—“样式”组

C. 选择“开始”—“单元格”组

D. 选择“页面布局”—“页面样式”组

49. 在 Excel 中插入超链接时,下列方法错误的是(　　)。

A. 可以通过现有文件或网页插入超链接

B. 可以使其链接到当前文档中的任意位置

C. 可以插入电子邮件

D. 可以插入本地任意文件

50. 工作表被保护后,该工作表中的单元格的内容、格式(　　)。

A. 可以修改　　B. 不可修改、删除

C. 可以被复制、填充　　D. 可移动

51. 工作表 Sheet1、Sheet2 均设置了打印区域,当前工作表为 Sheet1,执行"文件"—"打印"命令后,在默认状态下将打印(　　)。

A. Sheet1 中的打印区域

B. Sheet1 中键入数据的区域和设置格式的区域

C. 在同一页打印 Sheet1、Sheet2 中的打印区域

D. 在不同页打印 Sheet1、Sheet2 中的打印区域

52. 在编辑工作表时,将第 3 行隐藏起来,编辑后打印该工作表时,对第 3 行的处理为(　　)。

A. 打印第 3 行　　B. 不打印第 3 行

C. 不确定　　D. 都不对

二、多选题

1. 关于电子表格的基本概念,正确的是(　　)。

A. 工作簿是 Excel 中存储和处理数据的文件

B. 工作表是存储和处理数据的工作单位

C. 单元格是存储和处理数据的基本编辑单位

D. 活动单元格是已输入数据的单元格

2. 在对下列内容进行粘贴操作时,一定要使用选择性粘贴的是(　　)。

A. 公式　　B. 文字　　C. 格式　　D. 数字

3. 以下关于 Excel 的叙述中,错误的是(　　)。

A. Excel 将工作簿的每一张工作表分别作为一个文件来保存

B. Excel 允许同时打开多个工作簿进行文件处理

C. Excel 的图表必须与生成该图表的有关数据处于同一张工作表中

D. Excel 工作表的名称由文件名决定

4. 下列选项中,可以新建工作簿的操作为(　　)。

A. 选择"文件"—"新建"菜单命令

B. 利用快速访问工具栏的"新建"按钮

C. 使用模板方式

D. 选择"文件"—"打开"菜单命令

5. 在工作簿的单元格中,可输入的内容包括(　　)。

A. 字符　　B. 中文　　C. 数字　　D. 公式

6. Excel 的自动填充功能,可以自动填充(　　)。

A. 数字　　B. 公式　　C. 日期　　D. 文本

7. Excel 中的公式可以使用的运算符有(　　)。

A. 数学运算　　B. 文字运算　　C. 比较运算　　D. 逻辑运算

8. 修改单元格中数据的正确方法有(　　)。

A. 在编辑栏中修改　　B. 使用“开始”功能区按钮

C. 复制和粘贴　　D. 在单元格中修改

9. 在 Excel 中,复制单元格格式可采用(　　)。

A. 链接　　B. 复制+粘贴

C. 复制+选择性粘贴　　D. 格式刷

10. 下列选项中,可以成功退出 Excel 的操作是(　　)。

A. 双击 Excel 系统菜单图标

B. 选择“文件”—“关闭”命令

C. 选择“文件”—“退出”命令

D. 单击 Excel 系统菜单图标

11. 在 Excel 中,使用填充功能可以实现(　　)填充。

A. 等差数列　　B. 等比数列　　C. 多项式　　D. 方程组

12. 下列选项中,可以通过快速访问工具栏中的“撤销”按钮 恢复的操作包括(　　)。

A. 插入工作表　　B. 删除工作表

C. 删除单元格　　D. 插入单元格

三、判断题

1. 在启动 Excel 后,默认的工作簿名为“工作簿 1”。(　　)

2. 在 Excel 中,不可以同时打开多个工作簿。(　　)

3. 在 Excel 工作簿中,工作表最多可设置 16 个。(　　)

4. 在同一个工作簿中,可以为不同工作表设置相同的名称。(　　)

5. Excel 中的工作表可以重新命名。(　　)

6. 在 Excel 中修改当前活动单元格中的数据时,可通过编辑栏进行修改。(　　)

7. 在 Excel 中拆分单元格时,像 Word 一样,不但可以将合并后的单元格还原,还可以插入多行多列。(　　)

8. 所谓的“活动单元格”是指正在操作的单元格。(　　)

9. 在 Excel 中,表示一个数据区域,如表示 A3 单元格到 E6 单元格,其表示方法为“A3:E6”。(　　)

10. 在 Excel 中,“移动或复制工作表”命令只能将选定的工作表移动或复制到同一工作簿的不同位置。(　　)

11. 对于选定的区域,若要一次性输入同样的数据或公式,在该区域中输入数据公式,按“Ctrl+Enter”键,即可完成操作。(　　)

12. 清除单元格是指删除该单元格。(　　)

13. 在 Excel 中,隐藏是指被用户锁定且看不到单元格的内容,但内容还在。(　　)

14. Excel 中的清除操作是将单元格的内容删除,包括其所在的地址。(　　)

15. Excel 中的删除操作只是将单元格的内容删除,而单元格本身仍然存在。(　　)

16. 在 Excel 中,如果要在工作表的第 D 列和第 E 列中间插入一列,先选中第 D 列的某个单元格,然后再进行相关操作。(　　)

17. Excel 允许用户将工作表在一个或多个工作簿中移动或复制,但要在不同的工作簿之间移动工作表,这两个工作簿必须是打开的。(　　)

18. 在 Excel 中,在对一张工作表进行页面设置后,该设置对所有工作表都起作用。 ( )

19. 在 Excel 中,单元格可用来存储文字、公式、函数和逻辑值等数据。 ( )

20. Excel 可根据用户在单元格内输入字符串的第一个字符判定该字符串为数值或字符。 ( )

21. 在 Excel 单元格中输入 3/5,就表示数值五分之三。 ( )

22. 在 Excel 单元格中输入 4/5,其输入方法为“0 4/5”。 ( )

23. 在 Excel 中不可以建立日期序列。 ( )

24. Excel 中的有效数据是指用户可以预先设置某一单元格允许输入的数据类型和范围,并可以设置提示信息。 ( )

25. 在 Excel 中,可以根据需要为表格添加边框线,并设置边框的线型和粗细。 ( )

26. Excel 规定同一工作表中所有的名字是唯一的。 ( )

27. 在 Excel 中选定不连续区域时要按住“Shift”键,选择连续区域时要按住“Ctrl”键。 ( )

28. Excel 规定不同工作簿中的工作表名字不能重复。 ( )

29. 在 Excel 中要删除工作表,首先需选择工作表,然后选择“开始”—“编辑”组中的“清除”按钮。 ( )

30. 在 Excel 工作簿中可以对工作表进行移动。 ( )

31. “A”工作簿中的工作表可以复制到“B”工作簿中。 ( )

32. 在 Excel 中选择单元格区域时不能超出当前屏幕范围。 ( )

33. Excel 中的清除操作是将单元格的内容清除,包括所在地址。 ( )

34. Excel 中删除行(或列),则后面的行(或列)可以依次向上(或向左)移动。 ( )

35. 在 Excel 中插入单元格后,现有的单元格位置不会发生变化。 ( )

36. 在 Excel 中自动填充是根据初始值决定其填充内容的。 ( )

37. 直接用鼠标单击工作表标签即可选择该工作表。 ( )

38. 在工作表上单击该行的列标即可选择该行。 ( )

39. 为了使单元格区域更加美观,可以为单元格设置边框或底纹。 ( )

40. 单元格数据的对齐方式有横向对齐和纵向对齐两种。 ( )

第⑥章 PowerPoint 2010

PowerPoint 2010 是 Microsoft 公司的 Office 2010 系列办公软件中的一个演示文稿处理软件。该软件简称 PPT,别称幻灯片,应用很广泛。PowerPoint 通过对文字、图形、图像、色彩、声音、视频、动画等元素的应用,设计制作出符合要求的产品宣传、工作汇报、教学培训、会议演讲等演示文稿。PowerPoint 的中文意思是演示文稿。演示文稿是把静态文件制作成动态文件浏览,把复杂的问题变得通俗易懂,使之更加生动,给人留下更为深刻印象的幻灯片。

 6.1 制作工作总结演示文稿

王林大学毕业后应聘到一家公司工作,一转眼到年底了,各部门要求员工结合自己的工作情况写一份工作总结,并且在年终总结会议上进行演说。作为制作 PowerPoint 的新手,王林希望在操作简单的情况下实现演示文稿的效果。图 6-1 所示为制作完成后的“工作总结.pptx”演示文稿效果。

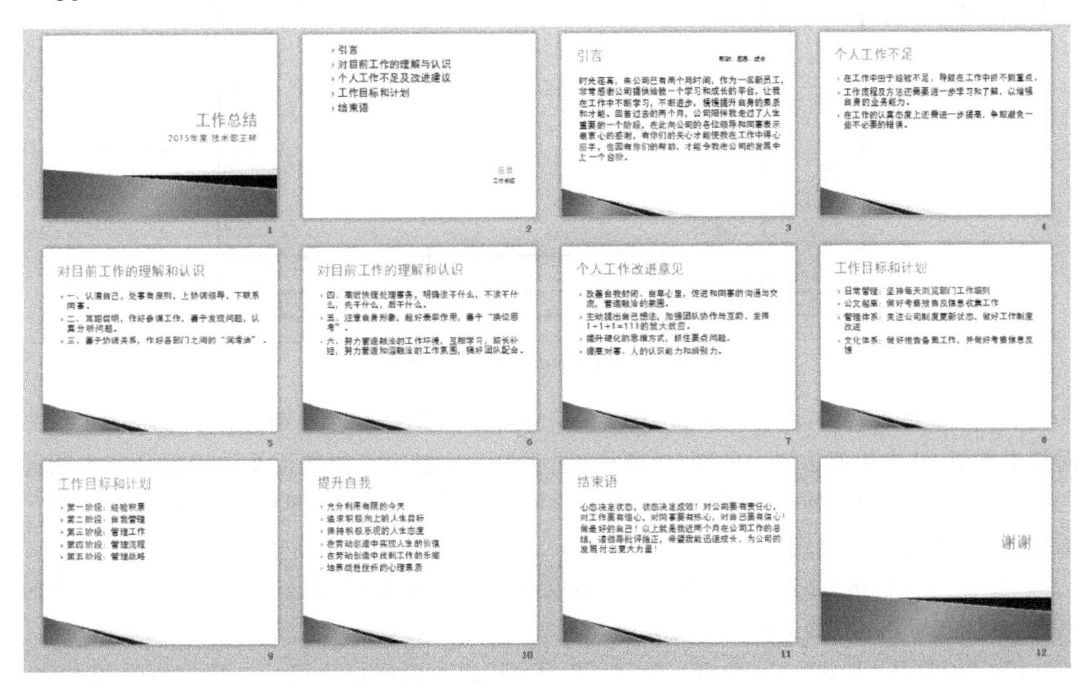

图 6-1 “工作总结.pptx”演示文稿

相关设计制作步骤如下:

◆ 启动 PowerPoint 2010,新建一个以“聚合”为主题的演示文稿,然后以“工作总结.pptx”为名保存在桌面上。

◆ 在标题幻灯片中输入演示文稿标题和副标题。

◆ 新建 1 张“内容与标题”版式的幻灯片,作为演示文稿的目录,再在占位符中输入

文本。

◆ 新建 1 张"标题和内容"版式的幻灯片，在占位符中输入文本后，添加一个文本框，再在文本框中输入文本。

◆ 新建 8 张"标题和内容"版式的幻灯片，然后分别在其中输入需要的内容。

◆ 复制第 1 张幻灯片到最后，然后调整第 4 张幻灯片的位置到第 6 张幻灯片后面。

◆ 在第 10 张幻灯片中移动文本的位置。

◆ 在第 10 张幻灯片中复制文本，再对复制后的文本进行修改。

◆ 在第 12 张幻灯片中修改标题文本，删除副标题文本。

6.1.1 熟悉 PowerPoint 2010 工作界面

选择"开始"—"所有程序"—"Microsoft Office"—"Microsoft PowerPoint 2010"命令或双击计算机磁盘中保存的 PowerPoint 2010 演示文稿（其扩展名为. pptx）即可启动 PowerPoint 2010，并打开 PowerPoint 2010 工作界面，如图 6-2 所示。

图 6-2 PowerPoint 2010 工作界面

从图 6-2 可以看出，PowerPoint 2010 的工作界面与 Word 2010 和 Excel 2010 的工作界面基本类似，其中快速访问工具栏、标题栏、选项卡和功能区等的结构及作用更是基本相同（选项卡的名称以及功能区的按钮会因为软件的不同而不同）。下面将对 PowerPoint 2010 特有部分的作用进行介绍。

（1）幻灯片窗格。幻灯片窗格位于演示文稿编辑区的右侧，用于显示和编辑幻灯片的内容，其功能与 Word 的文档编辑区类似。

（2）"幻灯片/大纲"浏览窗格。"幻灯片/大纲"浏览窗格位于演示文稿编辑区的左侧，其上方有两个选项卡，单击不同的选项卡，可在"幻灯片"浏览窗格和"大纲"浏览窗格两个窗格之间切换。其中：在"幻灯片"浏览窗格中将显示当前演示文稿所有幻灯片的缩略图，单击某个幻灯片缩略图，将在右侧的幻灯片窗格中显示该幻灯片的内容，如图 6-3 所示；在"大纲"浏览窗格中可以显示当前演示文稿中所有幻灯片的标题与正文内容。用户在左侧"大纲"浏览窗格中编辑文本内容时，将同步在右侧幻灯片窗格中产生变化，如图 6-4 所示。

图 6-3 “幻灯片”浏览窗格

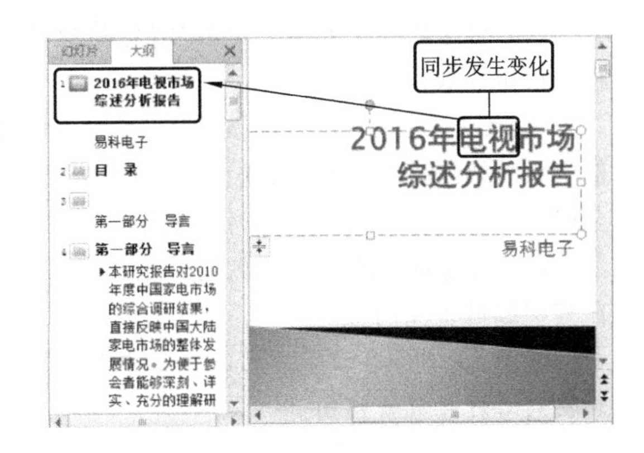

图 6-4 “大纲”浏览窗格

(3) 备注窗格。在该窗格中输入当前幻灯片的解释和说明等信息，以方便演讲者在正式演讲时参考。

(4) 状态栏。状态栏位于工作界面的下方，如图 6-5 所示，它主要由状态提示栏、视图切换按钮和显示比例栏组成。其中：状态提示栏用于显示幻灯片的数量、序列信息，以及当前演示文稿使用的主题；视图切换按钮用于在演示文稿的不同视图之间进行切换，单击相应的视图切换按钮即可切换到对应的视图中，从左到右依次是“普通视图”按钮、“幻灯片浏览”按钮、“阅读视图”按钮、“幻灯片放映”按钮；显示比例栏用于设置幻灯片窗格中幻灯片的显示比例，单击按钮或按钮，将以 10%的比例缩小或放大幻灯片，拖动两个按钮之间的图标，将适时缩小或放大幻灯片，单击右侧的按钮，将根据当前幻灯片窗格的大小显示幻灯片。

图 6-5 状态栏

6.1.2 认识演示文稿与幻灯片

演示文稿和幻灯片是相辅相成的两个部分，演示文稿由幻灯片组成，两者是包含与被包含的关系，每张幻灯片又有自己独立表达的主题，是构成演示文稿的每一页。

演示文稿由“演示”和“文稿”两个词语组成，这说明它是用于演示某种效果而制作的文档，主要用于会议演讲、产品展示和教学课件等领域。

6.1.3 认识 PowerPoint 视图

PowerPoint 2010 提供了 5 种视图模式：普通视图、幻灯片浏览视图、幻灯片放映视图、阅读视图、备注页视图。在工作界面下方的状态栏中单击相应的视图切换按钮或在“视图”—“演示文稿视图”组中单击相应的视图切换按钮都可进行切换。各种视图的功能介绍分别如下。

(1) 普通视图。单击“普通视图”按钮可切换至普通视图，此视图模式下可对幻灯片整体结构和单张幻灯片进行编辑，这种视图模式也是 PowerPoint 默认的视图模式。

(2) 幻灯片浏览视图。单击“幻灯片浏览”按钮可切换至幻灯片浏览视图，在该视图模式下不能对幻灯片进行编辑，但可同时预览多张幻灯片中的内容。

(3) 幻灯片放映视图。单击“幻灯片放映”按钮可切换至幻灯片放映视图,此时幻灯片将按设定的效果放映。

(4)阅读视图。单击“阅读视图”按钮可切换至阅读视图,在阅读视图中可以查看演示文稿的放映效果,预览演示文稿中设置的动画和声音,并观察每张幻灯片的切换效果,它将以全屏动态方式显示每张幻灯片的效果。

(5) 备注页视图。备注页视图是将备注窗格以整页格式进行显示,制作者可以方便地在其中编辑备注内容。

提示:在工作界面下方的状态栏中无法切换到备注页视图,在“演示文稿视图”组中无法切换到幻灯片放映视图。

6.1.4 演示文稿的基本操作

启动 PowerPoint 2010 后,就可以对 PowerPoint 文件(即演示文稿)进行操作了。由于 Office 软件的共通性,因此演示文稿的操作与 Word 文档的操作也有一定的相似之处。

1. 新建演示文稿

启动 PowerPoint 2010 后,选择“文件”—“新建”命令,将在工作界面右侧显示所有与演示文稿新建相关的选项,如图 6-6 所示。

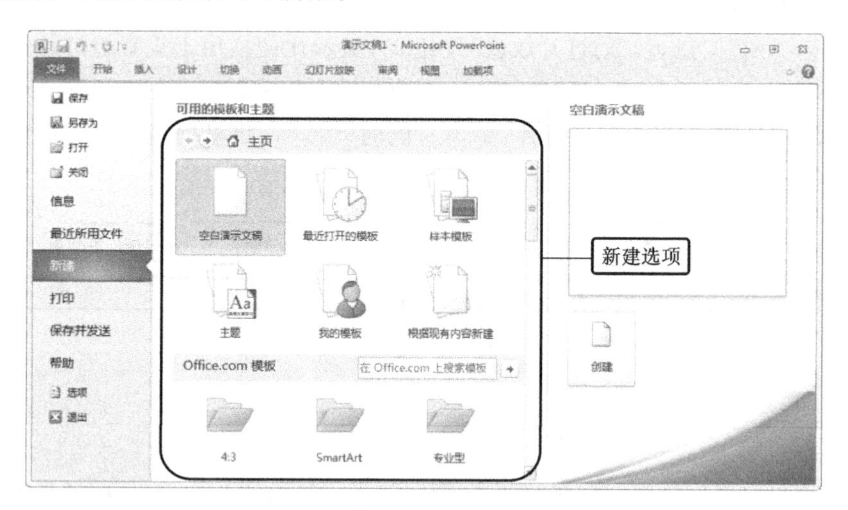

图 6-6 与演示文稿新建相关的选项

在工作界面中间的“可用的模板和主题”栏和“Office. com 模板”栏中可选择不同的演示文稿的新建模式。选择一种需要新建的演示文稿类型后,单击右侧的“创建”按钮,可新建演示文稿。

下面分别介绍工作界面中间各选项的作用。

(1) 空白演示文稿。选择该选项后,将新建一个没有内容,只有一张标题幻灯片的演示文稿。此外,启动 PowerPoint 2010 后,系统会自动新建一个空白演示文稿,或在 PowerPoint 2010 工作界面按“Ctrl+N”组合键快速新建一个空白演示文稿。

(2) 最近打开的模板。选择该选项后,将在打开的窗格中显示用户最近使用过的演示文稿模板,选择其中的一个,将以该模板为基础新建一个演示文稿。

(3) 样本模板。选择该选项后,将在右侧显示 PowerPoint 2010 提供的所有样本模板,选择一个后单击“创建”按钮,将新建一个以选择的样式模板为基础的演示文稿。此时演示文稿中已有多张幻灯片,并有设计的背景、文本等内容,可方便用户依据该样本模板,快速制作出类似的演示文稿效果,如图 6-7 所示。

(4) 主题。选择该选项后,将在右侧显示提供的主题选项,用户可选择其中的一个选项进行演示文稿的新建。通过“主题”新建的演示文稿只有一张标题幻灯片,但其中已有设置好的背景及文本效果,因此同样可以简化用户的设置操作。

(5) 我的模板。选择该选项后,将打开“新建演示文稿”对话框,在其中选择用户以前保存为 PowerPoint 模板文件的选项(关于保存为 PowerPoint 模板文件的方法将在后面详细讲解),单击 确定 按钮,完成演示文稿的新建,如图 6-8 所示。

(6) 根据现有内容新建。选择该选项后,将打开“根据现有演示文稿新建”对话框,选择以前保存在计算机磁盘中的任意一个演示文稿,单击 新建(C) 按钮,将打开该演示文稿,用户可在此基础上修改制作成自己的演示文稿效果。

(7) “Office. com 模板”栏。该栏下列出了多个文件夹,每个文件夹是一类模板,选择一个文件夹,将显示该文件夹下的 Office 网站上提供的所有该类演示文稿模板,选择一个需要的模板类型后,单击“下载”按钮,将自动下载该模板,然后以该模板为基础新建一个演示文稿。需注意的是,要使用“Office. com 模板”栏中的功能需要计算机连接网络后才能实现,否则无法下载模板并进行演示文稿新建。

图 6-7　样本模板

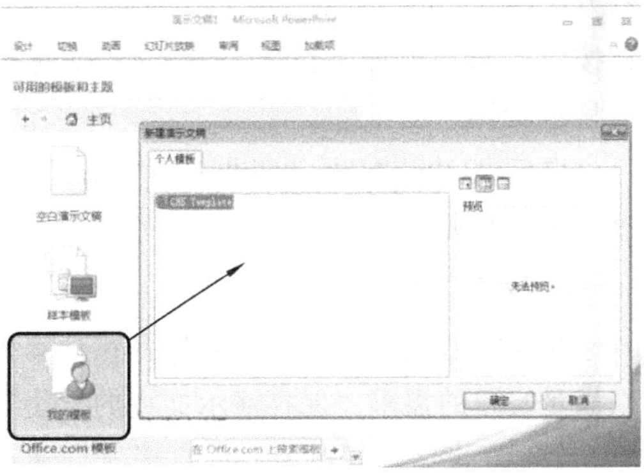

图 6-8　我的模板

2. 打开演示文稿

当需要对已有的演示文稿进行编辑、查看或放映时,需将其打开。打开演示文稿的方式有多种,如果未启动 PowerPoint 2010,可直接双击需打开的演示文稿的图标。在启动 PowerPoint 2010 后,可分为以下 4 种情况来打开演示文稿。

(1) 打开演示文稿的一般方法。启动 PowerPoint 2010 后,选择“文件”—“打开”命令或按“Ctrl+O”组合键,打开“打开”对话框,在其中选择需要打开的演示文稿,单击 打开(O) 按钮,即可打开选择的演示文稿。

(2) 打开最近使用的演示文稿。PowerPoint 2010 提供了记录最近打开演示文稿保存路径的功能,如果想打开刚关闭的演示文稿,可选择“文件”—“最近所用文件”命令,在打开的页面中将显示最近使用的演示文稿名称和保存路径,然后选择需打开的演示文稿即可将其打开。

(3) 以只读方式打开演示文稿。以只读方式打开的演示文稿只能进行浏览,不能更改演示文稿中的内容。其打开方法是:选择“文件”—“打开”命令,打开“打开”对话框,在其中选择需要打开的演示文稿,单击 打开(O) 按钮右侧的下拉按钮,在打开的下拉列表中选择“以只读方式打开”选项,如图 6-9 所示。此时,打开的演示文稿“标题”栏中将显示“只读”字样。

图 6-9 选择“以只读方式打开”选项

(4) 以副本方式打开演示文稿。以副本方式打开演示文稿是指将演示文稿作为副本打开,对演示文稿进行编辑时不会影响原文件的效果。其打开方法和以只读方式打开演示文稿方法类似,在打开的“打开”对话框中选择需打开的演示文稿后,单击 打开(O) 按钮右侧的下拉按钮,在打开的下拉列表中选择“以副本方式打开”选项,在打开的演示文稿“标题”栏中将显示“副本”字样。

提示:在“打开”对话框中按住“Ctrl”键的同时选择多个演示文稿选项,单击 打开(O) 按钮,可一次性打开多个演示文稿。

3. 保存演示文稿

制作好的演示文稿应及时保存在计算机中,同时用户应根据需要选择不同的保存方式,以满足实际的需求。保存演示文稿的方法有很多,下面将分别进行介绍。

(1) 直接保存演示文稿。直接保存演示文稿是最常用的保存方法,其方法是:选择“文件”—“保存”命令或单击快速访问工具栏中的“保存”按钮,打开“另存为”对话框,选择保存位置并输入文件名后,单击 确定 按钮。当执行过一次保存操作后,再次选择“文件”—“保存”命令或单击 “保存”按钮,可将两次保存操作之间所编辑的内容再次进行保存,而不会打开“打开”对话框。

(2) 另存为演示文稿。若不想改变原有演示文稿中的内容,可通过“另存为”命令将演示文稿保存在其他位置或更改其名称。选择“文件”—“另存为”命令,打开“另存为”对话框,重新设置保存的位置或文件名,单击 保存(S) 按钮,如图 6-10 所示。

(3) 将演示文稿保存为模板。将制作好的演示文稿保存为模板,可提高制作同类演示文稿的速度。选择“文件”—“保存”命令,打开“另存为”对话框,在“保存类型”下拉列表框中选择“PowerPoint 模板(*.potx)”选项,单击 保存(S) 按钮。

(4) 保存为低版本演示文稿。如果希望保存的演示文稿可以在 PowerPoint 1997 或 PowerPoint 2003 软件中打开或编辑,应将其保存为低版本。在“另存为”对话框的“保存类型”下拉列表中选择“PowerPoint 97-2003 演示文稿(*.ppt)”选项,其余操作与直接保存演示文稿操作相同。

(5) 自动保存演示文稿。在制作演示文稿的过程中,为了减少不必要的损失,可设置演示文稿定时保存，即到达指定时间后，无须用户执行保存操作，系统将自动对其进行保存。选择“文件”—“选项”命令，打开“PowerPoint 选项”对话框，单击“保存”选项卡，在“保存演示文稿”栏中单击选中两个复选框，然后在“保存自动恢复信息时间间隔”复选框后面的数值框中输入自动保存的时间间隔，在“自动恢复文件位置”文本框中输入文件未保存就关闭时的临时保存位置，单击【确定】按钮，如图 6-11 所示。

图 6-10　“另存为”对话框

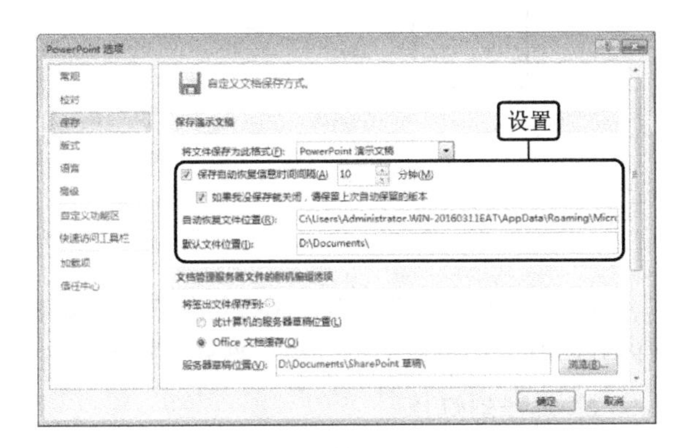

图 6-11　自动保存演示文稿

4. 关闭演示文稿

完成演示文稿的编辑或结束放映操作后，若不再需要对演示文稿进行其他操作，可将其关闭。关闭演示文稿的常用方法有以下 3 种。

(1) 通过单击按钮关闭。单击 PowerPoint 2010 工作界面标题栏右上角的【×】按钮，关闭演示文稿并退出 PowerPoint 程序。

(2) 通过快捷菜单关闭。在 PowerPoint 2010 工作界面标题栏上单击鼠标右键，在弹出的快捷菜单中选择“关闭”命令。

(3) 通过命令关闭。选择“文件”—“关闭”命令，关闭当前演示文稿。

6.1.5　幻灯片的基本操作

幻灯片是演示文稿的组成部分，一个演示文稿一般由多张幻灯片组成，所以操作幻灯片就成了在 PowerPoint 2010 中编辑演示文稿最主要的操作之一。

1. 新建幻灯片

创建的空白演示文稿默认只有一张幻灯片，当一张幻灯片编辑完成后，就需要新建其他幻灯片。用户可以根据需要在演示文稿的任意位置新建幻灯片。常用的新建幻灯片的方法主要有以下 3 种。

(1)通过快捷菜单新建。在工作界面左侧的“幻灯片”浏览窗格中需要新建幻灯片的位置处单击鼠标右键，在弹出的快捷菜单中选择“新建幻灯片”命令。

(2) 通过选项卡新建。版式用于定义幻灯片中内容的显示位置，用户可根据需要向里面放置文本、图片以及表格等内容。选择“开始”—“幻灯片”组，单击“新建幻灯片”按钮下方的下拉按钮，在打开的下拉列表框中选择新建幻灯片的版式，将新建一张带有版式的幻灯片，如图 6-12 所示。

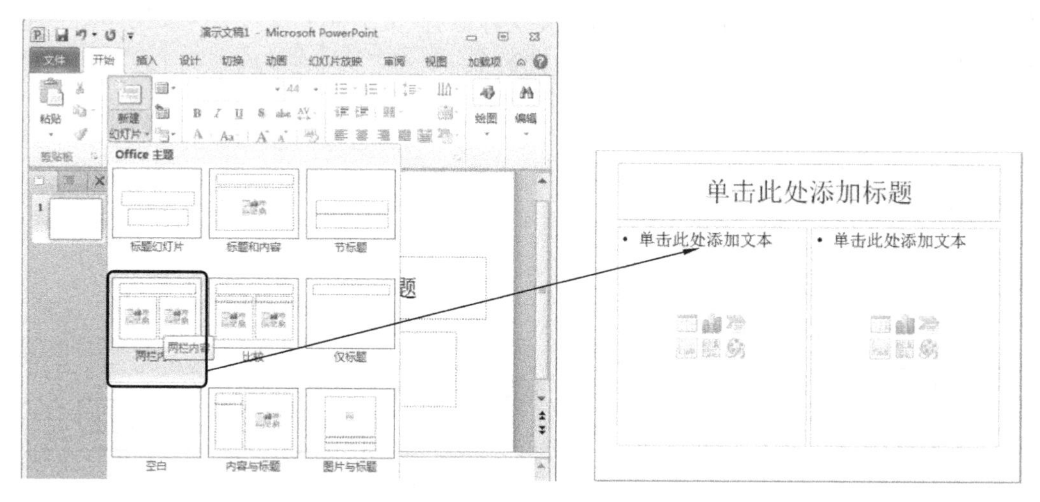

图 6-12　选择幻灯片版式

(3) 通过快捷键新建。在“幻灯片”浏览窗格中，选择任意一张幻灯片的缩略图，按“Enter”键将在选择的幻灯片后新建一张与所选幻灯片版式相同的幻灯片。

2. 选择幻灯片

先选择后操作是计算机操作的默认规律，在 PowerPoint 2010 中也不例外，要操作幻灯片，必须要先进行选择操作。需要选择的幻灯片的张数不同，其方法也有所区别，主要有以下 4 种。

(1) 选择单张幻灯片。在“幻灯片/大纲”浏览窗格或幻灯片浏览视图中单击幻灯片缩略图，可选择该幻灯片。

(2) 选择多张相邻的幻灯片。在“幻灯片/大纲”浏览窗格或幻灯片浏览视图中，单击要连续选择的第 1 张幻灯片，按住“Shift”键不放，再单击需选择的最后一张幻灯片，释放“Shift”键后，两张幻灯片之间的所有幻灯片均被选择。

(3) 选择多张不相邻的幻灯片。在“幻灯片/大纲”浏览窗格或幻灯片浏览视图中，单击要选择的第 1 张幻灯片，按住“Ctrl”键不放，再依次单击需选择的其他幻灯片。

(4) 选择全部幻灯片。在“幻灯片/大纲”浏览窗格或幻灯片浏览视图中，按“Ctrl+A”组合键，选择当前演示文稿中所有的幻灯片。

3. 移动和复制幻灯片

在制作演示文稿的过程中，可能需要对各幻灯片的顺序进行调整，或者需要在某张已完成的幻灯片上修改信息，将其制作成新的幻灯片，此时就需要移动和复制幻灯片，其方法分别如下。

(1) 通过拖动鼠标移动或复制。选择需移动的幻灯片，按住鼠标左键不放拖动到目标位置后释放鼠标完成移动操作；选择幻灯片后，按住“Ctrl”键的同时拖动到目标位置可实现幻灯片的复制。

(2) 通过菜单命令移动或复制。选择需移动或复制的幻灯片，在其上单击鼠标右键，在弹出的快捷菜单中选择“剪切”或“复制”命令。将鼠标定位到目标位置，单击鼠标右键，在弹出的快捷菜单中选择“粘贴”命令，完成幻灯片的移动或复制。

(3) 通过快捷键移动或复制。选择需移动或复制的幻灯片，按“Ctrl＋X”组合键(移动)或“Ctrl＋C”组合键(复制)，然后在目标位置按“Ctrl＋V”组合键(粘贴)，完成移动或复制操作。

4. 删除幻灯片

在“幻灯片/大纲”浏览窗格和幻灯片浏览视图中可删除演示文稿中多余的幻灯片，其方法是：选择需删除的一张或多张幻灯片后，按“Delete”键或单击鼠标右键，在弹出的快捷菜单中选择“删除幻灯片”命令。

6.1.6 新建并保存演示文稿

下面将新建一个主题为“聚合”的演示文稿，然后以“工作总结. pptx”为名保存在计算机桌面上，其具体操作如下。

(1) 选择“开始”—“所有程序”—“Microsoft Office”—“Microsoft PowerPoint 2010”命令，启动 PowerPoint 2010。

(2) 选择“文件”—“新建”命令，在“可用的模板和主题”栏中选择“主题”—“聚合”选项，单击右侧的“创建”按钮，如图 6-13 所示。

(3) 在快速访问工具栏中单击“保存”按钮，打开“另存为”对话框，在地址栏下拉列表中选择“桌面”选项，在“文件名”文本框中输入“工作总结”，在“保存类型”下拉列表框中选择“PowerPoint 演示文稿(＊. pptx)”选项，单击 保存(S) 按钮，如图 6-14 所示。

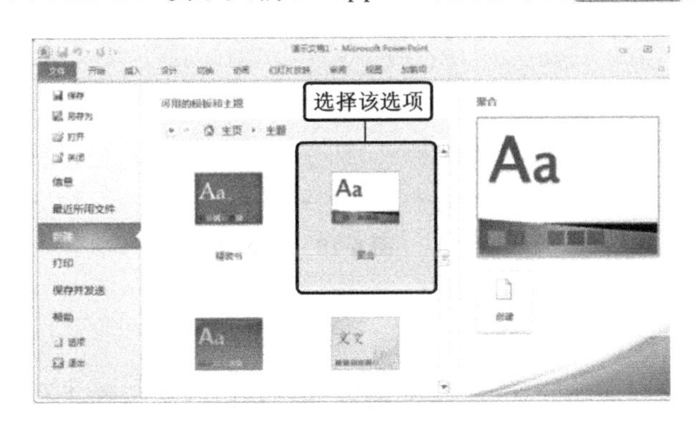

图 6-13 选择主题“聚合”

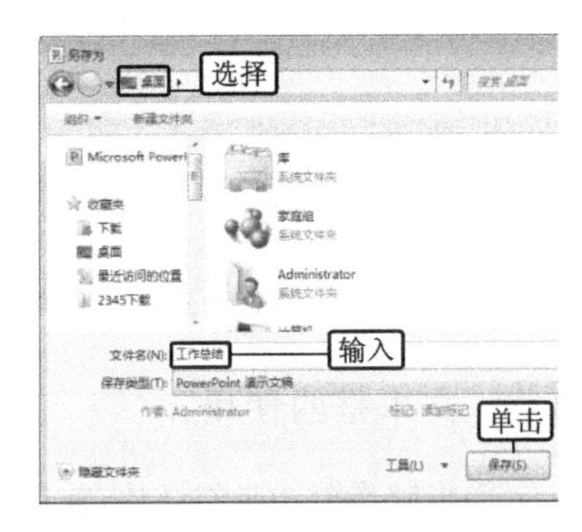

图 6-14 设置保存参数

6.1.7 新建幻灯片并输入文本

下面将制作前两张幻灯片，首先在标题幻灯片中输入主标题和副标题文本，然后新建第 2 张幻灯片，其版式为“内容与标题”，再在各占位符中输入演示文稿的目录内容，其具体操作如下。

(1) 新建的演示文稿有一张标题幻灯片，在“单击此处添加标题”占位符中单击，其中的文字将自动消失，切换到中文输入法下输入“工作总结”。

(2) 在副标题占位符中单击，然后输入“2015 年度 技术部王林”，如图 6-15 所示。

(3) 在“幻灯片”浏览窗格中将鼠标光标定位到标题幻灯片后，选择“开始”—“幻灯片”组，单击“新建幻灯片”按钮下方的下拉按钮，在打开的下拉列表中选择“内容与标题”选项，如图 6-16 所示。

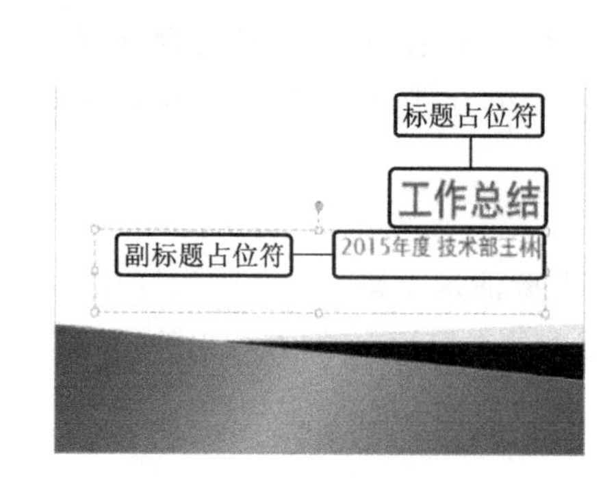

图 6-15 制作标题幻灯片

图 6-16 选择幻灯片版式“内容与标题”

（4）在标题幻灯片后新建一张“内容与标题”版式的幻灯片，如图 6-17 所示。然后在各占位符中输入图 6-18 所示的文本，在上方的内容占位符中输入文本时，系统默认在文本前添加项目符号，用户无须手动完成，按“Enter”键对文本进行分段，完成第 2 张幻灯片的制作。

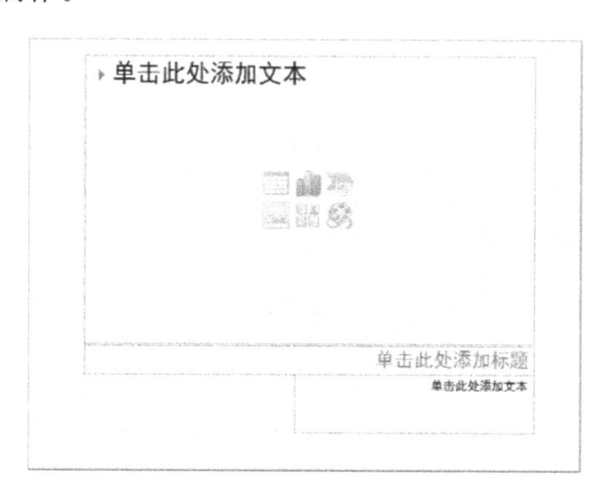

图 6-17 新建的幻灯片版式

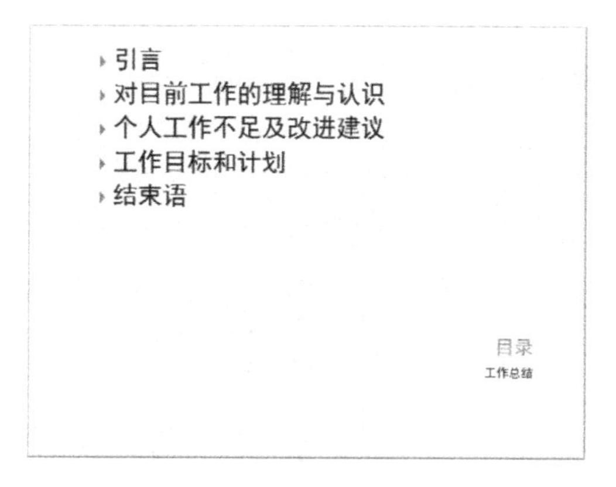

图 6-18 输入文本

6.1.8 文本框的使用

下面将制作第 3 张幻灯片，首先新建一张版式为“标题和内容”的幻灯片，然后在占位符中输入内容，并删除文本占位符前的项目符号，再在幻灯片右上角插入一个横排文本框，在其中输入文本内容，其具体操作如下。

（1）在“幻灯片”浏览窗格中将鼠标光标定位到第 2 张幻灯片后，选择“开始”—“幻灯片”组，单击“新建幻灯片”按钮下方的下拉按钮，在打开的下拉列表中选择“标题和内容”选项，新建一张幻灯片。

（2）在标题占位符中输入文本“引言”，将鼠标光标定位到文本占位符中，按“Backspace”键，删除文本插入点前的项目符号。

（3）输入引言下的所有文本。

（4）选择“插入”—“文本”组，单击“文本框”按钮下方的下拉按钮，在打开的下拉列表中选择“横排文本框”选项。

（5）此时鼠标光标呈⬇形状，移动鼠标光标到幻灯片右上角单击定位文本插入点，输入文本“帮助、感恩、成长”，效果如图 6-19 所示。

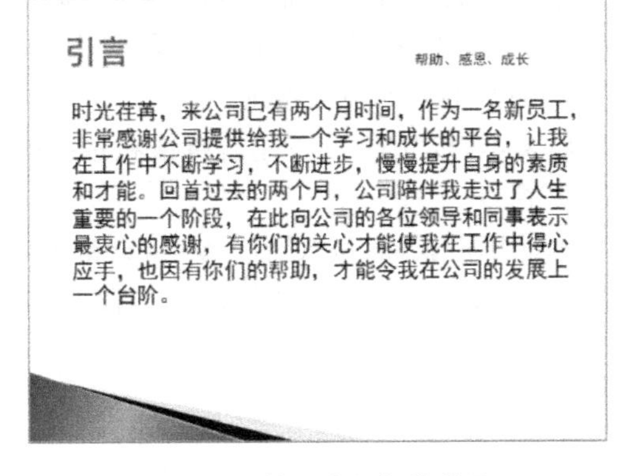

图 6-19　第 3 张幻灯片效果

6.1.9　复制并移动幻灯片

下面将制作第 4 张～第 12 张幻灯片，首先新建 8 张幻灯片，然后分别在其中输入需要的内容，再复制第 1 张幻灯片到最后，最后调整第 4 张幻灯片的位置到第 6 张后面，其具体操作如下。

(1) 在“幻灯片”浏览窗格中选择第 3 张幻灯片，8 次按“Enter”键，新建 8 张幻灯片。

(2) 分别在 8 张幻灯片的标题占位符和文本占位符中输入需要的内容。

(3) 选择第 1 张幻灯片，按“Ctrl＋C”组合键，然后在第 11 张幻灯片后按“Ctrl＋V”组合键，在第 11 张幻灯片后新增加一张幻灯片，其内容与第 1 张幻灯片完全相同，如图 6-20 所示。

(4) 选择第 4 张幻灯片，按住鼠标不放，拖动到第 6 张幻灯片后释放鼠标，此时第 4 张幻灯片将移动到第 6 张幻灯片后，如图 6-21 所示。

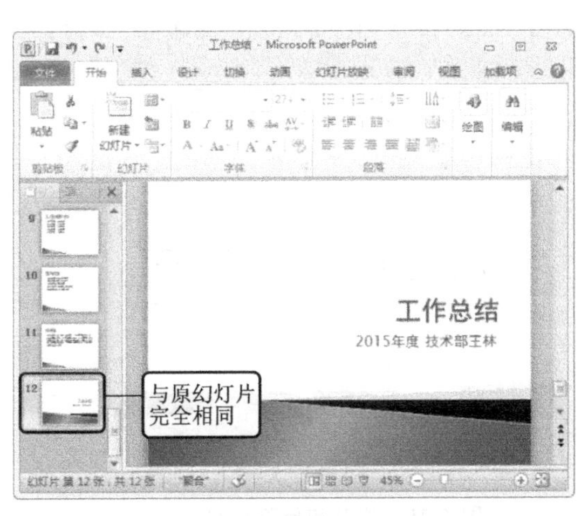

图 6-20　复制幻灯片

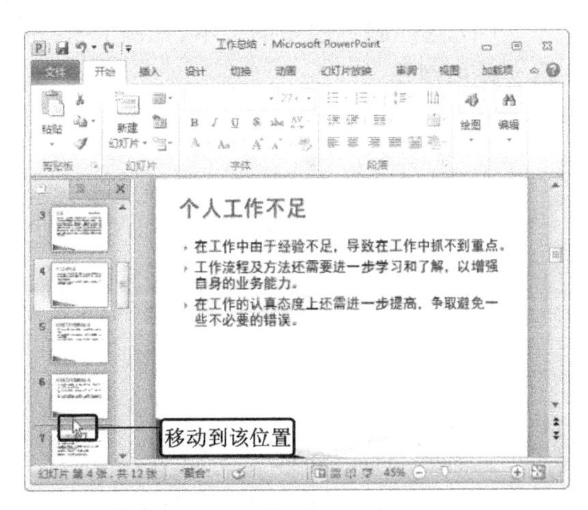

图 6-21　移动幻灯片

6.1.10　编辑文本

下面将编辑第 10 张幻灯片和第 12 张幻灯片，首先在第 10 张幻灯片中移动文本的位置，然后复制文本并对其内容进行修改；在第 12 张幻灯片中对标题文本进行修改，再删除副标题文本。其具体操作如下。

(1) 选择第 10 张幻灯片，在右侧幻灯片窗格中拖动鼠标选择第一段和第二段文本，按住鼠标不放，此时鼠标光标变为形状，拖动鼠标到第四段文本前，如图 6-22 所示。将选择的第一段和第二段文本移动到原来的第四段文本前。

(2) 选择调整后的第四段文本，按"Ctrl+C"组合键或在选择的文本上单击鼠标右键，在弹出的快捷菜单中选择"复制"命令。

(3) 在原始的第五段文本前单击鼠标，按"Ctrl+V"组合键或在选择的文本上单击鼠标右键，在弹出的快捷菜单中选择"粘贴"命令，将选择的第四段文本复制到第五段，如图 6-23 所示。

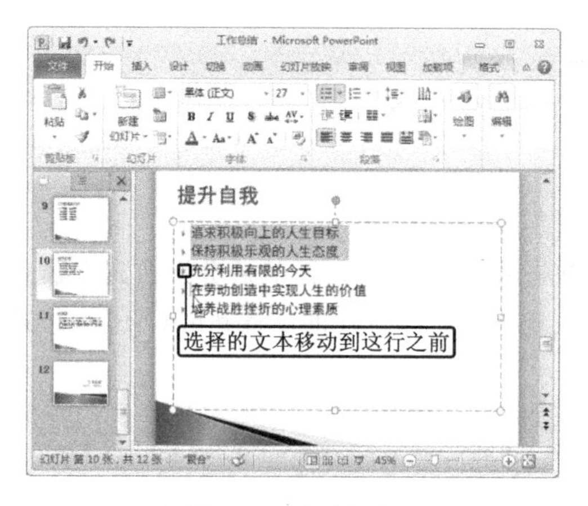

图 6-22　移动文本

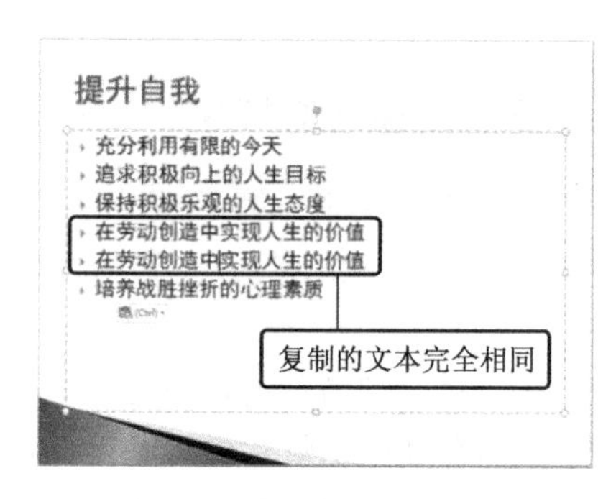

图 6-23　复制文本

(4) 将鼠标光标定位到复制后的第五段文本的"中"字后，输入"找到工作的乐趣"，然后多次按"Delete"键，删除多余的文字，最终效果如图 6-24 所示。

(5) 选择第 12 张幻灯片，在幻灯片窗格中选择原来的标题"工作总结"，然后输入文本"谢谢"，将在删除原有文本的基础上修改成新文本。

(6) 选择副标题中的文本，如图 6-25 所示，按"Delete"键或"Backspace"键删除，完成演示文稿的制作。

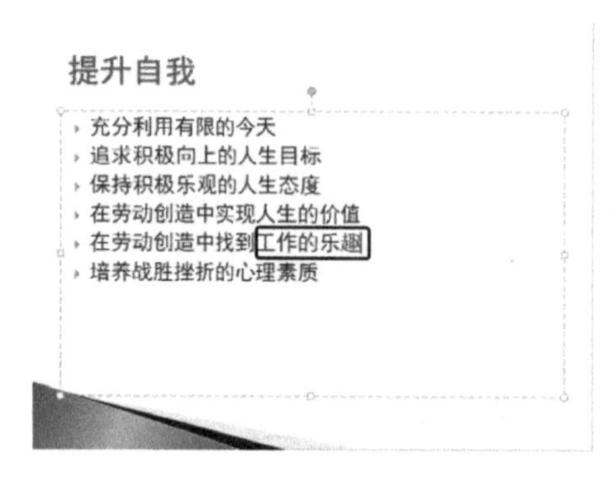

图 6-24　增加和删除文本

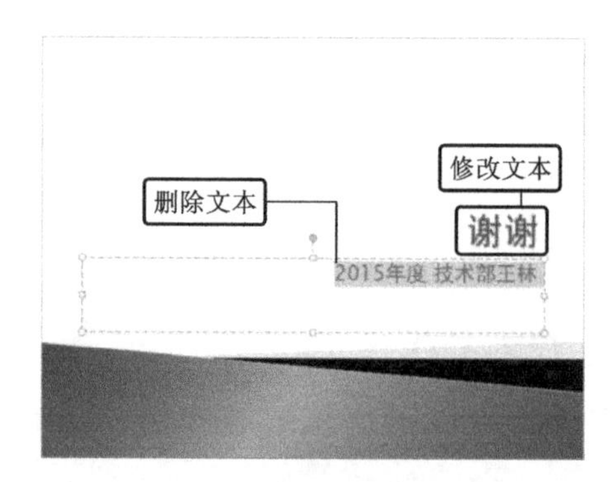

图 6-25　修改和删除文本

提示：在副标题占位符中删除文本后，将显示"单击此处添加副标题"文本，此时可不理会，在放映时将不会显示其中的内容。用户也可选择该占位符，按"Delete"键将其删除。

6.2　编辑产品上市策划演示文稿

小岳所在的公司最近开发了一种新的果汁饮品，产品不管是从原材料、加工工艺还是从产品包装都无可挑剔，现在产品已准备上市。整个公司的目光都集中到了企划部，企划部为这次的产品上市进行立体包装，希望产品“一炮走红”。现在方案已基本“出炉”，需要在公司内部审查通过。小岳作为企划部的一员，担任了将方案制作为演示文稿的任务，小岳前两天在公司已完成了演示文稿的部分内容，回到家中，小岳决定加班将这个演示文稿编辑完成。图 6-26 所示为编辑完成后的“产品上市策划.pptx”演示文稿效果。

具体要求如下。

◆ 在第 4 张幻灯片中将 2、3、4、6、7、8 段正文文本降级，然后设置降级文本的字体格式为“楷体、加粗、22 号”，设置未降级文本的颜色为红色。

◆ 在第 2 张幻灯片中插入一个样式为第二列的最后一排的艺术字“目录”。移动艺术字到幻灯片顶部，再设置其字体为“华文琥珀”，使用图片“橙汁”填充艺术字，设置其映像效果为第一列最后一项。

◆ 在第 4 张幻灯片中插入“饮料瓶”图片，缩小后放在幻灯片右边，图片向左旋转一点角度，再删除其白色背景，并设置阴影效果为“左上对角透视”；在第 11 张幻灯片中插入剪贴画“”。

◆ 在第 6、7 张幻灯片中新建一个 SmartArt 图形，分别为“分段循环、棱锥型列表”，输入文字，为第 7 张幻灯片中的 SmartArt 图形添加一个形状，并输入文字。接着将第 8 张幻灯片中的 SmartArt 图形布局改为“圆箭头流程”，SmartArt 样式为“金属场景”，设置其艺术字样式为最后一排第 3 个。

◆ 在第 9 张幻灯片中绘制“房子”，在矩形中输入“学校”，设置格式为“黑体、20 号、深蓝”；绘制五边形，输入“分杯赠饮”，设置格式为“楷体、加粗、28 号、白色、段落居中”；设置房子的快速样式为第 3 排第 3 个选项；组合绘制的图形，向下垂直复制两个，再分别修改其中的文字。

◆ 在第 10 张幻灯片中制作 5 行 4 列的表格，输入内容后增加表格的行距，在最后一列和最后一行后各增加一列和一行，并输入文本，合并最后一行中除最后一个单元格外的所有单元格，设置该行底纹颜色为“浅蓝”；为第一个单元格绘制一条白色的斜线，设置表格 “单元格凹凸效果”为“圆”。

◆ 在第 1 张幻灯片中插入一个跨幻灯片循环播放的音乐文件，并设置声音图标在播放时不显示。

图 6-26 “产品上市策划.pptx”演示文稿

6.2.1 幻灯片文本设计原则

文本是制作演示文稿最重要的元素之一，文本不仅要求设计美观，更重要的是符合演示文稿的需求，如根据演示文稿的类型设置文本的字体，为了方便观众查看，设置相对较大的字号等。

1. 字体设计原则

字体搭配效果的好坏与否，与演示文稿的阅读性和感染力息息相关，实际上，字体设计也有一定的原则可循的，下面介绍 5 种常见的字体设计原则。

(1) 幻灯片标题字体最好选用容易阅读的较粗的字体，正文使用比标题更细的字体，以区分主次。

(2) 在搭配字体时，标题和正文尽量选用常用到的字体，而且还要考虑标题字体和正文字体的搭配效果。

(3) 在演示文稿中如果要使用英文字体，可选择 Arial 与 Times New Roman 两种英文字体。

(4) PowerPoint 不同于 Word，其正文内容不宜过多，正文中只列出较重点的标题即可，其余扩展内容可留给演示者临场发挥。

(5) 在商业、培训等较正式的场合，其字体可使用较正规的字体，如标题使用方正粗宋简体、黑体和方正综艺简体等，正文可使用微软雅黑、方正细黑简体和宋体等；在一些相对较轻松的场合，其字体可随意一些，如方正粗倩简体、楷体(加粗)和方正卡通简体等。

2. 字号设计原则

在演示文稿中，字体的大小不仅会影响观众接收信息的多少，还会影响演示文稿的专业度，因此，字体大小的设计也非常重要。

字体大小还需根据演示文稿演示的场合和环境来决定，因此在选用字体大小时要注意以下两点。

(1) 如果演示的场合较大，观众较多，那么幻灯片中的字体就应该较大，要保证最远的位置都能看清幻灯片中的文字。此时，标题建议使用 36 号以上的字号，正文使用 28 号以上的字号。为了保证听众更易查看，一般情况下，演示文稿中的字号不应小于 20 号。

(2) 同类型和同级别的标题和文本内容要设置同样大小的字号，这样可以保证内容的连贯性，让观众更容易把信息归类，也更容易理解和接收信息。

提示：除了字体、字号之外，对文本显示影响较大的元素还有颜色，文本的颜色一般使用与背景颜色反差较大的颜色，从而方便查看。另外，一个演示文稿中最好用统一的文本颜色，只有需重点突出的文本才使用其他的颜色。

6.2.2 幻灯片对象布局原则

幻灯片中除了文本之外，还包含图片、形状和表格等对象，在幻灯片中合理使用这些元素，将这些元素有效地布局在各张幻灯片中，不仅可以使演示文稿更加美观，更重要的是，可以提高演示文稿的说服力，达到其应有的作用。在分布排列幻灯片中的各个对象时，可考虑如下 5 个原则。

(1) 画面平衡。布局幻灯片时应尽量保持幻灯片页面的平衡，以避免左重右轻、右重左轻或头重脚轻的现象，使整个幻灯片画面更加协调。

(2) 布局简单。虽然说一张幻灯片是由多种对象组合在一起的,但在一张幻灯片中对象的数量不宜过多,否则幻灯片就会显得很复杂,不利于信息的传递。

(3) 统一和谐。同一演示文稿中各张幻灯片的标题文本的位置、文字采用的字体、字号、颜色和页边距等应尽量统一,不能随意设置,以避免破坏幻灯片的整体效果。

(4) 强调主题。要想使观众快速、深刻地对幻灯片中表达的内容产生共鸣,可通过颜色、字体以及样式等手段对幻灯片中要表达的核心部分和内容进行强调,以引起观众的注意。

(5) 内容简练。幻灯片只是辅助演讲者传递信息,而且人在短时间内可接收并记忆的信息量并不多,因此,在一张幻灯片中只需列出要点或核心内容。

6.2.3 设置幻灯片中的文本格式

下面将打开"产品上市策划.pptx"演示文稿,在第 4 张幻灯片中将 2、3、4、6、7、8 段正文文本降级,然后设置降级文本的字体格式为"楷体、加粗、22 号",设置未降级文本的颜色为"红色",其具体操作如下。

(1) 选择"文件"—"打开"命令,打开"打开"对话框,选择"产品上市策划.pptx"演示文稿,单击 打开(O) 按钮将其打开。

(2) 在"幻灯片"浏览窗格中选择第 4 张幻灯片,再在右侧窗格中选择第 2、3、4 段正文文本,按"Tab"键,将选择的文本降低一个等级。

(3) 保持文本的选择状态,选择"开始"—"字体"组,在"字体"下拉列表框中选择"楷体"选项,在"字号"下拉列表框中输入"22",如图 6-27 所示。

(4) 保持文本的选择状态,选择"开始"—"剪贴板"组,单击"格式刷"按钮,此时鼠标光标变为形状。

(5) 使用鼠标拖动选择第 6、7、8 段正文文本,为其应用 2、3、4 段正文的格式,如图 6-28 所示。

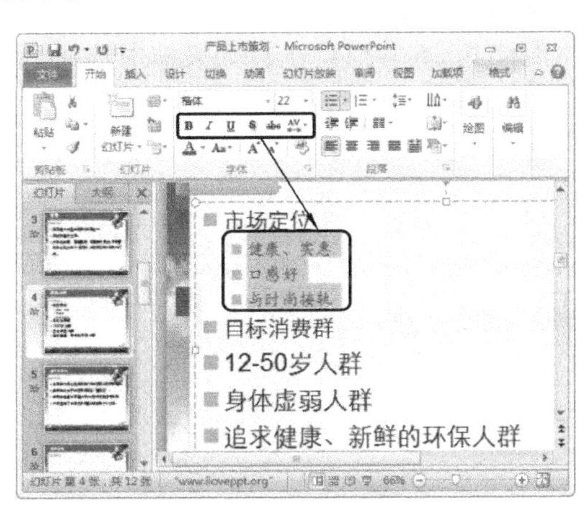

图 6-27 设置文本级别、字体、字号

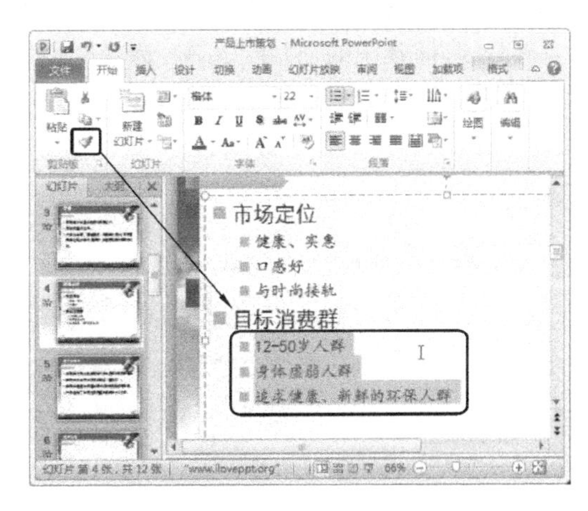

图 6-28 使用格式刷

(6) 选择未降级的两段文本,选择"开始"—"字体"组,单击"字体颜色"按钮后的下拉按钮,在打开的下拉列表中选择"红色"选项,效果如图 6-29 所示。

提示:要想更详细地设置字体格式,可以通过"字体"对话框来进行设置。其方法是:选择"开始"—"字体"组,单击右下角的按钮,打开"字体"对话框,在"字体"选项卡中不仅可

图 6-29　设置文本颜色后的效果

设置字体格式，在"字符间距"选项卡中还可设置字与字之间的距离。

6.2.4　插入艺术字

艺术字拥有比普通文本更多的美化和设置功能，如渐变的颜色、不同的形状效果、立体效果等。艺术字在演示文稿中使用十分频繁。下面将在第 2 张幻灯片中输入艺术字"目录"。要求样式为第 2 列的最后一排的效果，移动艺术字到幻灯片顶部，再设置其字体为"华文琥珀"，然后设置艺术字的填充为图片"橙汁"，设置艺术字映像效果为第一列最后一项，其具体操作如下。

（1）选择"插入"—"文本"组，单击"艺术字"按钮下方的下拉按钮，在打开的下拉列表框中选择最后一排的第 2 列艺术字效果。

（2）将出现一个艺术字占位符，在"请在此放置您的文字"占位符中单击，输入"目录"。

（3）将鼠标光标移动到"目录"文本框四周的非控制点上，鼠标光标变为形状，按住鼠标不放拖动鼠标至幻灯片顶部，将艺术字"目录"移动到该位置。

（4）选择其中的"目录"文本，选择"开始"—"字体"组，在"字体"下拉列表框中选择"华文琥珀"选项，修改艺术字的字体，如图 6-30 所示。

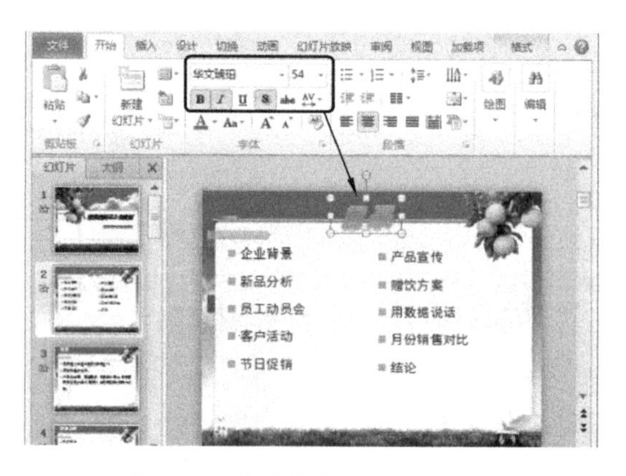

图 6-30　移动艺术字并修改字体

（5）保持文本的选择状态，此时将自动激活"绘图工具-格式"选项卡，选择"绘图工具-格式"—"艺术字样式"组，单击文本填充按钮，在打开的下拉列表中选择"图片"选项，打开"插入图片”对话框，选择需要填充到艺术字的图片“橙汁”，单击插入(S)按钮。

(6) 选择“绘图工具-格式”—“艺术字样式”组，单击文本效果按钮，在打开的下拉列表中选择“映像”—“紧密映像，8pt 偏移量”选项，如图 6-31 所示，最终效果如图 6-32 所示。

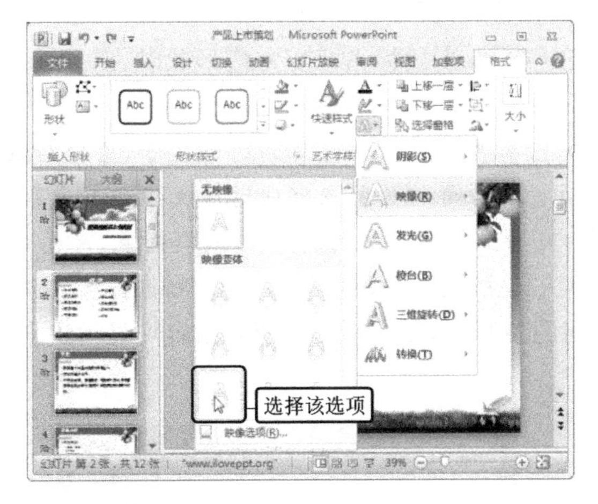

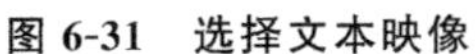

图 6-31　选择文本映像　　**图 6-32　查看艺术字效果**

提示：选择输入的艺术字，在激活的“绘图工具-格式”选项卡中还可设置艺术字的多种效果，其设置方法基本类似，如选择“绘图工具-格式”—“艺术字样式”组，单击文本效果按钮，在打开的下拉列表中选择“转换”选项，在打开的子列表中将列出所有变形的艺术字效果，选择任意一个，即可为艺术字设置该变形效果。

6.2.5　插入图片

图片是演示文稿中非常重要的一部分，在幻灯片中可以插入计算机中保存的图片，也可以插入 PowerPoint 自带的剪贴画。下面将在第 4 张幻灯片中插入“饮料瓶”图片，只需选择图片，在其缩小后放在幻灯片右边，图片向左旋转一点角度，再删除其白色背景，并设置阴影效果为“左上对角透视”；在第 11 张幻灯片中插入剪贴画“ ”。其具体操作如下。

(1) 在“幻灯片”浏览窗格中选择第 4 张幻灯片，选择“插入”—“图像”组，单击“图片”按钮。

(2) 打开“插入图片”对话框，选择需插入图片的保存位置，这里的位置为“桌面”，在中间选择图片“饮料瓶”，单击插入(S)按钮，如图 6-33 所示。

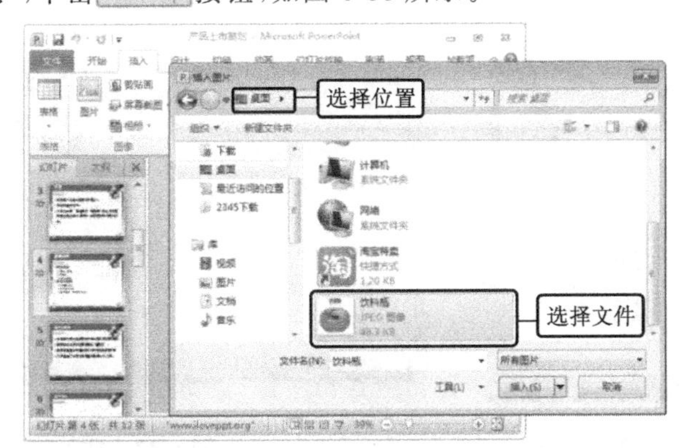

图 6-33　插入图片

(3) 返回 PowerPoint 工作界面即可看到插入图片后的效果。将鼠标光标移动到图片四角的圆形控制点上，拖动鼠标调整图片大小。

(4) 选择图片，将鼠标光标移到图片任意位置，当鼠标光标变为✥形状时，拖动鼠标到幻灯片右侧的空白位置，释放鼠标将图片移到该位置，如图 6-34 所示。

(5) 将鼠标光标移动到图片上方的绿色控制点上，当鼠标光标变为↻形状时，向左拖动鼠标使图片向左旋转一定角度。

提示：除了图片之外，前面讲解的占位符和艺术字及后面即将讲到的形状等，选择后在对象的四周、中间及上面都会出现控制点，拖动对象四角的控制点可同时放大缩小对象；拖动四边中间的控制点，可向一个方向缩放对象；拖动上方的绿色控制点，可旋转对象。

(6) 继续保持图片的选择状态，选择“图片工具-格式”—“调整”组，单击“删除背景”按钮，在幻灯片中使用鼠标拖动图片每一边中间的控制点，使饮料瓶的所有内容均显示出来，如图 6-35 所示。

图 6-34 缩放并移动图片

图 6-35 显示饮料瓶所有内容

(7) 激活“背景消除”选项卡，单击“关闭”组的“保留更改”按钮✓，饮料瓶的白色背景将消失。

(8) 选择“图片工具-格式”—“图片样式”组，单击 图片效果 按钮，在打开的下拉列表中选择“阴影”—“左上对角透视”选项，为图片设置阴影后的效果如图 6-36 所示。

(9) 选择第 11 张幻灯片，单击占位符中的“剪贴画”按钮，打开“剪贴画”窗格，在“搜索文字”文本框中不输入任何内容(表示搜索所有剪贴画)，单击选中“包括 Office. com 内容”复选框，单击 搜索 按钮，在下方的列表框中选择需插入的剪贴画，该剪贴画将插入幻灯片的占位符中，如图 6-37 所示。

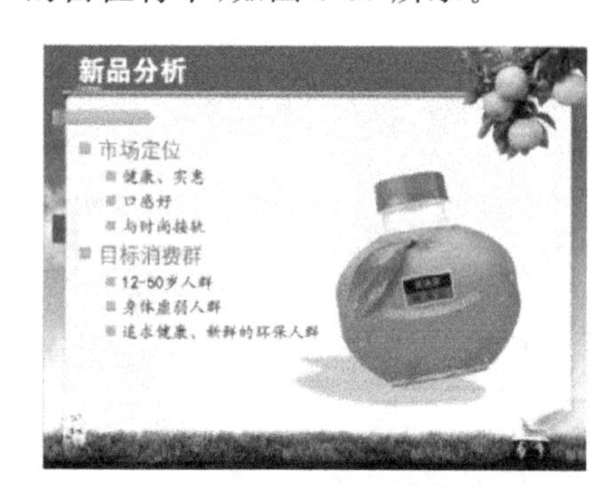

图 6-36 设置阴影

图 6-37 插入剪贴画

提示：图片、剪贴画、SmartArt 图片、表格等都可以通过选项卡或占位符插入，即这两种方法是插入幻灯片中各对象的通用方式。

6.2.6 插入 SmartArt 图形

SmartArt 图形用于表明各种事物之间的关系，它在演示文稿中使用非常广泛，SmartArt 图形是从 PowerPoint 2007 开始新增的功能。下面将在第 6、7 张幻灯片中新建一个 SmartArt 图形，分别为“分段循环”和“棱锥型列表”，然后输入文字，其中第 7 张幻灯片中的 SmartArt 图形需要添加一个形状，并输入文字“神秘、饥饿促销”。接着编辑第 8 张幻灯片已有的 SmartArt 图形，包括更改布局为“圆箭头流程”，设置 SmartArt 样式为“金属场景”，设置艺术字样式为最后一排第 3 个。其具体操作如下。

(1) 在“幻灯片”浏览窗格中选择第 6 张幻灯片，在右侧单击占位符中的“插入 SmartArt 图形”按钮。

(2) 打开“选择 SmartArt 图形”对话框，在左侧选择“循环”选项卡，在右侧选择“分段循环”选项，单击确定按钮，如图 6-38 所示。

(3) 此时在占位符处插入一个“分段循环”样式的 SmartArt 图形，该图形主要由 3 部分组成，在每一部分的“文本”提示中分别输入“产品+礼品”“夺标行动”“刮卡中奖”，如图 6-39 所示。

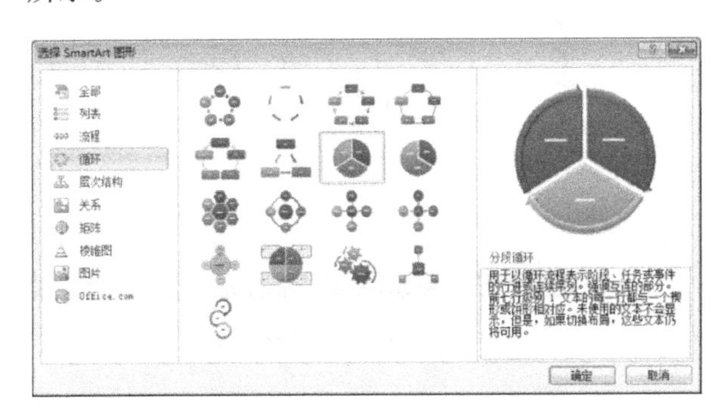

图 6-38 选择 SmartArt 图形(分段循环)

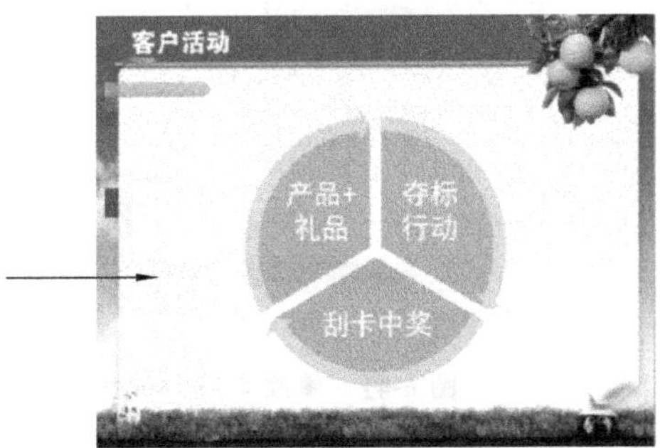

图 6-39 输入文本内容

(4) 选择第 7 张幻灯片，在右侧选择占位符，按“Delete”键将其删除，选择“插入”—“插图”组，单击“SmartArt”按钮。

(5) 打开“选择 SmartArt 图形”对话框，在左侧选择“棱锥图”选项卡，在右侧选择“棱锥型列表”选项，单击确定按钮。

(6) 将在幻灯片中插入一个带有 3 项文本的棱锥型图形，分别在各个文本提示框中输入对应文字，然后在最后一项文本上单击鼠标右键，在弹出的快捷菜单中选择“添加形状”—“在后面添加形状”命令，如图 6-40 所示。

(7) 在最后一项文本后添加形状，在该形状上单击鼠标右键，在弹出的快捷菜单中选择“编辑文字”命令。

(8) 文本插入点自动定位到新添加的形状中，输入新的文本“神秘、饥饿促销”。

(9) 选择第 8 张幻灯片，选择其中的 SmartArt 图形，选择“SmartArt 工具-设计”—“布局”组，在中间的列表框中选择“圆箭头流程”选项。

(10) 选择“SmartArt 工具-设计”—“SmartArt 样式”组，在中间的列表框中选择“金属场景”选项，如图 6-41所示。

(11) 选择“绘图工具-格式”—“艺术字样式”组，在中间的列表框中选择最后一排第 3 个

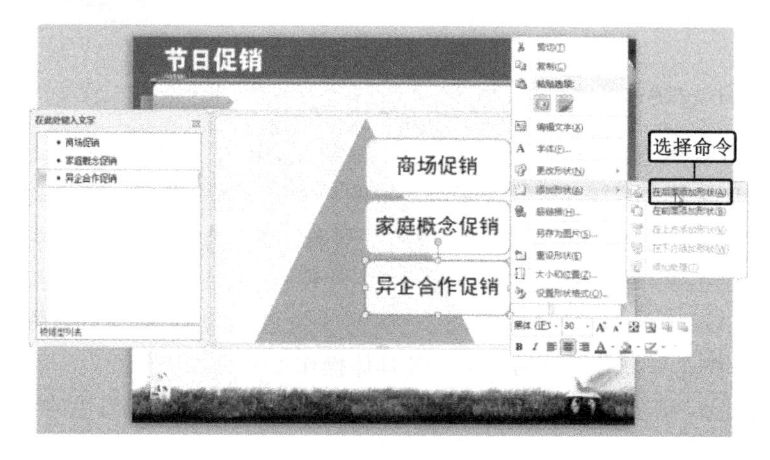

图 6-40　选择"在后面添加形状"命令

选项，最终效果如图 6-42 所示。

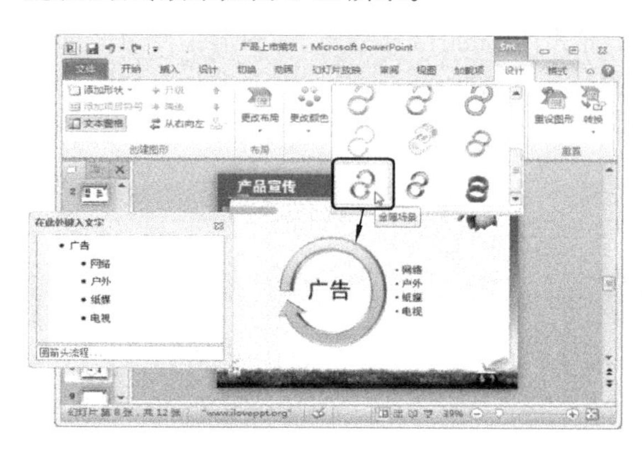

图 6-41　修改布局和样式

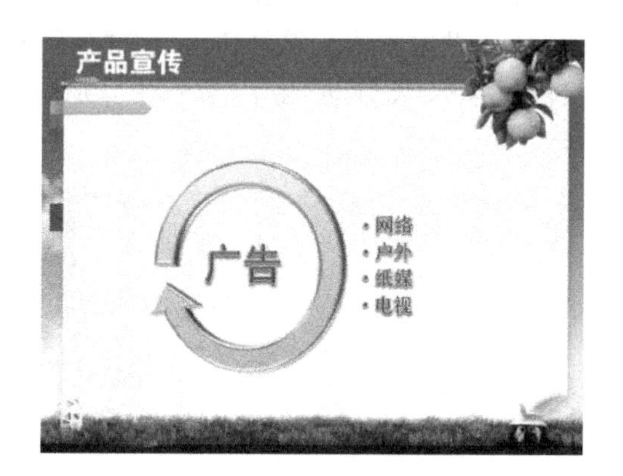

图 6-42　设置艺术字样式

6.2.7　插入形状

形状是 PowerPoint 提供的基础图形，通过基础图形的绘制、组合，有时可达到比图片和系统预设的 SmartArt 图形更好的效果。下面将通过绘制梯形和矩形，组合成房子的形状，在矩形中输入文字"学校"，设置文字的"字体"为"黑体"，"字号"为"20 号"，"颜色"为"深蓝"，取消"倾斜"；绘制一个五边形，输入文字"分杯赠饮"，设置"字体"为"楷体"，"字形"为"加粗"，"字号"为"28 号"，颜色为"白色"，段落居中，使文字距离文本框上方 0.4 厘米；设置房子的快速样式为第 3 排的第 3 个选项；组合绘制的几个图形，向下垂直复制两个，再分别修改其中的文字。其具体操作如下。

（1）选择第 9 张幻灯片，在"插入"—"插图"组中单击"形状"按钮，在打开的下拉列表中选择"基本形状"栏中的"梯形"选项，此时鼠标光标变为＋形状，在幻灯片左上方拖动鼠标绘制一个梯形，作为房顶的示意图，如图 6-43 所示。

（2）选择"插入"—"插图"组，单击"形状"按钮，在打开的下拉列表中选择"矩形"—"矩形"选项，然后在绘制的梯形下方绘制一个矩形，作为房子的主体。

（3）在绘制的矩形上单击鼠标右键，在弹出的快捷菜单中选择"编辑文字"命令，文本插入点将自动定位到矩形中，此时输入文本"学校"。

（4）使用前面相同的方法，在已绘制好的图形右侧绘制一个五边形，并在五边形中输入文字“分杯赠饮”,如图 6-44 所示。

图 6-43　绘制屋顶(梯形)

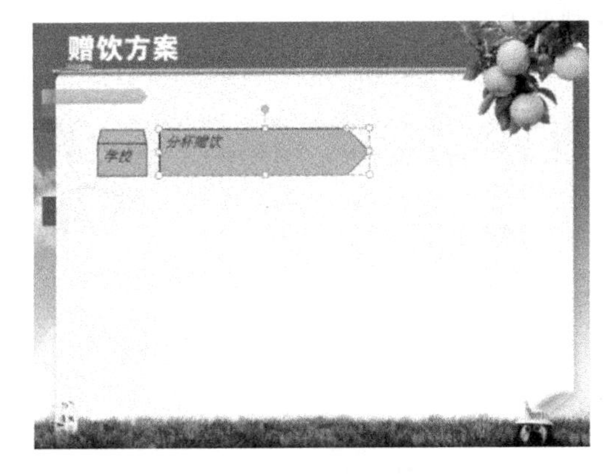

图 6-44　绘制五边形并输入文字

(5) 选择“学校”文本,选择“开始”—“字体”组,在“字体”下拉列表框中选择“黑体”选项,在“字号”下拉列表框中选择“20”选项,在“颜色”下拉列表框中选择“深蓝”选项,单击“倾斜”按钮 I ,取消文本的倾斜状态。

(6) 使用相同的方法,设置五边形中的文字“字体”为“楷体”“字形”为“加粗”,“字号”为“28 号”,“颜色”为“白色”。选择“开始”—“段落”组,单击“居中”按钮 ☰ ,将文字在五边形中水平居中对齐。

(7) 保持五边形中文字的选择状态,单击鼠标右键,在弹出的快捷菜单中选择“设置形状格式”命令,在打开的“设置形状格式”对话框左侧选择“文本框”选项卡,在对话框右侧的“上”数值框中输入“0.4 厘米”,单击 关闭 按钮,使文字在五边形中垂直居中,如图 6-45 所示。

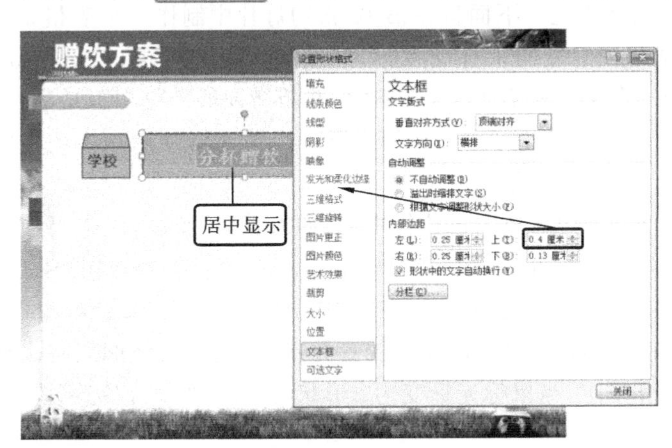

图 6-45　设置形状格式

提示:在打开的“设置形状格式”对话框中可对形状进行各种不同的设置,甚至可以说,关于形状的所有设置都可以通过该对话框完成。除了形状之外,在图形、艺术字和占位符等形状上单击鼠标右键,在弹出的快捷菜单中选择“设置形状格式”命令,也会打开对应的设置对话框,在其中也可进行样式的设置。

(8) 选择左侧绘制的房子图形,选择“绘图工具-格式”—“形状样式”组,在中间的列表框中选择第 3 排的第 3 个选项,快速更改房子的填充颜色和边框颜色。

(9) 同时选择左侧的房子图形和右侧的五边形图形,单击鼠标右键,在弹出的快捷菜单中选择“组合”—“组合”命令,将绘制的 3 个形状组合为一个图形,如图 6-46 所示。

(10) 选择组合的图形,按住"Ctrl"键和"Shift"键不放,向下拖动鼠标,将组合的图形再复制两个。

(11) 对所复制图形中的文本进行修改,修改后的文本如图 6-47 所示。

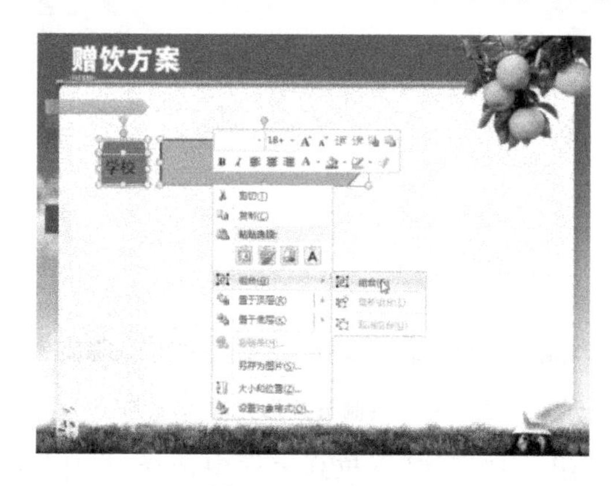

图 6-46　组合图形

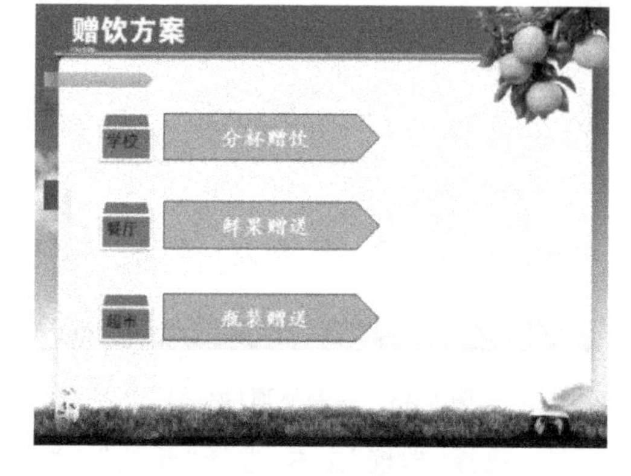

图 6-47　复制并编辑图形

提示: 选择图形后,在拖动鼠标的同时按住"Ctrl"键是为了复制图形,按住"Shift"键则是为了复制的图形与原始选择的图形能够在一个方向平行或垂直,从而使最终制作的图形更加美观。在绘制形状的过程中,"Shift"键也是经常使用的一个键,在绘制线和矩形等形状中,按住"Shift"键可绘制水平线、垂直线、正方形、圆。

6.2.8　插入表格

表格可直观形象地表达数据情况,在 PowerPoint 中既可在幻灯片中插入表格,还能对插入的表格进行编辑和美化。下面将在第 10 张幻灯片中制作一个表格,首先插入一个 5 行 4 列的表格,输入表格内容后向下移动鼠标,并增加表格的行距,然后在最后一列和最后一行后各增加一列和一行,并在其中输入文本,合并新增加的一行中除最后一个单元格外的所有单元格,设置该行的底纹颜色为"浅蓝";为第一个单元格绘制一条白色的斜线,最后设置表格的"单元格凹凸效果"为"圆"。

(1) 选择第 10 张幻灯片,单击占位符中的"插入表格"按钮,打开"插入表格"对话框,在"列数"数值框中输入"4",在"行数"数值框中输入"5",单击确定按钮。

(2) 在幻灯片中插入一个表格,分别在各单元格中输入表格内容,如图 6-48 所示。

(3) 将鼠标光标移动到表格中的任意位置处单击,此时表格四周将出现一个操作框,将鼠标光标移动到操作框上,当鼠标光标变为形状时,按住"Shift"键不放的同时向下拖动鼠标,使表格向下移动。

(4) 将鼠标光标移动到表格操作框下方中间的控制点处,当鼠标光标变为形状时,向下拖动鼠标,增加表格各行的行距,如图 6-49 所示。

(5) 将鼠标光标移动到"第三个月"所在列上方,当鼠标光标变为⬇形状时单击,选择该列,在选择的区域单击鼠标右键,在弹出的快捷菜单中选择"插入"—"在右侧插入列"命令。

(6) 在"第三个月"列后面插入新列,并输入"季度总计"的内容。

(7) 使用相同的方法在"红橘果汁"一行下方插入新行,并在第一个单元格中输入"合计",在最后一个单元格中输入所有饮料的销量合计"559",如图 6-50 所示。

(8) 选择"合计"文本所在的单元格及其后的空白单元格,选择"表格工具-布局"—"合并"组,单击"合并单元格"按钮,如图 6-51 所示。

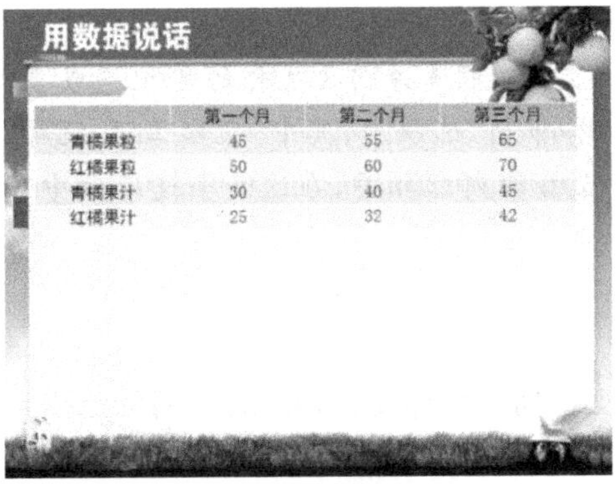

图 6-48 插入表格并输入文本

图 6-49 调整表格位置和大小

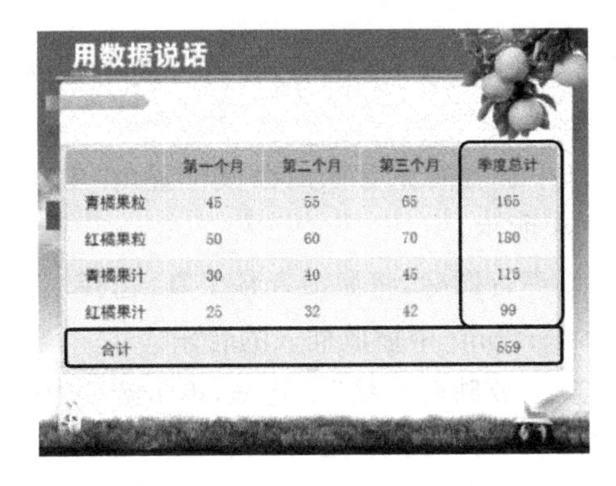

图 6-50 插入列和行

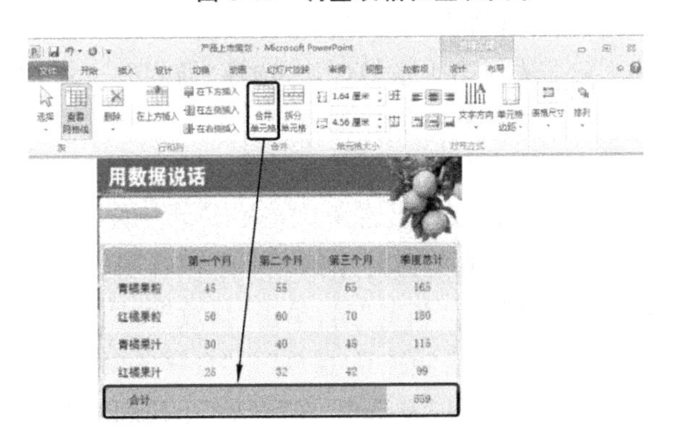

图 6-51 合并单元格

(9) 选择“合计”所在的行,选择“表格工具-设计”—“表格样式”组,单击 底纹 按钮,在打开的下拉列表中选择“浅蓝”选项。

(10) 选择“表格工具-设计”—“绘图边框”组,单击 笔颜色 按钮,在打开的下拉列表中选择“白色”选项,自动激活该组的“绘制表格”按钮。

(11) 此时鼠标光标变为形状,移动鼠标光标到第一个单元格,从左上角到右下角按住鼠标不放,绘制斜线表头,如图 6-52 所示。

(12) 选择整个表格,选择“表格工具-设计”—“表格样式”组,单击 效果 按钮,在打开的下拉列表中选择“单元格凹凸效果”—“圆”选项,为表格中的所有单元格都应用该样式,最终效果如图 6-53 所示。

图 6-52 绘制斜线表头

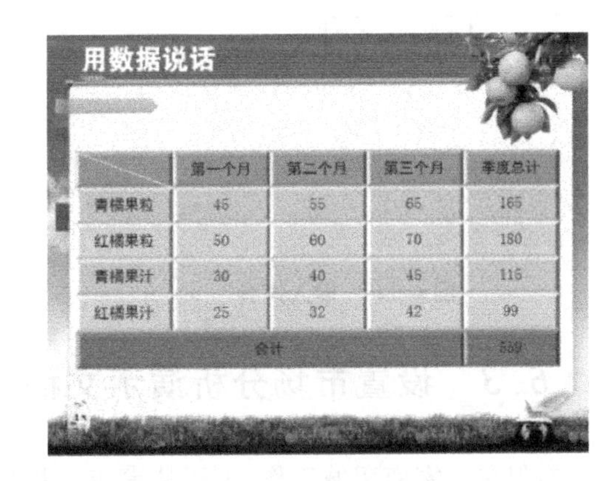

图 6-53 设置单元格凹凸效果

提示：以上操作将表格的常用操作串在一起进行了简单讲解，用户在实际操作过程中，制作表格的方法相对简单，只是其编辑的内容较多，此时可选择需要操作的单元格或表格，然后自动激活“表格工具-设计”选项卡和“表格工具-布局”选项卡，其中“表格工具-设计”选项卡与美化表格相关，“表格工具-布局”选项卡与表格的内容相关，在这两个选项卡中通过其中的选项、按钮即可设置不同的表格效果。

6.2.9 插入媒体文件

媒体文件是指音频和视频文件，PowerPoint 支持插入媒体文件，和图片一样，用户可根据需要插入剪贴画中的媒体文件，也可以插入计算机中保存的媒体文件。下面将在演示文稿中插入一个音乐文件，并设置该音乐跨幻灯片循环播放，在放映幻灯片时不显示声音图标，其具体操作如下。

（1）选择第 1 张幻灯片，选择“插入”—“媒体”组，单击“音频”按钮，在打开的下拉列表中选择“文件中的音频”选项。

（2）打开“插入音频”对话框，在上方的下拉列表框中选择背景音乐的存放位置，在中间的列表框中选择背景音乐，单击 插入(S) 按钮，如图 6-54 所示。

（3）自动在幻灯片中插入一个声音图标，选择该声音图标，将激活音频工具，选择“音频工具-播放”—“预览”组，单击“播放”按钮，将在 PowerPoint 中播放插入的音乐。

（4）选择“音频工具-播放”—“音频选项”组，单击选中“放映时隐藏”复选框，单击选中“循环播放，直到停止”复选框，在“开始”下拉列表框中选择“跨幻灯片播放”选项，如图 6-55 所示。

提示：选择“插入”—“媒体”组，单击“音频”按钮，或单击“视频”按钮，在打开的下拉列表中选择相应选项，即可插入相应类型的声音和视频文件。插入音频文件后，选择声音图标，将在图标下方自动显示声音工具栏，单击对应的按钮，可对声音执行播放、前进、后退和调整音量大小的操作。

图 6-54　插入声音

图 6-55　设置声音选项

6.3 设置市场分析演示文稿

刘阳在一家商贸城工作，主要从事市场推广方面的工作。随着公司的壮大以及响应批发市场搬离中心主城区的号召，公司准备在政策新规划的地块上新建一座商贸城。任务来了，新建的商贸城应该如何定位？是高端、中端还是低端呢？如何与周围的商家互动？是否可以形成产业链呢？新建商贸城是公司近 10 年来最重要的变化，公司上上下下都非常重视，在实体经济不大景气的情况下，商贸城的定位，以及后期的运营对于公司的发展至关重要。刘阳作为一个在公司工作了多年的“老人”，接手了该事。他决定好好调查周边的商家和人员情况，为商贸城的正确定位出力。通过一段时间的努力，刘阳完成了这个任务，设置、调整后完成的演示文稿效果如图 6-56 所示，具体要求如下。

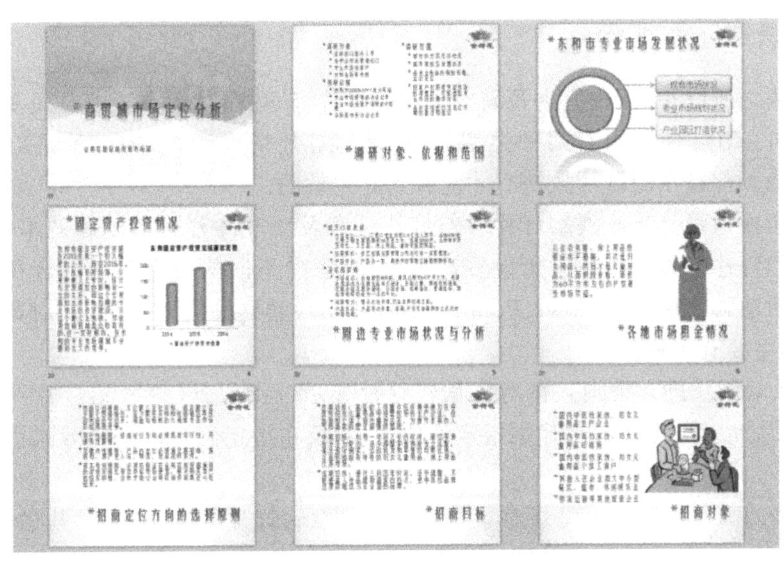

图 6-56 “市场分析.pptx”演示文稿

- 打开演示文稿，应用“气流”主题，设置“效果”为“主管人员”，“颜色”为“凤舞九天”。
- 为演示文稿的标题页设置背景图片“首页背景.jpg”。
- 在幻灯片母版视图中设置正文占位符的“字号”为“26 号”，向下移动标题占位符，调整正文占位符的高度。插入名为“标志”的图片并去除标志图片的白色背景；插入艺术字，设置“字体”为“隶书”，“字号”为“28 号”；设置幻灯片的页眉和页脚效果；退出幻灯片母版视图。
- 对幻灯片中各个对象进行适当的位置调整，使其符合应用主题和设置幻灯片母版后的效果。
- 为所有幻灯片设置“旋转”切换效果，设置切换声音为“照相机”。
- 为第 1 张幻灯片中的标题设置“浮入”动画，为副标题设置“基本缩放”动画，并设置效果为“从屏幕底部缩小”。
- 为第 1 张幻灯片中的副标题添加一个名为“对象颜色”的强调动画，修改效果为红色，动画开始方式为“上一动画之后”，“持续时间”为“01:00”，“延迟”为“00:50”。最后将标题动画的顺序调整到最后，并设置播放该动画时的声音为“电压”。

6.3.1 认识母版

母版是演示文稿中特有的概念，通过设计、制作母版，可以快速将设置内容在多张幻灯片、讲义或备注中生效。在 PowerPoint 中存在 3 种母版，一是幻灯片母版，二是讲义母版，三是备注母版。其作用分别如下。

(1) 幻灯片母版。幻灯片母版用于存储关于模板信息的设计模板，这些模板信息包括字形、占位符大小和位置、背景设计和配色方案等。只要在母版中更改了样式，则对应的幻灯片中相应样式也会随之改变。

（2）讲义母版。讲义母版是指为方便演讲者在演示演示文稿时使用的纸稿，纸稿中显示了每张幻灯片的大致内容、要点等。讲义母版就是设置该内容在纸稿中的显示方式，制作讲义母版主要包括设置每页纸张上显示的幻灯片数量、排列方式以及页面和页脚的信息等。

（3）备注母版。备注母版是指演讲者在幻灯片下方输入的内容，根据需要可将这些内容打印出来。要想使这些备注信息显示在打印的纸张上，就需要对备注母版进行设置。

6.3.2 认识幻灯片动画

演示文稿之所以在演示、演讲领域成为主流软件，动画在其中占了非常重要的作用。在PowerPoint中，幻灯片动画有两种类型，一种是幻灯片切换动画，另一种是幻灯片对象动画。这两种动画都是在幻灯片放映时才能看到并生效的。

幻灯片切换动画是指放映幻灯片时幻灯片进入及离开屏幕时的动画效果；幻灯片对象动画是指为幻灯片中添加的各对象设置动画效果，多种不同的对象动画组合在一起可形成复杂而自然的动画效果。在PowerPoint中幻灯片切换动画种类较简单，而对象动画相对较复杂，其类别主要有4种。

（1）进入动画。进入动画是指对象从幻灯片显示范围之外，进入幻灯片内部的动画效果，例如对象从左上角飞入幻灯片中指定的位置，对象在指定位置以翻转效果由远及近地显示出来等。

（2）强调动画。强调动画是指对象本身已显示在幻灯片之中，然后对其进行突出显示，从而起到强调作用，例如将已存的图片放大显示或旋转等。

（3）退出动画。退出动画是指对象本身已显示在幻灯片之中，然后以指定的动画效果离开幻灯片，例如对象从显示位置左侧飞出幻灯片，对象从显示位置以弹跳方式离开幻灯片等。

（4）路径动画。路径动画是指对象按用户自己绘制的或系统预设的路径进行移动的动画，例如对象按圆形路径进行移动等。

6.3.3 应用幻灯片主题

主题是一组预设的背景、字体格式的组合，在新建演示文稿时可以使用主题新建，对于已经创建好的演示文稿，也可对其应用主题。应用主题后可以修改搭配好的颜色、效果及字体等。下面将打开“市场分析.pptx”演示文稿，应用“气流”主题，设置效果为“主管人员”，颜色为“凤舞九天”，其具体操作如下。

（1）打开“市场分析.pptx”演示文稿，选择“设计”—“主题”组，在中间的列表框中选择“气流”选项，为该演示文稿应用“气流”主题。

（2）选择“设计”—“主题”组，单击 效果 按钮，在打开的下拉列表中选择“主管人员”选项，如图6-57所示。

（3）选择“设计”—“主题”组，单击 颜色 按钮，在打开的下拉列表中选择“凤舞九天”选项，如图6-58所示。

6.3.4 设置幻灯片背景

幻灯片的背景可以是一种颜色，也可以是多种颜色，还可以是图片。设置幻灯片背景是快速改变幻灯片效果的方法之一。下面将“首页背景”图片设置成标题页幻灯片的背景，其具体操作如下。

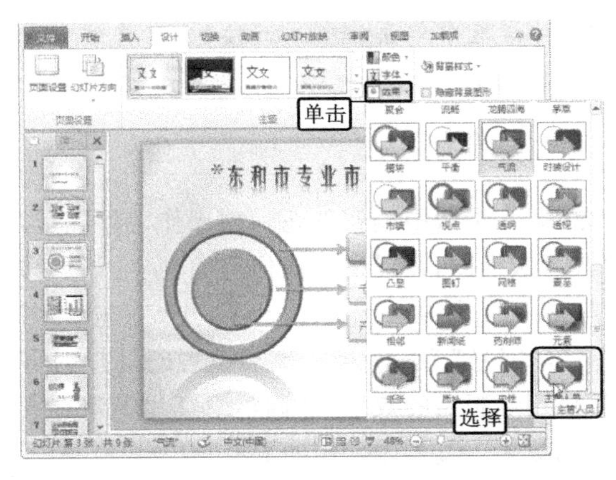

图 6-57 选择主题效果

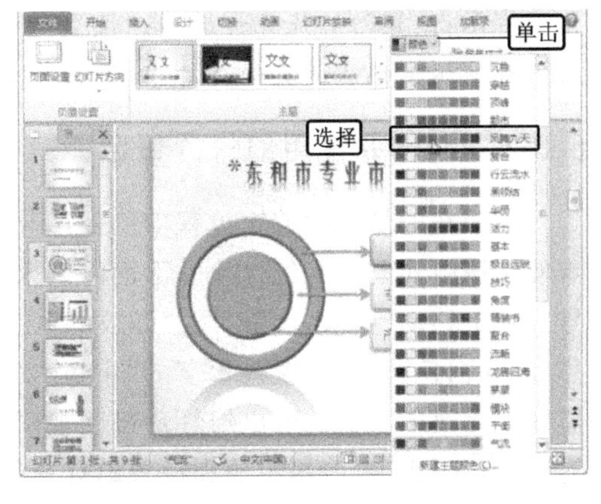

图 6-58 选择主题颜色

(1) 选择标题幻灯片，在幻灯片的空白处单击鼠标右键，在弹出的快捷菜单中选择“设置背景格式”命令。

(2) 打开“设置背景格式”对话框，单击“填充”选项卡，单击选中“图片或纹理填充”单选项，在“插入自”栏中单击 文件(F)... 按钮，如图 6-59 所示。

(3) 打开“插入图片”对话框，选择图片的保存位置后，选择“首页背景”选项，单击 插入(S) 按钮，如图 6-60 所示。

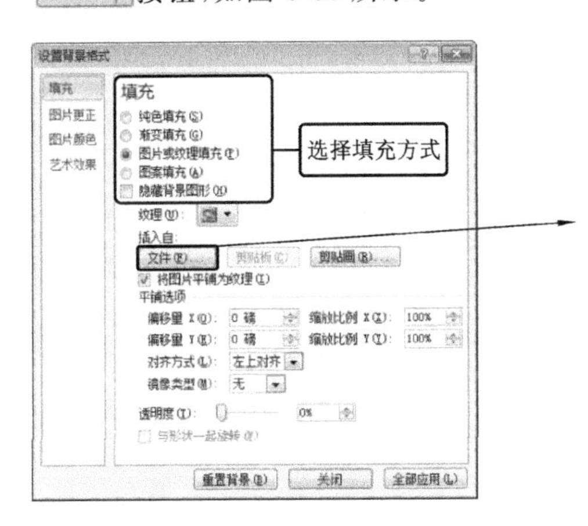

图 6-59 选择填充方式

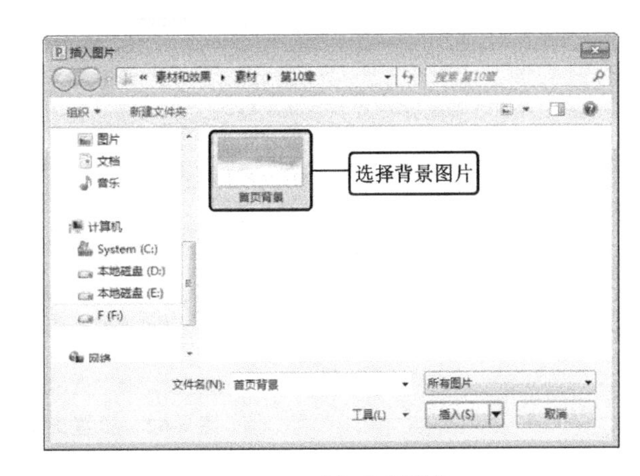

图 6-60 选择背景图片

(4) 返回“设置背景格式”对话框，单击选中“隐藏背景图形”复选框，单击 关闭 按钮，即可看到标题幻灯片已应用图片背景，如图 6-61 所示。

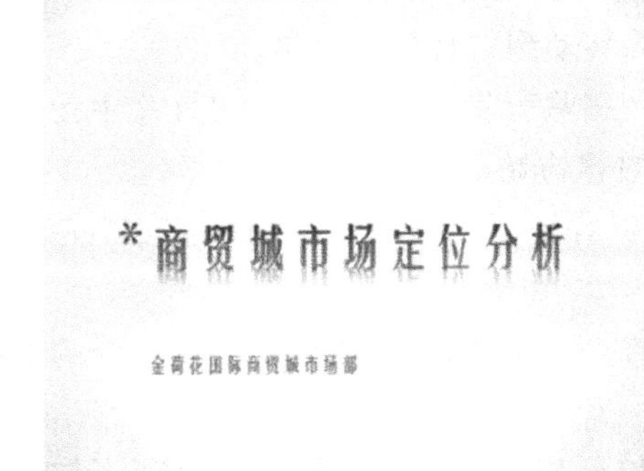

图 6-61 设置标题幻灯片背景

提示：设置幻灯片背景后，在"设置背景格式"对话框中单击全部应用(L)按钮，可将该背景应用到演示文稿的所有幻灯片中，否则将只应用到选择的幻灯片中。

6.3.5 制作并使用幻灯片母版

母版在幻灯片的编辑过程中的使用频率非常高，在母版中编辑的每一项操作，都可能影响使用该版式的所有幻灯片。下面将进入幻灯片母版视图，设置正文占位符的"字号"为"26号"，向下移动标题占位符，调整正文占位符的高度；插入标志图片和艺术字，并编辑标志图片，删除白色背景，设置艺术字的"字体"为"隶书"，"字号"为"28号"；然后设置幻灯片的页眉和页脚效果。最后退出幻灯片母版视图，查看应用母版后的效果，并调整幻灯片中各对象的位置，使其符合应用主题和设置幻灯片母版后的效果。其具体操作如下。

(1) 选择"视图"—"母版视图"组，单击"幻灯片母版"按钮，进入幻灯片母版编辑状态。

(2) 选择第1张幻灯片母版，表示在该幻灯片下的编辑将应用于整个演示文稿，将鼠标光标移动到标题占位符左侧中间的控制点处，按住鼠标左键再向左拖动，使占位符中所有的文本内容都显示出来。

(3) 选择正文占位符的第一项文本，选择"开始"—"字体"组，在"字号"下拉列表框中输入"26"，将正文文本的字号放大，如图6-62所示。

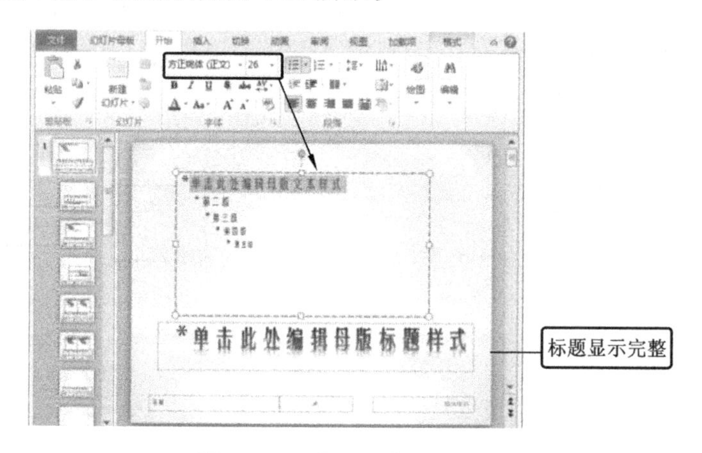

图6-62 设置正文占位符字号

(4) 选择标题占位符，使用鼠标向下拖动至正文占位符的下方；将鼠标光标移动到正文占位符下方中间的控制点，向下拖动增加占位符的高度，如图6-63所示。

(5) 选择"插入"—"图像"组，单击"图片"按钮，打开"插入图片"对话框，在地址栏中选择图片位置，在中间选择"标志"图片，单击插入(S)按钮。

(6) 将"标志"图片插入幻灯片中，适当缩小后移动到幻灯片右上角。

(7) 选择"图片工具-格式"—"调整"组，单击"删除背景"按钮，在幻灯片中使用鼠标拖动图片每一边中间的控制点，使"标志"的所有内容均显示出来。

(8) 激活"背景消除"选项卡，单击"关闭"组的"保留更改"按钮，"标志"的白色背景将消失，如图6-64所示。

(9) 选择"插入"—"文本"组，单击"艺术字"按钮下方的下拉按钮，在打开的下拉列表中选择第2列的第4个艺术字效果。

(10) 在艺术字占位符中输入"金荷花"，选择"开始"—"字体"组，在"字体"下拉列表框中选择"隶书"选项，在"字号"下拉列表框中选择"28"选项，移动艺术字到"标志"图片下方。

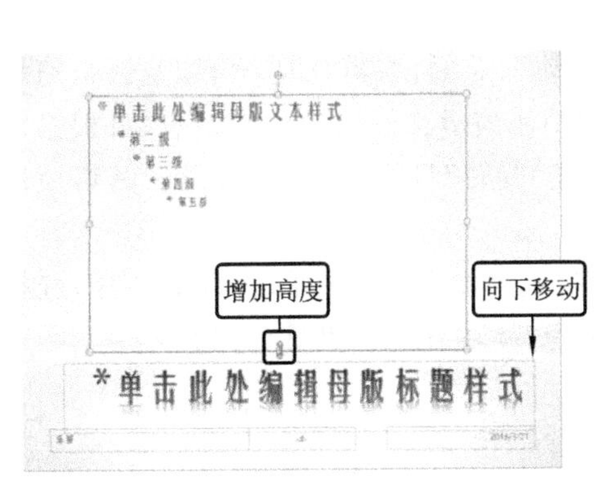

图 6-63 调整占位符

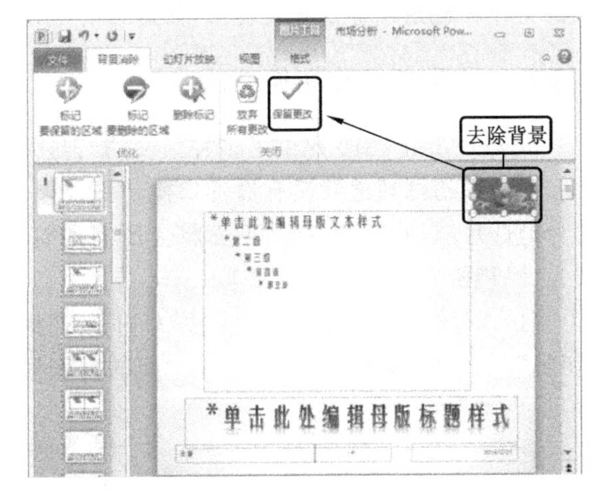

图 6-64 插入并调整标志

（11）选择“插入”—“文本”组，单击“页眉和页脚”按钮，打开“页眉和页脚”对话框。

（12）单击“幻灯片”选项卡，单击选中“日期和时间”复选框，其中的单选项将自动激活，再单击选中“自动更新”单选项，即可在每张幻灯片下方显示日期和时间，并且每次根据打开的日期不同而自动更新日期。

（13）单击选中“幻灯片编号”复选框，将根据演示文稿幻灯片的顺序显示编号。

（14）单击选中“页脚”复选框，下方的文本框将自动激活，在其中输入文本“市场定位分析”。

（15）单击选中“标题幻灯片中不显示”复选框，所有的设置都不在标题幻灯片中生效，如图 6-65 所示。

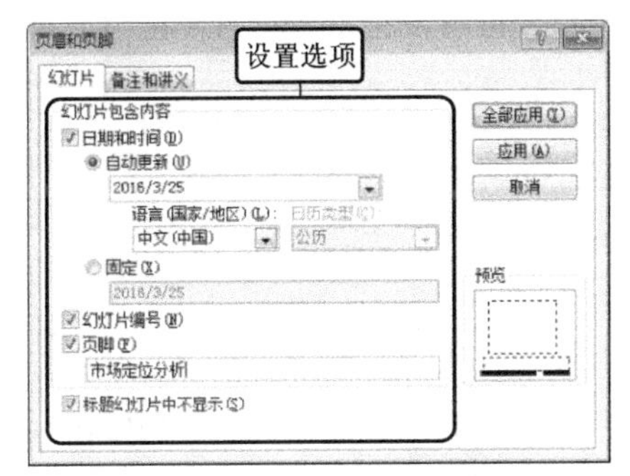

图 6-65 “页眉和页脚”对话框

（16）在“幻灯片母版”—“关闭”组中单击“关闭母版视图”按钮，退出该视图，此时可发现设置已应用于各张幻灯片，图 6-66 所示为前两页修改后的效果。

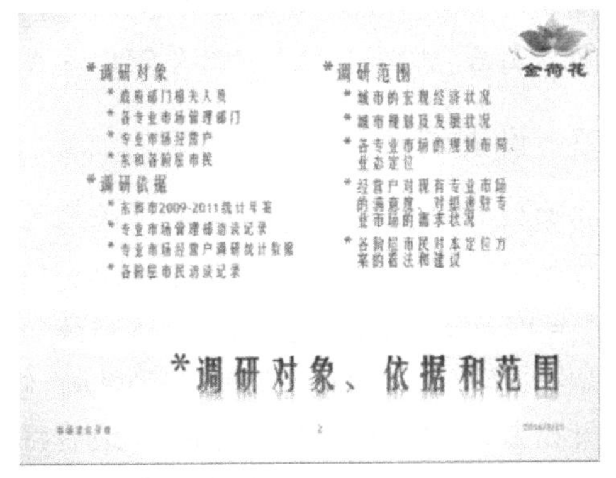

图 6-66 设置母版后的效果

（17）依次查看每一张幻灯片，适当调整标题、正文和图片等对象之间的位置，使幻灯片中各对象的显示效果更和谐。

提示：选择“视图”—“母版视图”组，单击“讲义母版”按钮或“备注母版”按钮，将进入讲义母版视图或备注母版视图，然后在其中设置讲义页面和备注页面的版式。

6.3.6 设置幻灯片切换动画

PowerPoint 2010 提供了多种预设的幻灯片切换动画效果，在默认情况下，上一张幻灯片和下一张幻灯片之间没有设置切换动画效果，但在制作演示文稿的过程中，用户可根据需要为幻灯片添加切换动画。下面将为所有幻灯片设置“旋转”切换效果，然后设置其切换声音为“照相机”，其具体操作如下。

(1) 在“幻灯片”浏览窗格中按“Ctrl＋A”组合键，选择演示文稿中的所有幻灯片，选择“切换”—“切换到此幻灯片”组，在中间的列表框中选择“旋转”选项，如图 6-67 所示。

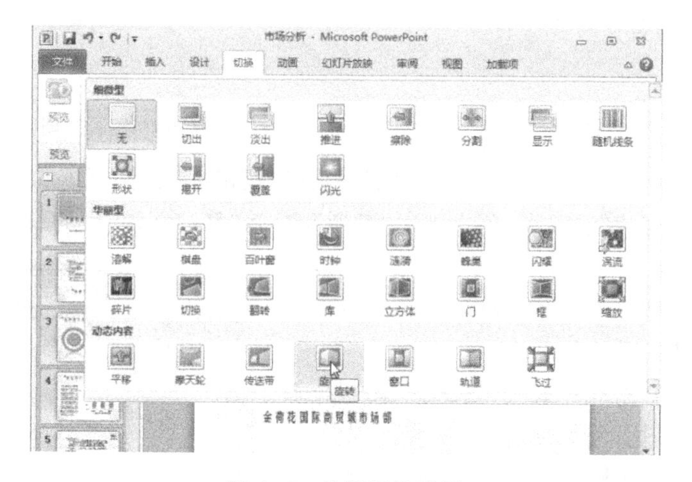

图 6-67　选择切换动画

(2) 选择“切换”—“计时”组，在“声音”下拉列表框中选择“照相机”选项，将设置应用到所有幻灯片中。

(3) 选择“切换”—“计时”组，在“换片方式”栏下单击选中“单击鼠标时”复选框，表示在放映幻灯片时，单击鼠标将进行切换操作。

提示：选择“切换”—“计时”组，单击 全部应用 按钮，可将设置的切换效果应用到当前演示文稿的所有幻灯片中，其效果与选择所有幻灯片再设置切换效果的效果相同。设置幻灯片切换动画后，选择“切换”—“预览”组，单击“预览”按钮，可查看设置的切换动画。

6.3.7 设置幻灯片动画效果

设置幻灯片动画效果即为幻灯片中的各对象设置动画效果，为幻灯片中的各对象设置动画能够提升演示文稿的效果。下面将为第 1 张幻灯片中的各对象设置动画，首先为标题设置“浮入”动画，为副标题设置“基本缩放”动画，并设置效果为“从屏幕底部缩小”，然后为副标题再次添加一个“对象颜色”强调动画，修改其效果选项为“红色”，接着修改新增加的动画的开始方式、持续时间和延迟时间，最后将标题动画的顺序调整到最后，并设置播放该动画时有“电压”声音。其具体操作如下。

(1) 选择第 1 张幻灯片的标题，选择“动画”—“动画”组，在其列表框中选择“浮入”动画效果。

(2) 选择副标题，选择“动画”—“高级动画”组，单击“添加动画”按钮，在打开的下拉列表中选择“更多进入效果”选项。

(3) 打开“添加进入效果”对话框，选择“温和型”栏的“基本缩放”选项，单击 确定 按钮，如图 6-68 所示。

(4) 选择“动画”—“动画”组，单击“效果选项”按钮，在打开的下拉列表中选择“从屏幕底部缩小”选项，修改动画效果，如图 6-69 所示。

图 6-68 选择进入效果

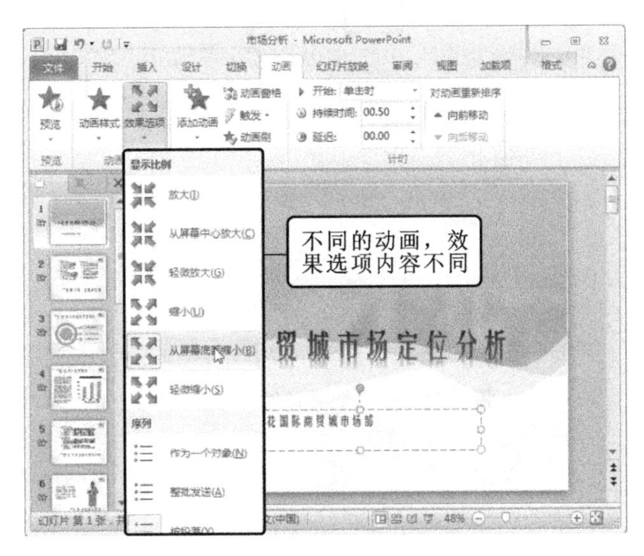

图 6-69 修改动画的效果选项

(5) 继续选择副标题，选择“动画”—“高级动画”组，单击“添加动画”按钮，在打开的下拉列表中选择“强调”栏的“对象颜色”选项。

(6) 选择“动画”—“动画”组，单击“效果选项”按钮，在打开的下拉列表中选择“红色”选项。

提示：通过第(5)步和第(6)步操作，即为副标题再增加一个“对象颜色”动画，用户可根据需要为一个对象设置多个动画。设置动画后，在对象前方将显示一个数字，它表示动画的播放顺序。

(7) 选择“动画”—“高级动画”组，单击 动画窗格 按钮，在工作界面右侧增加一个窗格，其中显示了当前幻灯片中所有对象已设置的动画。

(8) 选择第 3 个选项，选择“动画”—“计时”组，在“开始”下拉列表框中选择“上一动画之后”选项，在“持续时间”数值框中输入“01.00”，在“延迟”数值框中输入“00.50”，如图 6-70 所示。

提示：选择“动画”—“计时”组，在“开始”下拉列表框中各选项的含义如下：“单击时”表示单击鼠标时开始播放动画；“与上一动画同时”表示播放前一动画的同时播放该动画；“上一动画之后”表示前一动画播放完之后，在约定的时间自动播放该动画。

(9) 选择动画窗格中的第一个选项，按住鼠标不放，将其拖动到最后，调整动画的播放顺序。

(10) 在调整后的最后一个动画选项上单击鼠标右键，在弹出的快捷菜单中选择“效果选项”命令。

(11) 打开“上浮”对话框，在“声音”下拉列表框中选择“电压”选项，单击其后的按钮，在打开的列表中拖动滑块，调整音量大小，单击 确定 按钮，如图 6-71 所示。

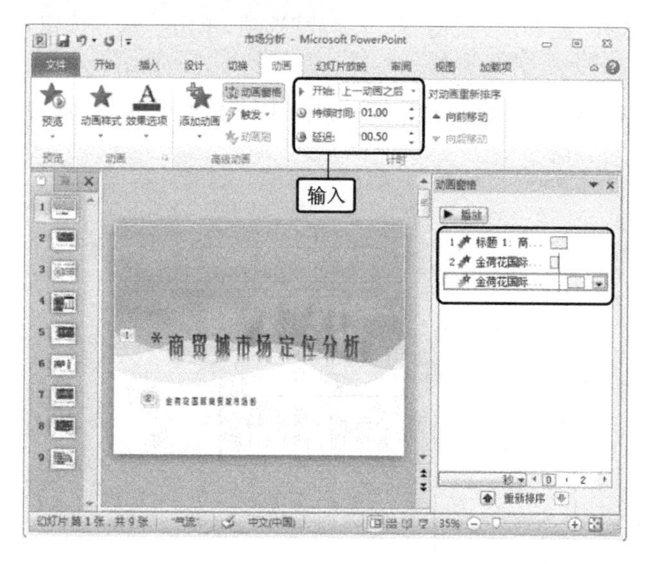

图 6-70　设置动画计时

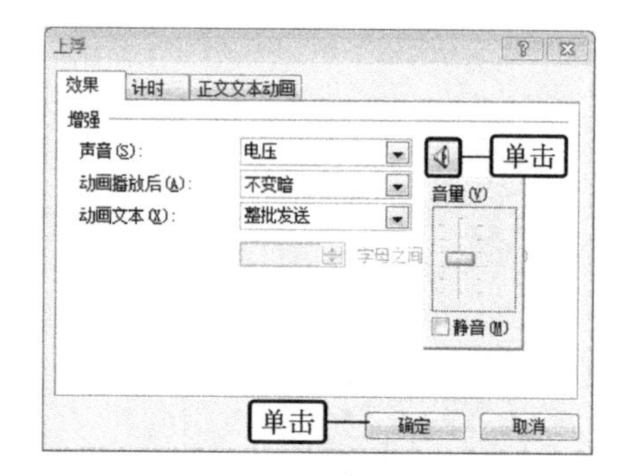

图 6-71　设置动画效果选项

课后习题答案

Windows 7 操作系统课后习题

一、单选题

1	2	3	4	5	6	7	8	9	10
A	C	D	A	A	A	A	B	D	C
11	12	13	14	15	16	17	18	19	20
A	B	B	D	A	A	A	C	C	D
21	22	23	24	25	26	27	28	29	30
A	B	A	B	A	C	B	C	C	D
31	32	33	34	35	36	37	38	39	40
B	D	C	D	C	C	D	A	D	A
41	42	43	44	45	46	47	48	49	50
B	B	A	B	A	A	D	D	C	A

二、多选题

1	2	3	4	5	6	7	8	9	10
BD	ABCD	ABC	ABCD	ABC	BCD	BD	ACD	ABCD	ABC
11	12								
ABCD	ABC								

三、判断题

1	2	3	4	5	6	7	8	9	10
√	√	×	×	√	√	×	√	√	×
11	12	13	14	15	16	17	18	19	20
√	×	×	×	√	√	×	√	×	√
21	22	23	24	25	26	27	28	29	30
×	×	√	√	√	√	×	√	√	×

Word 课后习题

一、单选题

1	2	3	4	5	6	7	8	9	10
B	C	A	B	A	C	A	B	A	A
11	12	13	14	15	16	17	18	19	20
B	D	B	B	A	A	B	B	A	A
21	22	23	24	25	26	27	28	29	30
C	C	A	A	A	B	D	C	C	A
31	32	33	34	35	36	37	38	39	40
B	B	A	D	A	A	A	D	B	A

二、多选题

1	2	3	4	5	6	7	8	9	10
ABCD	ABC	BCD	ABCD	ABCD	ABCD	ACD	ABC	ABC	ABC
11	12	13	14	15	16	17	18	19	20
BCD	AC	ABCD	ABCD	ABCD	AC	ABCD	ABCD	AB	ABCD

三、判断题

1	2	3	4	5	6	7	8	9	10
√	√	×	√	√	√	√	×	×	×
11	12	13	14	15	16	17	18	19	20
√	√	×	√	×	√	×	×	×	√
21	22	23	24	25	26	27	28	29	30
×	√	√	×	×	×	×	×	√	√

Excel课后习题

一、单选题

1	2	3	4	5	6	7	8	9	10
A	B	A	C	B	C	B	D	A	C
11	12	13	14	15	16	17	18	19	20
B	D	D	B	B	A	C	C	C	A
21	22	23	24	25	26	27	28	29	30
C	B	B	B	B	A	C	A	B	B
31	32	33	34	35	36	37	38	39	40
B	D	B	C	D	D	A	A	B	B
41	42	43	44	45	46	47	48	49	50
A	D	A	C	B	A	D	B	D	B
51	52								
A	B								

二、多选题

1	2	3	4	5	6	7	8	9	10
ABC	AC	ACD	AB	ABCD	ABCD	ABC	AD	CD	AC
11	12								
AB	CD								

三、判断题

1	2	3	4	5	6	7	8	9	10
√	×	×	×	√	√	√	√	√	×
11	12	13	14	15	16	17	18	19	20
√	×	√	×	×	×	√	×	×	√
21	22	23	24	25	26	27	28	29	30
×	√	×	√	√	√	×	×	×	√
31	32	33	34	35	36	37	38	39	40
√	×	×	√	×	√	√	×	√	×